21 世纪高等院校电气工程与自动化规划教材

21 century institutions of higher learning materials of Electrical Engineering and Automation Planning

Electrical Control and PLC Application

电气控制与PLC应用技术

范国伟　主编

刘一帆　副主编

人民邮电出版社

北　京

图书在版编目（CIP）数据

电气控制与PLC应用技术 / 范国伟主编. —— 北京：
人民邮电出版社，2013.2（2023.1重印）
21世纪高等院校电气工程与自动化规划教材
ISBN 978-7-115-30178-9

Ⅰ．①电… Ⅱ．①范… Ⅲ．①电气控制－高等学校－
教材②plc技术－高等学校－教材 Ⅳ．①
TM571.2②TM571.6

中国版本图书馆CIP数据核字(2013)第002992号

内 容 提 要

本书是根据我国高等教育的现状和发展趋势，针对工程应用型教学改革和就业的需要，对现有的课程进行有机整合编写而成的。全书共分 9 章，主要内容有低压电器及基本控制线路、电动机的控制线路、可编程序控制器基本组成和工作原理、三菱 FX 系列 PLC 的基本编程指令、三菱 PLC 的步进编程指令、三菱 PLC 的功能指令、西门子 S7-200PLC、西门子 S7-300PLC、PLC 网络通信。本书的编写采取实用的方式，内容以必需、够用为度，减少了原有课程教学内容中重复的部分。本书的特点是讲述透彻，深入浅出，通俗易懂，便于教学。

本书可以作为高等院校自动化、电气工程及其自动化、测控技术与仪器、数控应用技术、机械设计制造及其自动化、材料成型及控制工程、机电一体化等专业相关课程的教材，也可作为电工技师和职工岗位培训教材，供有关工程技术人员参考使用。

21 世纪高等院校电气工程与自动化规划教材

电气控制与 PLC 应用技术

◆ 主　　编　范国伟
◆ 副 主 编　刘一帆
　责任编辑　李海涛

◆ 人民邮电出版社出版发行　　北京市丰台区成寿寺路 11 号
　邮编　100164　　电子邮件　315@ptpress.com.cn
　网址　http://www.ptpress.com.cn
　大厂回族自治县聚鑫印刷有限责任公司印刷

◆ 开本：787×1092　1/16
　印张：18.25　　　　　　2013 年 2 月第 1 版
　字数：467 千字　　　　 2023 年 1 月河北第 23 次印刷

ISBN 978-7-115-30178-9

定价：38.00 元

读者服务热线：(010)81055256　印装质量热线：(010)81055316
反盗版热线：(010)81055315

可编程序逻辑控制器（PLC）是综合了计算机技术、自动控制技术和通信技术的一种工业应用的计算机。通过编制软件来改变控制过程，是微机技术与常规的继电接触器控制技术的有机结合。它为工业自动化提供高可靠性的自动化控制装置，已经成为继电接触器控制系统更新换代的主导产品。

进入 21 世纪以来，PLC 控制系统的设计和应用，已经成为工业电气控制自动化的主要技术手段和方法，目前在我国各行各业的应用非常广泛。为了适应社会主义建设和当前经济转型阶段的技术改造的需要，需要使高等工科院校的学生能够尽快地学习和掌握 PLC 技术，培养就业和创业需要的技能，为此，我们依据积累多年的 PLC 教学和实践应用经验，编写了本教材。

"电气控制与 PLC 应用技术"是一门实用性极强的机电专业课程，本课程的教学任务是培养学生在掌握继电接触器控制电路知识的基础上，初步具备 PLC 电气控制系统的工程设计和应用调试能力。具体要求如下。

（1）掌握常用控制电器的结构、工作原理和具体用途；学习和掌握合理选择、熟练使用常用低压电器元件的能力。

（2）熟练掌握常用继电器接触器控制电路的各个基本环节，培养阅读和分析继电接触器控制线路原理图的能力，并且具有初步的设计能力。

（3）熟悉 PLC 的工作原理，熟悉和掌握 PLC 的基本编程指令，教材从三菱 PLC 的编程器开始编辑程序，能够帮助读者尽快地入门和记熟助记符编程方法，然后一步步学习梯形图的编程调试。

（4）逐步学习典型的 PLC 电气控制系统，培养具有初步安装、编程、调试和维护基本设备模块的能力。

本书是针对高等院校工程应用型专业编写的教材。全书共分 9 章内容，具体包括低压电器及基本控制线路、电动机的控制线路、可编程序控制器基本组成和工作原理、三菱 FX 系列 PLC 的基本编程指令、三菱 PLC 的步进编程指令、三菱 PLC 的功能指令、西门子 S7-200PLC、西门子 S7-300PLC、PLC 网络通信。学生通过理论学习，掌握简单可编程序控制器的基本工作原理和分析方法；通过技能训练，提高对电动机实际操作的综合能力。使学生具备电专业高素质劳动者和机电工程技术所必需的电动机基本知识及基本技能，为学生学习专业知识和职业技能，提高全面素质，增强适应岗位变化的能力和继续学习的能力打下一定的基础。

电气控制与 PLC 应用技术是一门理论和实践紧密结合的课程，本书在编写过程中从高等教育培养应用型技术人才这一目标出发，以可编程序控制器课程教学基本要求为依据，以应用为目的，以必需、够用为度，尽量降低专业理论的重心。以突出实际应用，培养技能为教学重点，由浅入深、循序渐进地介绍有关可编程序控制器以及应用方面的基础知识，着眼于学生在应用能力方面的培养，突出重点、分散难点，力求使读者一看就懂、一学就会。本书每章前都配有学习目标，每章后也都安排了相应的适量习题。同时，在教材中增加了很多技能训练的实例，突出课程的应用性、实践性、针对性和有效性。

本书为高等院校自动化、电气工程及其自动化、测控技术与仪器、数控应用技术、机械设计制造及其自动化、材料成型及控制工程、机电一体化等专业的教材，也可作为电工技师和职工岗位培训教材，供有关工程技术人员参考使用。

本书由安徽工业大学范国伟老师主编，刘一帆老师为副主编，方华超老师、桑建明老师、范翀技师、童军技师、袁军芳技师参加了编写。程周教授审阅了全书，并做了很多重要的修改与补充。在本书编写的过程中，得到安徽工业大学电气信息学院和工商学院、安徽职业技术学院、安徽冶金科技职业学院的大力支持，在此一并表示感谢。

由于编者水平有限，加上时间仓促，书中难免存在疏漏之处，恳请使用本书的老师和同学批评指正。

编　者

2012 年 10 月

目　录

第 **1** 章 低压电器及基本控制线路

【本章学习目标】

1．了解电磁机构的基本动作原理。

2．了解各种低压电器的作用和发展情况。

3．了解各种基本线路的组成和互相联系。

4．学会使用各种保护电路及在设备中电气控制的具体应用。

【教学目标】

1．知识目标：了解低压电器的基本结构和工作原理，了解低压电器组成的基本控制线路简要情况，以及各种动作线路和保护电路的互相联系。

2．能力目标：通过低压电器的动作演示，初步形成对低压电器的感性认识，培养学生的学习兴趣。

【教学重点】

低压电器的基本结构和工作原理。

【教学难点】

低压电器的作用和基本控制线路的功能。

【教学方法】

参观法、实验法、演示法、讨论法。

电器是根据外界特定的信号和要求，自动或手动接通或断开电路，断续或连续地改变电路参数，实现对电路的切换、控制、保护、检测及调节的电气设备。凡是对电能的生产、输送、分配和使用起控制、调节、检测、转换及保护作用的电工器械均可称为电器。

低压电器（Low-voltage Apparatus）通常指工作在交流 50Hz 额定电压 1200V 及以下，或直流电压 1500V 及以下的电路内起通断、保护、控制或调节作用的电器称为低压电器（GB 1497—1985 低压电器基本标准）。

通过介绍电气控制领域中常用低压电器的工作原理、用途、型号、规格、符号等知识，电器控制线路的基本环节，并通过对典型电器控制系统的分析，学会正确选择和合理使用常用电器，学会分析和设计电气控制线路的基本方法，为后继章节的学习打下基础。

1.1 电器的作用与分类

电器就是广义的电器设备。它可能很大、很复杂，比如一台彩色电视机或者一套自动化装置；它也可以很小、很简单，比如一个按钮开关或者一个熔断器。在工业意义上，电器是指能根据特定的信号和要求，自动或手动地接通或断开电路，断续或连续地改变电路参数，实现对电路或非电对象的切换、控制、保护、检测、变换和调节的电气设备。电器的种类繁多，构造各异，通常按以下分类方法分为几类。

（1）按电压等级分：高压电器（High-voltage Apparatus）、低压电器（Low-voltage Appara-tus）。

（2）按所控制的对象分：低压配电电器（Distributing Apparatus）、低压控制电器（Control Apparatus）。前者主要用于配电系统，如刀开关、熔断器等，后者主要用于电力拖动自动控制系统和其他用途的设备中。

（3）按工作职能分：手动操作电器、自动控制电器（自动切换电器、自动控制电器、自动保护电器）、其他电器（稳压与调压电器、启动与调速电器、检测与变换电器、牵引与传动电器）。

（4）按有无触点分：有触点电器、无触点电器和混合式电器。

（5）按使用场合分：一般工业用电器、特殊工矿用电器、农用电器、牵引电器和其他场合（如航空、船舶、热带、高原）用电器。

（6）按用途分：

① 控制电器——用于各种控制电路和控制系统的电器，对这类电器的主要技术要求是有一定的通断能力，操作频率要高，电器的机械寿命要长，如接触器、继电器、电动机起动器和各种控制器等；

② 主令电器——用于自动控制系统中发送动作指令的电器，对这类电器的主要技术要求是操作频率要高，抗冲击，电器的机械寿命要长，如按钮、行程开关、万能转换开关等；

③ 保护电器——用于保护用电设备及电路的电器，对这类电器的主要技术要求是有一定的通断能力，可靠性要高，反应要灵敏，如熔断器、热继电器、电压继电器和电流继电器及各种保护继电器、避雷器等；

④ 执行电器——用于完成某种动作或传动功能的电器，如电磁铁、电磁离合器等；

⑤ 配电电器——用于电能的输送和分配的电器，对这类电器的主要技术要求是分断能力强，限流效果好，动稳定性能及热稳定性能好，如高压断路器、隔离开关、刀开关、自动空气开关等。

（7）按工作原理分：电磁式电器、非电量控制电器等。电磁式低压电器是采用电磁现象完成信号检测及工作状态转换的，它是低压电器中应用最广泛、结构最典型的一类。

1.2 电磁机构及触点系统

各类电磁式低压电器在结构和工作原理上基本相同。从结构上来看，主要由两部分组成，即电磁机构（检测部分）和触点系统（执行部分）。

1.2.1 电磁机构

电磁机构是电磁式低压电器的关键部分，其作用是将电磁能转换成机械能。

1. 电磁机构的组成与分类

电磁机构由线圈、铁芯和衔铁组成，其作用是通过电磁感应原理将电磁能转换成机械能，带动触点动作，完成接通和断开电路。电磁式低压电器的触点在线圈未通电状态时有常开（动合）和常闭（动断）两种状态，分别称为常开（动合）触点和常闭（动断）触点。当电磁线圈有电流通过，电磁机构动作时，触点改变原来的状态，常开（动合）触点将闭合，使与其相连电路接通；常闭（动断）触点将断开，使与其相连电路断开。根据衔铁相对铁芯的运动方式，电磁机构可分为直动式和拍合式两种，图 1-1 所示为直动式电磁机构，图 1-2 所示为拍合式电磁机构，拍合式电磁机构又包括衔铁沿棱角转动和衔铁沿轴转动两种。

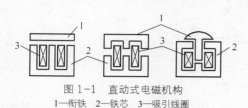

图 1-1　直动式电磁机构
1—衔铁　2—铁芯　3—吸引线圈

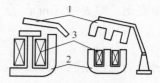

图 1-2　拍合式电磁机构
1—衔铁　2—铁芯　3—吸引线圈

吸引线圈的作用是将电能转换为磁场能，按通入电流种类不同可分为直流和交流线圈。直流线圈一般做成无骨架、高而薄的瘦高型，使线圈与铁芯直接接触，以便散热。交流线圈由于铁芯存在涡流和磁滞损耗，铁芯也会发热，为了改善线圈和铁芯的散热条件，线圈设有骨架，使铁芯与线圈隔离，并将线圈制成短而厚的矮胖型。另外，根据线圈在电路中的连接形式，可分为串联型和并联型。串联型主要用于电流检测类电磁式电器中，大多数电磁式低压电器线圈都按照并联接入方式设计。为了减少对电路的分压作用，串联线圈采用粗导线制造，匝数少，线圈的阻抗较小。并联型为了减少电路的分流作用，需要较大的阻抗，一般线圈的导线细，而匝数多。

2. 电磁吸力与反力特性

电磁线圈通电以后，铁芯吸引衔铁带动触点改变原来状态进而接通或断开电路的力称为电磁吸力。电磁式低压电器在吸合或释放过程中，气隙是变化的，电磁吸力也将随气隙的变化而变化，这种特性称为吸力特性。电磁吸力是反映电磁式电器工作可靠性的一个非常重要的参数，电磁吸力可按式（1-1）计算，即

$$F = \frac{B^2 S}{2\mu_0} = \frac{10^7}{8\pi} B^2 S \tag{1-1}$$

式中：$\mu_0 = 4\pi \times 10^7$——空气导磁率（H/m）；

F——电磁吸力（N）；

B——气隙中磁感应强度（T）；

S——铁芯截面积（m^2）。

因磁感应强度 B 与气隙 δ 及外加电压大小有关，所以，对于直流电磁机构，外加电压恒定时，电磁吸力的大小只与气隙有关，即

$$I = U/R \tag{1-2}$$

$$\Phi = \frac{IN}{R_m} \tag{1-3}$$

式中：I——线圈电流（A）；

U——外加电压（V）；

R——直流电阻（Ω）；

N——线圈匝数（匝）；

Φ——磁通（Wb）；

R_m ——磁阻（H^{-1}）。

可见，对直流电磁机构 $F\propto\Phi^2\propto 1/R_m\propto 1/\delta^2$，其励磁电流的大小与气隙无关，衔铁动作过程中为恒磁动作，电磁吸力随气隙的减小而增加，所以吸力特性曲线比较陡峭，如图 1-3 中曲线 1 所示。

但对于交流电磁机构，由于外加正弦交流电压，在气隙一定时，其气隙磁感应强度也按正弦规律变化，即 $B=B_m\sin\omega t$。所以，吸力公式为

$$F = 10^7 SB_m^2 \sin^2\frac{\omega t}{8\pi}$$ （1-4）

电磁吸力也按正弦规律变化，最小值为零，最大值为

$$F_m = 10^7 SB_m^2$$ （1-5）

对交流电磁机构其励磁电流与气隙成正比，在动作过程中为恒磁通工作，但考虑到漏磁通的影响，其吸力随气隙的减小略有增加，所以吸力特性比较平坦，吸力特性曲线如图 1-3 中曲线 2 所示。

所谓反力特性是指反作用力 F_r 与气隙 δ 的关系曲线，如图 1-3 中曲线 3 所示。为了使电磁机构能正常工作，其吸力特性与反力特性配合必须得当。在衔铁吸合过程中，其吸力特性必须始终处于反力特性上方，即吸力要大于反力；反之，衔铁释放时，吸力特性必须位于反力特性下方，即反力要大于吸力（此时的吸力是由剩磁产生的）。在吸合过程中还须注意吸力特性位于反力特性上方不能太高，否则会因吸力过大而影响到电磁机构寿命。

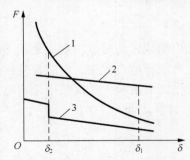

图 1-3　电磁铁吸力特性与反力特性
1—直流电磁铁吸力特性　2—交流电磁铁吸力特性　3—反力特性

3. 交流电磁机构上短路环的作用

电磁吸力由电磁机构产生，当电磁线圈断电时使触点恢复常态的力称为反力，电磁式电器中反力由复位弹簧和触点产生，衔铁吸合时要求电磁吸力大于反力，衔铁复位时要求反力大于电磁吸力（此时是剩磁产生的电磁吸力）。当电磁吸力的瞬时值大于反力时，铁芯吸合；当电磁吸力的瞬时值小于反力时，铁芯释放。所以交流电磁机构在电源电压变化一个周期中电磁铁将吸合两次，释放两次，电磁机构会产生剧烈的振动和噪声，因而不能正常工作。为此，必须采取有效措施，以消除振动与噪声。

解决的具体办法是在铁芯端面开一小槽，在槽内嵌入铜质短路环，如图 1-4 所示。加上短路环后，磁通被分为大小接近、相位相差约 90° 电角度的两相磁通 Φ_1 和 Φ_2，因两相磁通不会同时过零，又由于电磁吸力与磁通的二次方成正比，故由两相磁通产生的合成电磁吸力变化较为平坦，使电磁铁通电期间电磁吸力始终大于反力，铁芯牢牢吸合，这样就消除了振动和噪声。一般短路环包围 2/3 的铁芯端面。

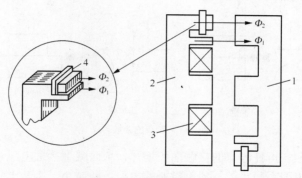

图 1-4 交流电磁铁的短路环

1—衔铁　2—铁芯　3—线圈　4—短路环

1.2.2 触点系统

触点是电磁式电器的执行机构，电器就是通过触点的动作来接通或断开被控制电路的，所以要求触点导电导热性能要好。电接触状态就是触点闭合并有工作电流通过时的状态，这时触点的接触电阻大小将影响其工作情况。接触电阻大时触点易发热，温度升高，从而使触点易产生熔焊现象，这样既影响工作的可靠性，又降低了触点的寿命。触点接触电阻的大小主要与触点的接触形式、接触压力、触点材料及触点的表面状况有关。触点的结构形式主要有两种：桥式触点和指形触点。触点的接触形式有点接触、线接触和面接触 3 种。

1. 触点的结构形式

如图 1-5 所示为桥式触点结构，其中图（a）、图（b）为桥式常开（动合）触点的结构。电磁式电器通常同时具有常开（动合）和常闭（动断）两种触点，桥式常闭（动断）触点与桥式常开触点的结构及动作对称，一般在常开触点闭合时，常闭触点断开。图中静触点的两个触点串于同一条电路中，当衔铁被吸向铁芯时，与衔铁固定在一起的动触点也随着移动，当与静触点接触时，便使与静触点相连的电路接通。电路的接通与断开由两个触点共同完成，触点的接触形式多为点接触和面接触形式。

如图 1.5（c）所示为指形触点，触点接通或断开时产生滚动摩擦，能去掉触点表面的氧化膜。触点的接触形式一般为线接触。

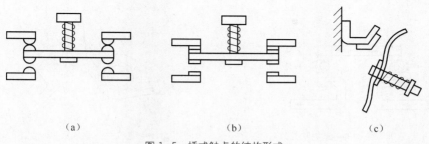

（a）　　　　　　　　（b）　　　　　　　　（c）

图 1-5 桥式触点的结构形式

2. 触点的接触形式

触点的接触形式有点接触、线接触和面接触 3 种，如图 1-6 所示。点接触适用于电流不大，触点压力小的场合；线接触适用于接通次数多，电流大的场合；面接触适用于大电流的场合。

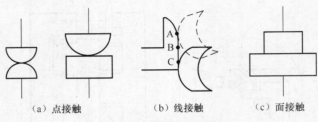

（a）点接触　　　　（b）线接触　　　　（c）面接触

图 1-6　触点的接触形式

为了减小接触电阻，可使触点的接触面积增加，从而减小接触电阻。一般在动触点上安装一个触点弹簧。选择电阻系数小的材料，材料的电阻系数越小，接触电阻也越小。改善触点的表面状况，尽量避免或减少触点表面氧化物形成，注意保持触点表面清洁，避免聚集尘埃。

3. 灭弧原理及装置

触点在通电状态下动、静触点脱离接触时，由于电场的存在，使触点表面的自由电子大量溢出，在强电场的作用下，电子运动撞击空气分子，使之电离，阴阳离子的加速运动使触点温度升高而产生热游离，进而产生电弧。电弧的存在既使触点金属表面氧化，降低电气寿命，又延长电路的断开时间，所以必须迅速熄灭电弧。

根据电弧产生的机制，迅速使触点间隙增加，拉长电弧长度，降低电场强度，同时增大散热面积，降低电弧温度，使自由电子和空穴复合（即消电离过程）运动加强，可以使电弧快速熄灭。使电弧与冷却介质接触，带走电弧热量，也可使复合运动得以加强，从而使电弧熄灭。常用的灭弧装置有以下几种。

（1）电动力吹弧。桥式触点在断开时具有电动力吹弧功能。当触点打开时，在断口中产生电弧，同时也产生如图 1-7 所示的磁场。根据左手定则，电弧电流要受到一个指向外侧的力 F 的作用，使其迅速离开触点而熄灭。这种灭弧方法多用于小容量交流接触器中。

（2）磁吹灭弧。如图 1-8 所示，在触点电路中串入吹弧线圈。该线圈产生的磁场由导磁夹板引向触点周围，其方向由右手定则确定（图中×所示），触点间的电弧所产生的磁场，其方向如 ⊕ 和 ⊙ 所示。在电弧下方两个磁场方向相同（叠加），在电弧上方方向相反（相减），所以弧柱下方的磁场强于上方的磁场。在下方磁场作用下，电弧受力的方向为 F 所指的方向，在 F 的作用下，电弧被吹离触点，经引弧角引进灭弧罩，使电弧熄灭。

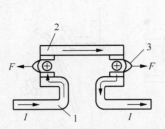

图 1-7　双断口结构的电动力吹弧效应
1—静触点　2—动触点　3—电弧

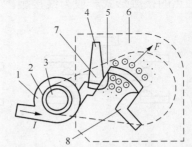

图 1-8　磁吹灭弧示意图
1—磁吹线圈　2—绝缘线圈　3—铁芯　4—引弧角
5—导磁夹板　6—灭弧罩　7—静触点　8—动触点

（3）栅片灭弧。如图 1-9 所示，灭弧栅是一组薄钢片，它们彼此间相互绝缘。当电弧进入栅片时被分割成一段一段串联的短弧，而栅片就是这些短弧的电极，这样就使每段短弧上的电压达不到燃弧电压。同时，每两片灭弧片之间都有 150～250V 的绝缘强度，使整个灭弧栅的绝缘强度大大加强，以致外加电压无法维持，电弧迅速熄灭。此外，栅片还能吸收电弧热量，使电弧迅速冷却。基于上述原因，电弧进入栅片后就会很快熄灭。由于栅片灭弧装置的灭弧效果在电流为交流时要比直流时强得多，因此在交流电器中常采用栅片灭弧。

（4）窄缝灭弧。如图 1-10 所示是利用灭弧罩的窄缝来实现的。灭弧罩内有一个或数个纵缝，缝的下部宽上部窄。当触点断开时，电弧在电动力的作用下进入缝内，窄缝可将电弧柱分成若干直径较小的电弧，同时可将电弧直径压缩，使电弧同缝紧密接触，加强冷却和去游离作用，可加快电弧的熄灭速度。灭弧罩通常用耐热陶土、石棉水泥和耐热塑料制成。

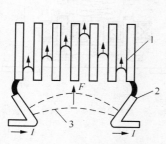

图 1-9 栅片灭弧示意
1—灭弧栅片 2—触点 3—电弧

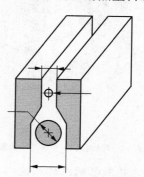

图 1-10 窄缝灭弧室的断面

1.3 接触器

接触器是一种用来频繁地接通和断开（交、直流）负荷电流的电磁式自动切换电器，主要用于控制电动机、电焊机、电容器组等设备，具有低压释放的保护功能，适用于频繁操作和远距离控制，是电力拖动自动控制系统中使用最广泛的电气元器件之一。

接触器按其分断电流的种类可分为直流接触器和交流接触器；按其主触点的极数可分为单极、双极、三极、四极、五极等几种，其中单极、双极多为直流接触器。

接触器按流过主触点电流性质的不同，可分为交流接触器和直流接触器；而按电磁结构的操作电源不同，可分为交流励磁操作和直流励磁操作的接触器两种。

1.3.1 接触器的结构及工作原理

1. 交流接触器的结构

交流接触器主要由电磁机构、触点系统、灭弧装置和其他辅助部件 4 大部分组成。结构示意图如图 1-11 所示。

（1）电磁机构。电磁机构由线圈、铁芯和衔铁组成，用作产生电磁吸力，带动触点动作。

（2）触点系统。触点分为主触点及辅助触点。主触点用于接通或断开主电路或大电流电路，一般为三极。辅助触点用于控制电路，起控制其他元件接通或断开及电气联锁作用，常用的常开、常闭触点各两对；主触点容量较大，辅助触点容量较小。辅助触点结构上通常常开和常闭是成对的。当线圈得电后，衔铁在电磁吸力的作用下吸向铁芯，同时带动动触点移动，使其与常闭触点的静触点分开，与常开触点的静触点接触，实现常闭触点断开，常开触点闭合。辅助触点不能用来断开主电路。主、辅触点一般采用桥式双断点结构。

（3）灭弧装置。容量较大的接触器都有灭弧装置。对于大容量的接触器，常采用窄缝灭弧及栅片灭弧；对于小容量的接触器，采用电动力吹弧、灭弧罩等。

（4）其他辅助部件。包括反力弹簧、缓冲弹簧、触点压力弹簧、传动机构、支架及底座等。

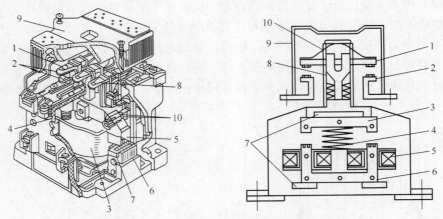

图 1-11 CJ20 系列交流接触器结构示意图

1—动触点 2—静触点 3—衔铁 4—弹簧 5—线圈 6—铁芯 7—垫毡 8—触点弹簧 9—灭弧罩 10—触点压力弹簧

2. 交流接触器的工作原理

接触器的工作原理是：当吸引线圈得电后，线圈电流在铁芯中产生磁通，该磁通对衔铁产生克服复位弹簧反力的电磁吸力，使衔铁带动触点动作。触点动作时，常闭触点先断开，常开触点后闭合。当线圈中的电压值降低到某一数值时（无论是正常控制还是欠电压、失电压故障，一般降至线圈额定电压的 85%），铁芯中的磁通下降，电磁吸力减小，当减小到不足以克服复位弹簧的反力时，衔铁在复位弹簧的反力作用下复位，使主、辅触点的常开触点断开，常闭触点恢复闭合。这也是接触器的失压保护功能。

3. 直流接触器

直流接触器主要用于控制直流电压至 440V、直流电流至 1600A 的直流电力线路，常用于频繁地操作和控制直流电动机。直流接触器的结构和工作原理与交流接触器基本相同，在结构上也是由电磁机构、触点系统、灭弧装置等组成，但也有不同之处。如直流接触器线圈中通过的是直流电，产生的是恒定的磁通，不会在铁芯中产生磁滞损耗和涡流损耗，所以铁芯不发热。铁芯是用整块铸钢或铸铁制成的，并且由于磁通恒定，其产生的吸力在衔铁和铁芯闭合后是恒定不变的，因此在运行时没有振动和噪声，所以在铁芯上不需要安装短路环。

直流接触器的结构和工作原理与交流接触器基本相同。在直流接触器运行时，电磁机构中只有线圈产生热量，为了使线圈散热良好，通常将线圈绕制成长而薄的圆筒形，没有骨架，与铁芯直接接触，便于散热。直流接触器的主触点在分断大的直流电时，产生直流电弧，较难熄灭，一般采用灭弧能力较强的磁吹式灭弧。直流接触器的外形如图 1-12 所示。

图 1-12 直流接触器

1.3.2 接触器的型号及主要技术数据

目前，我国常用的交流接触器主要有 CJ20、CJX1、CJX2、CJ24 等系列；引进产品应用较多的有德国 BBC 公司的 B 系列、西门子公司的 3TB 和 3TF 系列，法国 TE 公司的 LC1 和 LC2 系列等；常用的直流接触器有 CZ18、CZ21、CZ22、CZ10、CZ2 等系列。

CJ20 系列交流接触器的型号含义如下：

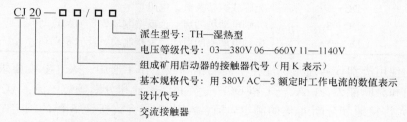

派生型号：TH—湿热型
电压等级代号：03—380V 06—660V 11—1140V
组成矿用启动器的接触器代号（用 K 表示）
基本规格代号：用 380V AC—3 额定时工作电流的数值表示
设计代号
交流接触器

CZ18 系列直流接触器的型号含义如下：

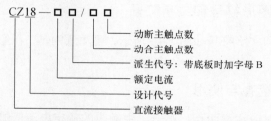

动断主触点数
动合主触点数
派生代号：带底板时加字母 B
额定电流
设计代号
直流接触器

（1）额定电压。接触器铭牌上标注的额定电压是指主触点的额定电压。交流接触器常用的额定电压等级有 110V、220V、380V、500V 等；直流接触器常用的额定电压等级有 110V、220V 和 440V。

（2）额定电流。接触器铭牌上标注的额定电流是指主触点的额定电流，即允许长期通过的最大电流。交流接触器常用的额定电流等级有 5A、10A、20A、40A、60A、100A、150A、250A、400A 和 600A。

（3）线圈的额定电压。交流接触器线圈常用的额定电压等级有 36V、110V、220V 和 380V；直流接触器线圈常用的额定电压等级有 24V、48V、220V 和 440V。

（4）额定操作频率。指每小时的操作次数（次/h）。交流接触器最高为 600 次/h，而直流接触器最高为 1200 次/h。操作频率直接影响到接触器的电寿命和灭弧罩的工作条件，对于交流接触器还影响到线圈的温升。选用时一般交流负载用交流接触器，直流负载用直流接触器，但交流负载在频繁动作时可采用直流线圈的交流接触器。

（5）接通和分断能力。指主触点在规定条件下能可靠地接通和分断电流值。在此电流值下，接通时主触点不应发生熔焊；分断时主触点不应发生长时间燃弧。电路中超出此电流值的分断任务则由熔断器、自动开关等保护电器承担。

另外，接触器还有使用类别的问题。这是由于接触器用于不同负载时，对主触点的接通和分断能力的要求不一样，而不同类别接触器是根据其不同控制对象（负载）的控制方式所规定的。根据低压电器基本标准的规定，接触器的使用类别比较多，其中，在电力拖动控制系统中，接触器常见的使用类别及其典型用途如表 1-1 所示。

表 1-1 接触器的使用类别及典型用途

电流种类	使用类别代号	典型用途
AC	AC—1	无感或微感负载、电阻炉
	AC—2	绕线式电动机的启动和中断
	AC—3	笼型电动机的启动和中断
	AC—4	笼型电动机的启动、反接制动、反向和点动
DC	DC—1	无感或微感负载、电阻炉
	DC—3	并励电动机的启动、反接制动、反向和点动
	DC—5	串励电动机的启动、反接制动、反向和点动

接触器的使用类别代号通常标注在产品的铭牌或工作手册中。表 1-1 中要求接触器主触点达到的接通和分断能力为：AC—1 和 DC—1 类允许接通和分断额定电流；AC—2、DC—3 和 DC—5 类允许接通和分断 4 倍的额定电流；AC—3 类允许接通 6 倍的额定电流和分断额定电流；AC—4 类允许接通和分断 6 倍的额定电流。

1.3.3 接触器的图形符号和文字符号

接触器的图形符号和文字符号如图 1-13 所示，要注意的是，在绘制电路图时同一电器必须使用同一文字符号。

1.3.4 接触器的选择与使用

在选用交流接触器时应注意两点：第一，主触头的额定电流应等于或大于电动机的额定电流；第二，所用接触器线圈额定电压必须与线圈所接入的控制回路电压相符。

（1）接触器的类型选择。根据接触器所控制负载的轻重和负载电流的类型，来选择交流接触器或直流接触器。

（2）额定电压的选择。接触器的额定电压应大于或等于负载回路的电压。

（3）额定电流的选择。接触器的额定电流应大于或等于被控回路的额定电流。对于电动机负载可按式（1-6）计算：

$$I_C = \frac{P_N \times 10^3}{KU_N} \tag{1-6}$$

式中：I_C——流过接触器主触点的电流（A）；

$\quad P_N$——电动机的额定功率（kW）；

$\quad U_N$——电动机的额定电压（V）；

$\quad K$——经验系数，一般取 1~1.4。

选择接触器的额定电流应大于等于 I_C。接触器如使用在电动机频繁启动、制动或正反转的场合，一般将接触器的额定电流降一个等级来使用。

（4）吸引线圈的额定电压选择。吸引线圈的额定电压应与所接控制电路的额定电压相一致。对简单控制电路可直接选用交流 380V、220V 电压，对复杂、使用电器较多的控制电路，应选用 110V 更低的控制电压。

（5）接触器的触点数量、种类选择。接触器的触点数量和种类应根据主电路和控制电路的要求选择。如辅助触点的数量不能满足要求时，可通过增加中间继电器的方法解决。

接触器安装前应检查线圈额定电压等技术数据是否与实际相符，并要将铁芯极面上的防锈油脂或黏接在极面上的锈垢用汽油擦净，以免多次使用后被油垢粘住，造成接触器断电时不能释放。然后再检查各活动部分（应无卡阻、歪曲现象）和各触点是否接触良好。另外，接触器一般应垂直安装，其倾斜角不得超过5°。注意，不要把螺钉等其他零件掉落到接触器内。

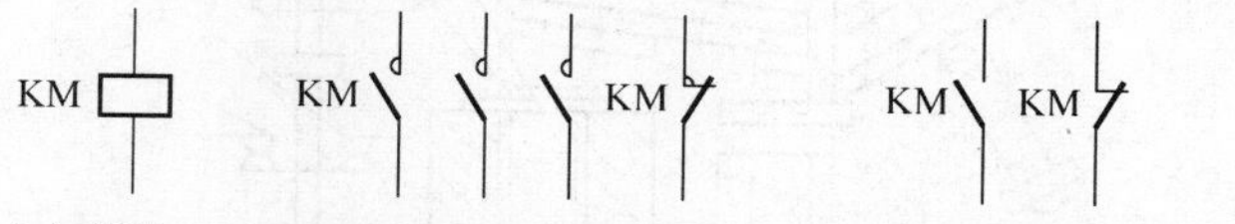

（a）线圈　　　（b）主触常开、常闭触点　　（c）辅助常开、常闭触点

图 1-13　接触器的符号

1.4　继电器

继电器是一种根据某种输入信号的变化来接通或断开小电流（一般小于 5A）控制电路，实现自动控制和保护的电器。其输入量可以是电压、电流等电气量，也可以是温度、时间、速度、压力等非电气量。

继电器种类很多，按输入信号不同可以分为电压继电器、电流继电器、功率继电器、时间继电器、速度继电器、温度继电器等；按工作原理又可以分为电磁式继电器、感应式继电器、电动式继电器、电子式继电器等；按输出形式还可分为有触点和无触点两类。本节仅介绍电力拖动和自动控制系统常用的继电器。

1.4.1　继电器的继电特性

无论继电器的输入量是电气量还是非电气量，其工作方式都是当输入量变化到某一定值时，继电器触点动作，接通或断开控制电路。从这一点来看，继电器与接触器是相同的，但它与接触器又有区别：首先，继电器主要用于小电流电路，触点容量较小（一般在 5A 以下），且无灭弧装置，而接触器用于控制电动机等大功率、大电流电路及主电路；其次，继电器的输入信号可以是各种物理量，如电压、电流、时间、速度、压力等，而接触器的输入量只有电压。

尽管继电器的种类繁多，但它们都有一个共性，即继电特性，其特性曲线如图 1-14 所示。

当继电器输入量 x 由 0 增加至 x_2 以前，继电器输出量为零。当输入量增加到 x_2 时，继电器吸合，通过其触点的输出量突变为 y_1，若 x 继续增加，y 值不变。当 x 减小到 x_1 时，继电器释放，输出由 y_1 突降到0，x 再减小，y 值仍为零。

在图1-14中，x_2 称为继电器的吸合值，欲使继电器动作，输入量必须大于此值。x_1 称为继电器的释放值，欲使继电器释放，输入量必须小于此值。将 $k = x_1 / x_2$ 称为继电器的返回系数，是继电器的重要参数之一。不同场合要求不同的 k 值，k 值可根据不同的使用场合进行调节，调节方法随着继电器结构不同而有所差异。下面介绍几种常用的继电器。

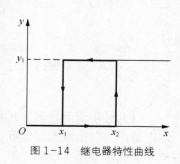

图 1-14　继电器特性曲线

1.4.2　电磁式继电器

电磁式继电器是应用得最早、最多的一种继电器，其结构和工作原理与接触器大体相同，

也由铁芯、衔铁、线圈、复位弹簧、触点等部分组成。其典型结构如图 1-15 所示。

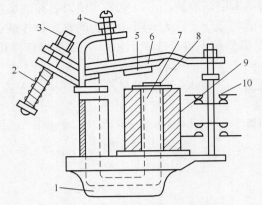

图 1-15 电磁式继电器的典型结构

1—底座 2—反力弹簧 3、4—调节螺钉 5—非磁性垫片 6—衔铁 7—铁芯 8—极面 9—电磁线圈 10—触点系统

电磁式继电器按输入信号的性质可分为电磁式电流继电器、电磁式电压继电器和电磁式中间继电器。

1. 电磁式电流继电器

触点的动作与线圈的电流大小有关的继电器称为电流继电器，电磁式电流继电器的线圈工作时与被测电路串联，以反应电路中电流的变化而动作。为降低负载效应和对被测量电路参数的影响，其线圈匝数少、导线粗、阻抗小。电流继电器常用于按电流原则控制的场合，如电动机的过载及短路保护、直流电动机的磁场控制及失磁保护。电流继电器又分为过电流继电器和欠电流继电器。电流继电器的图形符号和外形如图 1-16 所示。

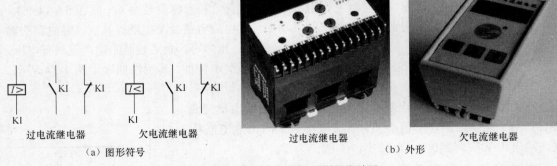

图 1-16 电流继电器的图形符号和外形

（1）过电流继电器。过电流继电器用作电路的过电流保护。正常工作时，线圈电流为额定电流，此时衔铁为释放状态；当电路中电流大于负载正常工作电流时，衔铁才产生吸合动作，从而带动触点动作，断开负载电路。所以电路中常用过电流继电器的常闭触点。

由于在电力拖动系统中，冲击性的过电流故障时有发生，因此常采用过电流继电器作电路的过电流保护。通常，交流过电流继电器的吸合电流调整范围为 $I_X = (1.1 \sim 4) I_N$，直流过电流继电器的吸合电流调整范围为 $I_X = (0.7 \sim 3.5) I_N$。

（2）欠电流继电器。欠电流继电器在电路中作欠电流保护。正常工作时，线圈电流为负载额定电流，衔铁处于吸合状态；当电路的电流小于负载额定电流，达到衔铁的释放电流时，衔铁则释放，同时带动触点动作，断开电路。所以电路中常用欠电流继电器的常开触点。

在直流电路中，由于某种原因而引起负载电流的降低或消失，往往会导致严重的后果，如直流电动机的励磁回路断线，会产生飞车现象。因此，欠电流继电器在有些控制电路中是不可缺少的。当电路中出现低电流或零电流故障时，欠电流继电器的衔铁由吸合状态转入释放状态，利用其触点的动作而切断电气设备的电源。直流欠电流继电器的吸合电流与释放电流调整范围分别为 $I_X=(0.3\sim0.65)I_N$ 和 $I_f=(0.1\sim0.2)I_N$。

2. 电磁式电压继电器

触点的动作与线圈的电压大小有关的继电器称为电压继电器。它可用于电力拖动系统中的电压保护和控制，使用时电压继电器的线圈与负载并联，其线圈的匝数多、线径细、阻抗大。按线圈电流的种类可分为交流型和直流型；按吸合电压相对额定电压的大小又分为过电压继电器和欠电压继电器。电压继电器的外形和符号如图 1-17 所示。

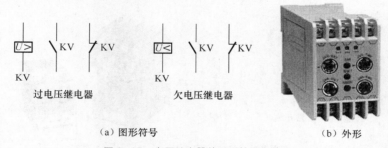

（a）图形符号　　　　　　　　　　（b）外形

图 1-17　电压继电器的图形符号和外形

（1）过电压继电器。在电路中用于过电压保护。过电压继电器线圈在额定电压时，衔铁不产生吸合动作，只有当线圈的电压高于其额定电压的某一值时衔铁才产生吸合动作，所以称为过电压继电器。过电压继电器衔铁吸合而动作时，常利用其常闭触点断开需保护的电路的负荷开关，起到保护的作用。交流过电压继电器吸合电压的调节范围为 $U_X=(1.05\sim1.2)U_N$。因为直流电路不会产生波动较大的过电压现象，所以产品中没有直流过电压继电器。

（2）欠电压继电器。在电路中用作欠电压保护。当电路中的电气设备在额定电压下正常工作时，欠电压继电器的衔铁处于吸合状态；如果电路出现电压降低至线圈的释放电压时，衔铁由吸合状态转为释放状态，同时断开与它相连的电路，实现欠电压保护。所以控制电路中常用欠电压继电器的常开触点。

通常，直流欠电压继电器的吸合电压与释放电压的调节范围分别为 $U_X=(0.3\sim0.5)U_N$ 和 $U_f=(0.07\sim0.2)U_N$；交流欠电压继电器的吸合电压与释放电压的调节范围分别为 $U_X=(0.6\sim0.85)U_N$ 和 $U_f=(0.1\sim0.35)U_N$。

3. 电磁式中间继电器

中间继电器的吸引线圈属于电压线圈，但它的触点数量较多（一般有 4 对常开、4 对常闭），触点容量较大（额定电流为 5～10A），且动作灵敏。其主要用途是当其他继电器的触点数量或触点容量不够时，可借助中间继电器来扩大触点容量（触点并联）触点数量，起到中间转换的作用。

电磁式继电器在运行前，必须将它的吸合值和释放值调整到控制系统所要求的范围内。一般可通过调整复位弹簧的松紧程度和改变非磁性垫片的厚度来实现。在可编程控制器控制系统中，电压继电器和中间继电器常作为输出执行器件。

常用的中间继电器有 JZ7 系列。以 JZ7—62 为例，JZ 为中间继电器的代号，7 为设计序号，有 6 对常开触点、2 对常闭触点。JZ7 系列中间继电器的主要技术数据如表 1-2 所示。

表 1-2   **JZ7 系列中间继电器的主要技术数据**

型号	触点数量及参数						操作频率 次/h	线圈消耗功率 W	线圈电压 V
	常开	常闭	电压 V	电流 A	断开电流 A	闭合电流 A			
JZ—44	4	4	380		3	13			12，24，36，48，110，
JZ—62	6	2	220	5	4	13	1200	12	127，220，380，420，
JZ—80	8	0	127		4	20			440，500

电磁式中间继电器在电路中的一般图形符号和外形如图 1-18 所示。

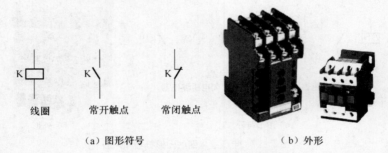

（a）图形符号   （b）外形

图 1-18   中间继电器的图形符号和外形

1.4.3 时间继电器

在敏感元器件获得信号后，执行器件要延迟一段时间才动作的继电器叫做时间继电器。这里指的延时区别于一般电磁式继电器从线圈通电到触点闭合的固有动作时间。时间继电器常用于按时间原则进行控制的场合。时间继电器可分为通电延时型和断电延时型。通电延时型是指当有输入信号后，延迟一定时间，输出信号才发生变化；当输入信号消失后，输出信号瞬时复原。断电延时型是指当有输入信号时，瞬时产生相应的输出信号；当输入信号消失后，延迟一定时间，输出信号才复原。

时间继电器种类很多，按工作原理划分可分为电磁式、空气阻尼式、晶体管式、数字式等。下面对继电—接触器控制系统中常用的空气阻尼式、电磁式和晶体管式时间继电器分别加以介绍。

1. 空气阻尼式时间继电器

空气阻尼式时间继电器是利用空气阻尼原理达到延时的目的。它由电磁机构、延时机构和触点组成。其中电磁机构有交流、直流两种。通电延时型和断电延时型，两种原理和结构基本相同，只是将其电磁机构翻转 180°安装。当衔铁位于铁芯和延时机构之间时为通电延时型；当铁芯位于衔铁和延时机构之间时为断电延时型。JS7—A 系列时间继电器如图 1-19 所示，其中图（a）所示为通电延时型，图（b）所示为断电延时型。空气阻尼式时间继电器的结构和外形如图 1-20 所示。

以通电延时型为例，当线圈 1 得电后，衔铁 3 吸合，活塞杆 6 在塔形弹簧 8 作用下带动活塞 12 及橡皮膜 10 向上移动，橡皮膜下方空气室内的空气变得稀薄，形成负压，活塞杆只能缓慢移动，其移动速度由进气孔气隙大小来决定。经一段延时后，活塞杆通过杠杆 7 压动微动开关 15，使其触点动作，起到通电延时作用。当线圈断电时，衔铁释放，橡皮膜下方空气室内的空气通过活塞肩部所形成的单向阀迅速排出，使活塞杆、杠杆、微动开关等迅速复位。由线圈得电至触点动作的一段时间即为时间继电器的延时时间，其大小可以通过调节螺钉 13 调节进气孔气隙大小来改变。

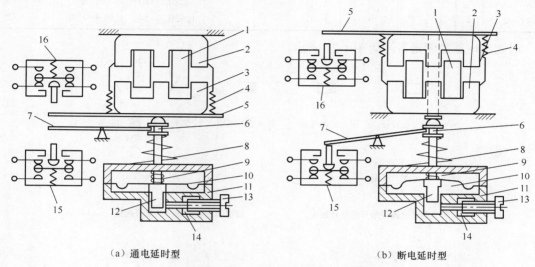

（a）通电延时型　　　　　　　　　　　　（b）断电延时型

图 1-19　JS7—A 系列时间继电器

1—线圈　2—铁芯　3—衔铁　4—反力弹簧　5—推板　6—活塞杆　7—杠杆　8—塔形弹簧
9—弱弹簧　10—橡皮膜　11—空气室壁　12—活塞　13—调节螺钉　14—进气孔　15、16—微动开关

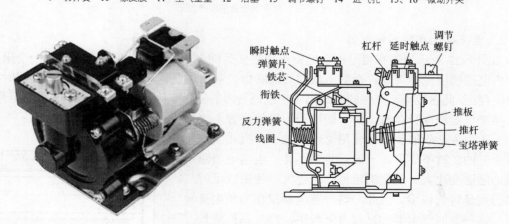

图 1-20　时间继电器的结构和外形

　　在线圈通电和断电时，微动开关 16 在推板 5 的作用下都能瞬时动作，其触点即为时间继电器的瞬动触点。

　　空气阻尼式时间继电器的优点是延时范围大、结构简单、寿命长、价格低廉。缺点是延时误差大，没有调节指示，很难精确地整定延时值。在延时精度要求高的场合，不宜使用。国产 JS7—A 系列空气阻尼式时间继电器技术数据如表 1-3 所示。

表 1-3   JS7—A 系列空气阻尼式时间继电器技术数据

型号	瞬时动作触点数理		有延时的触点数量				触点额定电压/V	触点额定电流/A	线圈电压/V	延时范围/S	额定操作频率/（次/h）
			通电延时		断电延时						
	常开	常闭	常开	常闭	常开	常闭					
JS7－1A	—	—	1	1	—	—	380	5	24，36 110，127 220，380 420	0.4～60 及 0.4～180	600
JS7－2A	1	1	1	1	—	—					
JS7－3A	—	—	—	—	1	1					
JS7－4A	1	1	—	—	1	1					

时间继电器的图形符号如图 1-21 所示。

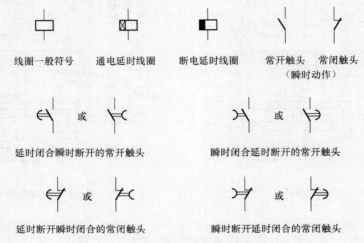

线圈一般符号   通电延时线圈   断电延时线圈   常开触头   常闭触头
　　　　　　　　　　　　　　　　　　　　　　　　　　（瞬时动作）

或　　　　　　　　　　　　或

延时闭合瞬时断开的常开触头　　　　瞬时闭合延时断开的常开触头

或　　　　　　　　　　　　或

延时断开瞬时闭合的常闭触头　　　　瞬时断开延时闭合的常闭触头

图 1-21　时间继电器的图形符号

2. 直流电磁式时间继电器

如图 1-22 所示为带有阻尼铜套的直流电磁式时间继电器结构，在铁芯上装有一个阻尼铜套。由电磁感应定律可知，在继电器线圈通断电过程中铜套内将产生感应电动势，同时有感应电流存在，此感应电流产生的磁通阻碍穿过铜套内的磁通变化，因而对原磁通起了阻尼作用。

当继电器通电吸合时，由于衔铁处于释放位置，气隙大、磁阻大、磁通小，铜套阻尼作用也小，因此当铁芯吸合时的延时不显著，一般可忽略不计。当继电器断电时，磁通变化大，铜套的阻尼作用也大，使衔铁延时释放起到延时的作用。因此，这种继电器仅作为断电延时用。这种时间继电器的延时时间较短，JT3 系列最长不超过 5s，而且准确度较低，一般只用于延时精度要求不高的场合。

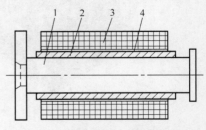

图 1-22　带有阻尼铜套的直流电磁式
1—铁芯　2—阻尼铜套　3—线圈　4—绝缘层

直流电磁式时间继电器延时时间的长短可通过改变铁芯与衔铁间非磁性垫片的厚薄（粗调）或改变释放弹簧的松紧（细调）来调节。垫片厚则延时短，垫片薄则延时长；释放弹簧紧则延时短，释放弹簧松则延时长。直流电磁式 JT3 系列时间继电器的技术数据如表 1-4 所示。

表 1-4　　　　　　　　　　　　　　**JT3 系列时间继电器的技术数据**

型号	吸引线圈电压/V	触点组数及数量（常开、常闭）	延时/s
JT3—□□/1	12，24，48，110，	11，02，20，03，12，21，	0.3～0.9
JT3—□□/3	220，440	04，40，22，13，31，30	0.8～3.0
JT3—□□/5			2.5～5.0

3. 晶体管时间继电器

晶体管时间继电器除了执行继电器外，均由电子元器件组成，没有机械部件，因而具有较长的寿命和较高精度，以及体积小、延时时间长、调节范围宽、控制功率小等优点。

（1）晶体管时间继电器的工作原理。

晶体管时间继电器是利用电容对电压变化的阻尼作用作为延时基础的。大多数阻容式延时电路有类似如图 1-23 所示的结构形式。

电路由 4 部分组成：阻容环节、鉴幅器、输出电路和电源。当接通电源 E 时，通过电阻 R 对电容 C 充电，电容上电压 U_C 按指数规律上升。当 U_C 上升到鉴幅器的门限电压 U_d 时，鉴幅器即输出开关信号至后级电路，使执行继电器动作。阻容电路充电曲线如图 1-24 所示。

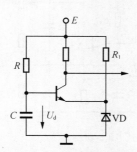

图 1-23　阻容式延时电路的结构形式

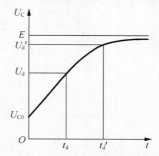

图 1-24　阻容电路充电曲线

可见，延时的长短与电路的充电时间常数 RC 及电压 E、门限电压 U_d、电容的初始电压 U_{C0} 有关。为了得到必要的延时时间 t_d，必须恰当地选择上述参数；为了保证延时精度，必须保持上述参数值的稳定。

晶体管时间继电器的种类很多，电路也不同。下面以 JS20 系列继电器为例进行分析。JS20 系列时间继电器有通电延时型、断电延时型和带瞬动触点的通电延时型 3 种形式。JS20 系列时间继电器所用的电路分为两类，一类是单结晶体管电路，另一类是场效应管电路。其延时等级通电延时型有 1s、5s、10s、30s、60s、120s、180s、300s、600s、1800s、3600s；断电延时型 1s、5s、10s、30s、60s、120s、180s。

（2）单结晶体管通电延时电路。

如图 1-25 所示为单结晶体管通电延时电路框图，全部电路由延时环节、鉴幅器、输出电路、电源和指示灯 5 部分组成，电路如图 1-26 所示。

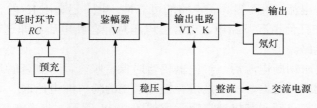

图 1-25　单结晶体管通电延时电路结构框图

电源的稳压部分由 R_1 和稳压管 VDz 构成，供给延时和鉴幅。输出电路中的晶闸管 VT 和继电器 K 则由整流电源直接供电。电容 C_2 的充电回路有两条，一条通过电阻 RP$_1$ 和 R_2，另一条是通过由低阻值 RP$_2$、R_4、R_5 组成的分压器经二极管 VD$_2$ 向电容 C_2 提供的预充电路。

电路的工作原理是，当接通电源后，经二极管 VD$_1$ 整流、电容 C_1 滤波以及稳压管 VDz 稳压的直流电压通过 RP$_2$、R_4、VD$_2$ 向电容 C_2 以极小的时间常数充电。与此同时，也通过 RP$_1$ 和 R_2 向电容充电。电容 C_2 上电压相当于 R_5 两端预充电压的基础上按指数规律逐渐升高。当此电压大于单结晶体管 VT$_4$ 的峰值电压时，单结晶体管导通，输出电压脉冲触发晶闸管 VT，VT 导通后使继电器 K 吸合，除用其触点来接通或断开电路外，还利用其另一常开触点将 C_2 短路，使之快速放电，为下次使用作准备。此时氖指示灯 N 启辉。当切断电源时 K 释放，电路恢复原态，等待下次动作。

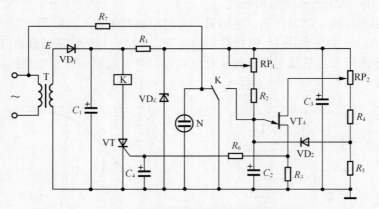

图 1-26   单结晶体管时间继电器通电延时电路

由于电路设有稳压环节，且 RC 与鉴幅器共用一个电源，因此电源电压波动基本上不产生延时误差。为了减少由温度变化引起的误差，一般采用钽电解电容器，其电容量和漏电流为正温度系数，而单结晶体管的 U_P 略呈负温度系数，二者可以适当补偿，所以综合误差不大于 10%。对于抗干扰能力，JS20 型继电器在晶闸管 VT 和单结晶体管 VD$_4$ 处分别接有电容 C_4 和 C_3，用来防止电源电压的突变而引起的误导通。

（3）带瞬动触点的通电延时电路。

JS20 型继电器对于带瞬动触点的延时电路采用结型场效应管。电路原理与不带瞬动触点的电路基本相同，只是增加了一个瞬时动作的继电器。由于增加了继电器，体积增大了很多，因此，采用了电阻降压法取代原来的电源变压器，以缩小体积，电路如图 1-27 所示。

延时和瞬时动作的两个继电器都采用交流继电器。延时继电器 K 由接在桥式整流直流侧的晶闸管控制。接通电源，K$_2$ 吸合，同时交流电源经降压、VD$_3$、VD$_5$ 整流和 C_1 滤波之后向延时电路提供直流稳压电源。当 K$_1$ 吸合后，利用其常开触点将晶闸管 VT 短接，使 VT 以前的电路不再有电压和电流，从而提高了电路的可靠性。电路还利用 K$_2$ 的一对常闭触点将电容 C_2 短接，这样电源在任何情况下断电，电容上电压总能在断电后立即迅速放电。

（4）断电延时电路。

断电延时电路要求切断电源后，继电器仍暂时保持吸合，等到延时达到后才释放。JS20 型继电器采用两个延时继电器，一个是带有机械锁扣的瞬时继电器 K$_D$，当接通电源时 K$_D$ 立即吸合并通过机械结构自锁，其机械自锁示意如图 1-28 所示。当电源切断后，K$_D$ 自己不能释放，而必须依靠另一个继电器 K_S。K_S 在断电以后经过预定的延时时间短时地吸合一下，打开 K_D 机械锁扣，于是 K_D 延时释放。

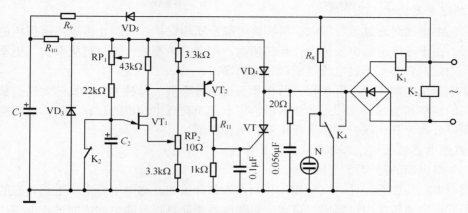

图 1-27　JS20 型带瞬动触点的时间继电器电路

JS20 型断电延时继电器电路如图 1-29 所示。接通电源后，4 个电容器均迅速充电。C_1 是电源滤波电容，C_3、C_4 是在电源断电以后分别提供场效应管和 K_D 回路电压及能量的电容器。C_3 是延时电容，C_3 上电压接近稳压管 VD_Z 的电压，而 C_2 上的电压由于有电位器 RP_2 的分压作用，其值较小，因此 VT_1 的 $U_{GS}=U_{C2}-U_{C3}<0V$。调整 RP_2 可使 VT_1 处于关断状态，VT_2、VT_3 也随之截止。当电源切断后，C_2、C_4 分别因 VT_2、VT_3 截止而无法放电。C_3 则可通过放电电阻 RP_1 和 R_5 放电。当放电到 U_{GS} 大于其截止电压一定值时，VT_1 导通，C_2 通过 R_4、VT_2、VT_3 的发射极和 VT_1 的 D、S 极放电，由于 VT_2 导通，C_3 也经

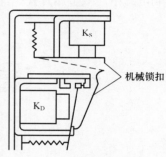

图 1-28　机械锁扣示意

R_4、VT_3 的发射极及 VT_2 放电，C_3 上的电压下降又促使 VT_1 进一步导通。这一正反馈过程使 C_2、C_3、C_4 迅速放电，各管迅速导通，K_S 吸合，打开 K_D 的机械锁扣。电路中的二极管 VD_6、VD_7、VD_9 分别用来防止 C_2、C_3、C_4 在延时过程中对其他低电阻放电，VD_5 起温度补偿作用。K_D 在吸合后有锁扣自锁，故通电后可用其一对转换触点将自动断电。为使 K_D 吸合过程稳定可靠（K_D 中电流为半波），线圈上并联了一个小容量电容 C_5。

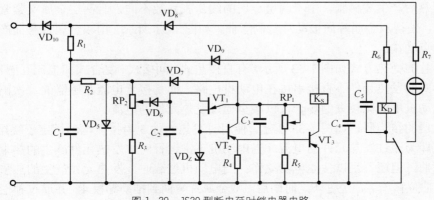

图 1-29　JS20 型断电延时继电器电路

1.4.4　热继电器

1. 热继电器的作用及分类

利用热继电器对连续运行的电动机实施过载及断相保护，可防止因过热而损坏电动机的绝缘材料。由于热继电器中发热元件有热惯性，在电路中不能作瞬时过载保护，更不能作短路保护，因此，它不同于过电流继电器和熔断器。

热继电器按相数来分，有单相、两相和三相 3 种类型，每种类型按发热元件的额定电流又有不同的规格和型号。三相式热继电器常用于三相交流电动机的过载保护。按功能三相式热继电器可分为带断相保护和不带断相保护两种类型。

2. 热继电器的结构、工作原理和保护特性

（1）热继电器的结构及工作原理。

热继电器主要由热元件、双金属片和触点 3 部分组成。热继电器中产生热效应的发热元件，应串联在电动机绕组电路中，这样，热继电器便能直接反映电动机的过载电流。其触点应串联在控制电路中，一般有常开和常闭两种，作过载保护用时常使用其常闭触点串联在控制电路中。双金属片式热继电器的结构如图 1-30 所示。

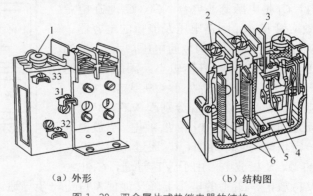

（a）外形　　　　　（b）结构图

图 1-30　双金属片式热继电器的结构

1—电流整定装置　2—主电路换线柱　3—复位按钮　4—常闭触头　5—动作机构
6—热元件　31—常闭触头接线柱　32—公共动触头接线柱　33—常开触头接线柱

热继电器的敏感元件是双金属片。所谓双金属片，就是将两种线膨胀系数不同的金属片以机械辗压方式使之形成一体。线膨胀系数大的称为主动片，线膨胀系数小的称为被动片。双金属片受热后产生线膨胀，由于两层金属的线膨胀系数不同，且两层金属又紧紧地黏合在一起，因此，使得双金属片向被动片一侧弯曲，如图 1-31 所示。由双金属片弯曲产生的机械力便带动触点动作。

双金属片的受热方式如图 1-32 所示，有直接热式、间接式、复合式和电流互感器式 4 种。电流互感器式的发热元件不直接串接在电动机电路，而是接于电流互感器的二次侧，这种方式多用于电动机电流比较大的场合，以减少通过发热元件的电流。

热继电器的结构原理如图 1-33 所示。使用时发热元件 3 串接在电动机定子绕组中，电动机绕组电流即为流过发热元件的电流。当电动机正常运行时，发热元件产生的热量虽能使双金属片 2 弯曲，但还不足以使继电器动作；当电动机过载时，发热元件产生的热量增大，使双金属片弯曲位移增大，经过一定时间后，双金属片弯曲到推动导板 4，并通过补偿双金属片

5 与推杆 14 将触点 9 和 6 分开，触点 9 和 6 为热继电器串联于接触器线圈回路的常闭触点，断开后使接触器失电，接触器的常开触点断开电动机的电源以保护电动机。

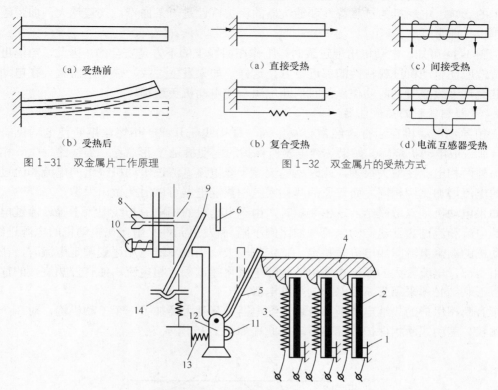

（a）受热前

（b）受热后

图 1-31　双金属片工作原理

（a）直接受热

（b）复合受热

（c）间接受热

（d）电流互感器受热

图 1-32　双金属片的受热方式

图 1-33　热继电器的结构原理

1—双金属片固定支点　2—双金属片　3—发热元件　4—导板　5—补偿双金属片　6—常闭触点
7—常开触点　8—复位调节　9—动触点　10—复位按钮　11—调节旋钮　12—支撑件　13—压簧　14—推杆

调节旋钮 11 是一个偏心轮，它与支撑件 12 构成一个杠杆，13 是一个压簧，转动偏心轮，改变它的半径即可改变补偿双金属片 5 与导板的接触距离，达到调节整定动作电流的目的。此外，靠调节复位螺钉来改变常开触点的位置，使热继电器能工作在手动复位和自动复位两种工作状态。采用手动复位时，在故障排除后要按下复位按钮 10 才能使动触点恢复到与静触点相接触的位置。

（2）电动机的过载特性和热继电器的保护特性。

热继电器的触点动作时间与被保护的电动机过载程度有关。电动机在不超过允许温升的条件下，其过载电流与电动机通电时间的关系，称为电动机的过载特性。当电动机运行中出现过载电流时，必将引起绕组发热。根据热平衡关系可知在允许温升条件下，电动机通电时间与其过载电流的平方成反比。由此可得出电动机的过载特性具有反时限特性，如图 1-34 所示的曲线 1。

为了适应电动机的过载特性而又起到过载保护作用，要求热继电器也应具有类似电动机过载特性那样的反时限特性。所以，在热继电器中必须具有电阻发热元件，利用过载电流通过电阻发热元件产生的

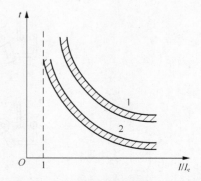

图 1-34　热继电器的保护特性与电动机

热效应使敏感元件动作，从而带动触点动作来完成保护作用。热继电器中通过的过载电流与热继电器触点的动作时间关系，称为热继电器的保护特性，如图 1-34 所示的曲线 2。考虑各种误差的影响，电动机的过载特性和继电器的保护特性是一条曲带，误差越大，曲带越宽；误差越少，曲带越窄。

由图 1-34 可知，电动机出现过载时，工作在曲线 1 的下方是安全的。因此，热继电器的保护特性应在电动机过载特性的邻近下方。这样，如果发生过载，热继电器就会在电动机未达到其允许过载极限之前动作，及时切断电源，使电动机免遭损坏。

3. 带断相保护的热继电器

三相异步电动机在运行时经常会发生因一根接线断开或一相熔丝熔断使电动机缺相运行，从而造成电动机烧坏。如果热继电器所保护的电动机是 Y 形联结，当线路发生一相断电时，另外两相电流便增大很多，此时相电流等于线电流，流过电动机绕组的电流和流过热继电器的电流增加比例相同，而普通的两相或三相热继电器可以对此做出保护。

如果电动机是 △ 形联结，发生断相时，由于电动机的相电流与线电流不等，流过电动机绕组的电流和流过热继电器的电流增加比例不同，而发热元件又串接在电动机的电源进线中，按电动机的额定电流即线电流来整定，整定值较大。当故障线电流达到额定电流时，在电动机绕组内部，电流较大的那一相绕组的故障电流将超过额定相电流，便有过热烧毁的危险。所以 △ 形联结必须采用带断相保护的热继电器。

带有断相保护的热继电器是在普通热继电器的基础上增加了一个差动机构，对 3 个电流进行比较。差动式断相保护热继电器动作原理如图 1-35 所示。

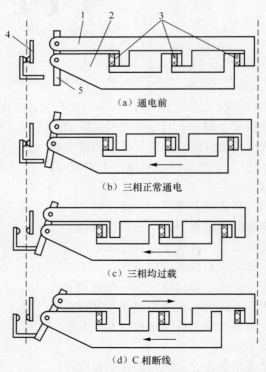

（a）通电前

（b）三相正常通电

（c）三相均过载

（d）C 相断线

图 1-35　差动式断相保护热继电器动作原理

1—上导板　2—下导板　3—双金属片　4—常闭触点　5—杠杆

由图 1-35 可见，将热继电器的导杆改为差动机构，由上导板 1、下导板 2 及杠杆组成，它们之间都用转轴连接。其中，图 1-35（a）所示为通电前机构各部件的位置；图 1-35（b）所示为正常通电时的位置，此时三相双金属片都受热向左弯曲，但弯曲的挠度不够，所以下导板向左移动一小段距离，继电器不动作；图 1-35（c）所示为三相同时过载时，三相双金属片同时向左弯曲，推动下导板 2 向左移动，通过杠杆 5 使常闭触点断开；图 1-35（d）所示为 C 相断线的情况，这时 C 相双金属片逐渐冷却降温，端部向右移动，推动上导板 1 向右移，而另外两相双金属片温度上升，端部向左弯曲，推动下导板 2 继续向左移动，由于上、下导板一左一右移动，产生了差动作用，通过杠杆的放大作用，使常闭触点断开。由于差动作用，使继电器在断相故障时加速动作，从而有效地保护了电动机。

热继电器的发热元件、触点的图形符号如图 1-36 所示。

4. 热继电器的型号及主要技术数据

在三相交流电动机的过载保护中，应用较多的有 JR16 和 JR20 系列三相式热继电器。这两种系列的热继电器都有带断相保护和不带断相保护两种形式，JR16 系列热继电器的主要技术数据如表 1-5 所示。

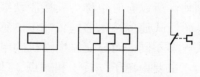

图 1-36 热继电器的发热元件和触点的图形符号

表 1-5　　　　　　　　　　　JR16 系列热继电器的主要技术数据

型号	额定电流/A	发热元件规格			连线导线规格
		编号	额定电流/A	刻度电流调整范围/A	
JR16－20/3 JR16－20/3D	20	1	0.35	0.25～0.3～0.35	4mm² 单股 塑料铜线
		2	0.5	0.32～0.4～0.5	
		3	0.72	0.45～0.6～0.72	
		4	1.1	0.68～0.9～1.1	
		5	1.6	1.0～1.3～1.6	
		6	2.4	1.5～2.0～2.4	
		7	3.5	2.2～2.8～3.5	
		8	5.0	3.2～4.0～5.0	
		9	7.2	4.5～6.0～7.2	
		10	11.0	6.8～9.0～11.0	
		11	16.0	10.0～130～16.0	
		12	22.0	14.0～18.0～22.0	
JR16－60/3 JR16－60/3D	60	13	22.0	14.0～18.0～22.0	16mm² 多股铜芯 橡皮软线
		14	32.0	20.0～26.0～32.0	
		15	45.0	28.0～36.0～45.0	
		16	63.0	40.0～50.0～63.0	
JR16－150/3 JR16－150/3D	150	17	53.0	40.0～50.0～63.0	35mm² 多股铜芯 橡皮软线
		18	85.0	53.0～70.0～85.0	
		19	120.0	75.0～100.0～120.0	
		20	160.0	100.0～130.0～160.0	

5. 热继电器的选用

热继电器的选用应综合考虑电动机形式、工作环境、启动情况、负荷情况等几方面的因素。

（1）原则上热继电器的额定电流应按电动机的额定电流选择。对于过载能力较差的电动机，其配用的热继电器（主要是发热元件）的额定电流可适当小些。通常，选取热继电器的额定电流（实际上是选取发热元件的额定电流）为电动机的额定电流的 60%～80%。

（2）在不需要频繁启动的场合，要保证热继电器在电动机的启动过程中不产生误动作。通常，当电动机启动电流为其额定电流的 6 倍以及启动时间不超过 6s 时，若很少连续启动，则可按电动机的额定电流选取热继电器。

（3）当电动机为重复短时工作时，首先要确定热继电器的允许操作频率。因为热继电器的操作频率是很有限的，如果用来保护操作频率较高的电动机，效果很不理想，有时甚至不起作用。

1.4.5 速度继电器

速度继电器是利用速度原则对电动机进行控制的自动电器，常用作笼型异步电动机的反接制动，所以有时也称为反接制动继电器。

感应式速度继电器是依靠电磁感应原理实现触点动作的，因此，它的电磁系统与一般电磁式电器不同，而与交流电动机的电磁系统相似。感应式速度继电器的结构和外形如图 1-37 所示，主要由定子、转子和触点 3 部分组成。使用时继电器轴与电动机轴相耦合，但其触点接在控制电路中。

图 1-37　速度继电器结构和外形示意图
1—转轴　2—转子　3—定子　4—线圈　5—摆锤　6、7—静触点　8、9—簧片

转子是一个圆柱形永久磁铁，其轴与被控制电动机的轴相耦合。定子是一个笼型空心圆环，由硅钢片叠成，并装有笼形线圈。定子空套在转子上，能独自偏摆。当电动机转动时，速度继电器的转子随之转动，这样就在速度继电器的转子和定子圆环之间的气隙中产生旋转磁场而产生感应电动势并产生电流，此电流与旋转的转子磁场作用产生转矩，使定子偏转，其偏转角度与电动机的转速成正比。当偏转到一定角度时，与定子连接的摆锤推动动触点，使常闭触点断开，当电动机转速进一步升高后，摆锤继续偏摆，使常开触点闭合。当电动机转速下降时，摆锤偏转角度随之下降，动触点在簧片作用下复位（常开触点断开、常闭触点闭合）。

一般速度继电器的动作速度为 120r/min，触点的复位速度在 100r/min 以下，转速在 3000～3600r/min 能可靠地工作，允许操作频率不超过 30 次/h。

速度继电器主要根据电动机的额定转速来选择。使用时，速度继电器的转轴应与电动机同轴连接，安装接线时，正反向的触点不能接错，否则不能起到反接制动时接通和断开反向电源的作用。

速度继电器的图形符号及文字符号如图 1-38 所示。

（a）转子　　　　　（b）常开触点　　　（c）常闭触点

图1-38　速度继电器的图形及文字符号

1.4.6　其他功能继电器

其他功能的继电器还有很多种类，图1-39所示为光电继电器、温度继电器和压力继电器。

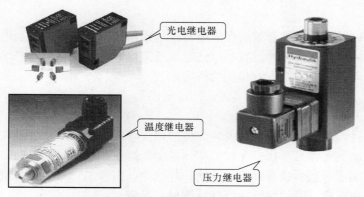

光电继电器

温度继电器

压力继电器

图1-39　其他种类的继电器

（1）光电继电器是由半导体光电开关接收控制信号的，光电开关是由振荡回路产生的调制脉冲经反射电路后，由发光管GL辐射出光脉冲。当被测物体进入受光器作用范围时，被反射回来的光脉冲进入光敏三极管DU，并在接收电路中将光脉冲解调为电脉冲信号，再经放大器放大和同步选通整形，然后经延时触发驱动器输出光电开关控制信号。因此，光电继电器是一种电子控制器件，它具有控制系统（又称输入回路）和被控制系统（又称输出回路），通常应用于自动控制电路中，它实际上是用较小的电流去控制较大电流的一种"自动开关"，故在电路中起着自动调节、安全保护、转换电路等作用。

（2）温度继电器是当外界温度达到给定值时而动作的继电器。它在电子电路图中的符号是"FC"。该产品为通接触感应式密封温度继电器，具有体积小、重量轻、控温精度高等特点，通用性极强，是使用最为广泛的产品。它可供航空航天、监控摄像设备、电机、电器设备及其他行业作温度控制和过热保护用。当被保护设备达到规定温度的值时，该继电器立即工作达到切断电源保护设备安全的目的。按动作性质划分可分为常开型和常闭型；按照材质划分可以分为电木体、塑胶体、铁壳体和陶瓷体。

（3）压力继电器是将压力转换成电信号的液压元器件，客户根据自身的压力设计需要，通过调节压力继电器，实现在某一设定的压力时，输出一个电信号的功能。其工作原理为：压力继电器是利用液体的压力来启闭电气触点的液压电气转换元件。当系统压力达到压力继电器的调定值时，发出电信号，电气元件（如电磁铁、电机、时间继电器、电磁离合器等）动作，使油路卸压、换向，执行元件实现顺序动作，或关闭电动机使系统停止工作，起安全保护作用等。压力继电器有柱塞式、膜片式、弹簧管式和波纹管式4种结构形式。

（4）磁保持继电器是近几年发展起来的一种新型继电器，也是一种自动开关。和其他电磁继电器一样，对电路起着自动接通和切断作用。所不同的是，磁保持继电器的常闭或常开状态完全是依赖永久磁钢的作用，其开关状态的转换是靠一定宽度的脉冲电信号触发而完成的。

（5）固态继电器是一种两个接线端为输入端，另两个接线端为输出端的四端器件，中间采用隔离器件实现输入输出的电隔离。固态继电器按负载电源类型可分为交流型和直流型；按开关型式可分为常开型和常闭型；按隔离型式可分为混合型、变压器隔离型和光电隔离型，以光电隔离型为最多。

1.5 熔断器

熔断器是一种最简单而且有效的保护电器。熔断器串联在电路中，当电路或电器设备发生过载和短路故障时，有很大的过载和短路电流通过熔断器，使熔断器的熔体迅速熔断，切断电源，从而起到保护线路及电器设备的作用。

1.5.1 熔断器的结构类型

熔断器由熔体（俗称保险丝）和安装熔体的熔管（或熔座）两部分组成。其中熔体是关键部分，它既是感测元件又是执行元件，熔体是由低熔点的金属材料（如铅、锡、锌、铜、银及其合金等）制成，其形状有丝状、带状、片状等；熔管的作用是安装熔体及在熔体熔断时熄灭电弧，多由陶瓷、绝缘钢纸或玻璃纤维材料制成。

熔断器的熔体串联在被保护电路中，当电路正常工作时，熔体中通过的电流不会使其熔断；当电路发生短路或严重过载时，熔体中通过的电流很大，使其发热，当温度达到熔点时熔体瞬间熔断，切断电路，起到保护作用。

熔断器按其结构形式划分有插入式、螺旋式、有填料密封管式、无填料密封管式、自复式熔断器等。按用途划分，有保护一般电器设备的熔断器，如在电气控制系统中经常选用的螺旋式熔断器；还有保护半导体器件用的快速熔断器，如用以保护半导体硅整流元件及晶闸管的 RLS2 产品系列。

1. 瓷插式熔断器

瓷插式熔断器是低压分支线路中常用的一种熔断器，其结构简单，分断能力小，多用于民用和照明电路。常用的瓷插式熔断器有 RC1A 系列，结构如图 1-40 所示。

2. 螺旋式熔断器

螺旋式熔断器的熔管内装有石英砂或惰性气体，有利于电弧的熄灭，因此螺旋式熔断器具有较高的分断能力。熔体的上端盖有一熔断指示器，熔断时红色指示器弹出，可以通过瓷帽上的玻璃孔观察到。其结构如图 1-41 所示。

3. 快速熔断器

快速熔断器主要用于保护半导体器件或整流装置的短路保护。半导体器件的过载能力很低，因此要求短路保护具有快速熔断的能力。快速熔断器的熔体采用银片冲成的变截面的 V 形熔片，熔管采用有填料的密闭管。常用的有 RLS2、RS3 等系列，NGT 是我国引进德国技术生产的一种分断能力高、限流特性好、功耗低、性能稳定的熔断器。

常用的低压熔断器还有密闭管式熔断器、无填料 RM10 型熔断器（见图 1-42）、有填料密闭管式熔断器（见图 1-43）、自复式熔断器等。

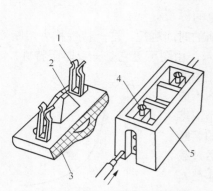

图 1-40 RC1A 系列瓷插式熔断器
1—动触点 2—熔丝 3—瓷盖 4—静触点 5—瓷底

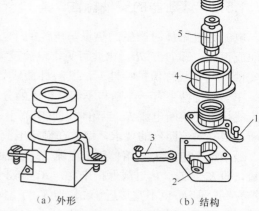

（a）外形　　（b）结构

图 1-41 RL1 系列螺旋式熔断器
1—上接线柱 2—瓷底 3—下接线柱 4—瓷套 5—熔芯 6—瓷帽

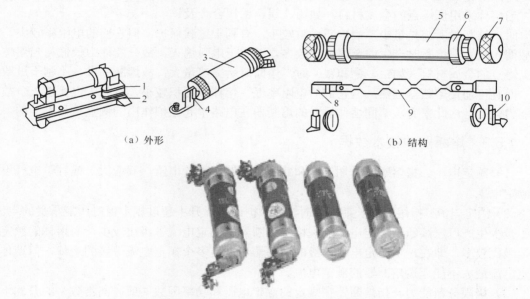

（a）外形　　（b）结构

图 1-42 RM10 系列无填料密封管式熔断器
1、4、10—夹座 2—底座 3—熔断器 5—硬质绝缘管 6—黄铜套管 7—黄铜帽 8—插刀 9—熔体

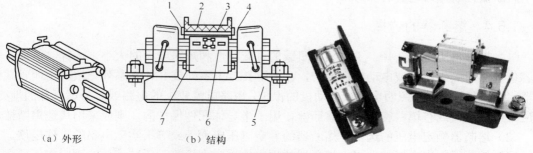

（a）外形　　（b）结构

图 1-43 RT0 有填料密封管式熔断器
1—熔断指示器 2—硅砂（石英砂）填料 3—熔丝 4—插刀 5—底座 6—熔体 7—熔管

熔断器的图形及文字符号如图 1-44 所示。

1.5.2 熔断器的安秒特性

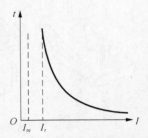

图 1-44 熔断器的图形及文字符号

电流通过熔体时产生的热量与电流的平方及通过电流的
时间成正比，即 $Q=I^2Rt$。由此可见，电流越大，熔体熔断的时间越短，这一特性称为熔断器
的安秒特性（或称保护特性），其特性曲线如图 1-45 所示，由图可见它是一反时限特性。

在安秒特性中有一熔断与不熔断电流的分界线，与此相应的
电流就是最小熔断电流 I_r。当熔体通过电流小于 I_r 时，熔体不应
熔断。根据对熔断器的要求，熔体在额定电流 I_{re} 时绝对不应熔
断。最小熔断电流 I_r 与熔体额定电流 I_{re} 之比称为熔断器的熔断
系数，即 $K_r=I_r/I_{re}$。从过载保护来看，K_r 值较小时对小倍数过载
保护有利，但 K_r 也不宜接近于 1，当 K_r 为 1 时，不仅熔体在 I_{re}
下的工作温度会过高，而且还有可能因为安秒特性本身的误差而
发生熔体在 I_{re} 下也熔断的现象，影响熔断器工作的可靠性。

图 1-45 熔断器的安秒特性曲线

当熔体采用低熔点的金属材料（如铅、锡、铅锡合金及锌
等）时，熔断时所需热量少，故熔断系数较小，有利于过载保护；但它们的电阻率较大，熔
体截面积较大，熔断时产生的金属蒸气较多，不利于电弧熄灭，故分断能力较低。当熔体采
用高熔点的金属材料（如铝、铜和银）时，熔断时所需热量大，故熔断率大，不利于过载保
护，而且可能使熔断器过热；但它们的电阻率低，熔体截面积较小，有利于电弧熄灭，故分
断能力较高。由此来看，不同熔体材料的熔断器在电路中起保护作用的侧重点是不同的。

1.5.3 熔断器的技术数据

（1）额定电压。指熔断器长期工作和断开后能够承受的电压，其应大于或等于电气设备
的额定电压。

（2）额定电流。指熔断器长期工作时，被保护设备温升不超过规定值时所能承受的电流。
为了减少生产厂家熔断器额定电流的规格，熔断器的额定电流等级比较少，而熔体的额定电
流等级比较多，即在一个额定电流等级的熔断器可安装多个额定电流等级的熔体，但熔体的
额定电流最大不能超过熔断器的额定电流。

（3）极限分断能力。指熔断器在规定的额定电压和功率因数（或时间常数）的条件下，
能断开的最大电流。在电路中出现的最大电流一般是指短路电流，所以极限分断能力也是反
映了熔断器分断短路电流的能力。

1.5.4 熔断器的选择

（1）熔断器类型的选择：主要根据负载的过载特性和短路电流的大小来选择。例如，对
于容量较小的照明电路或电动机的保护，可采用 RCA1 系列或 RM10 系列无填料密闭管式熔
断器。对于容量较大的照明电路或电动机的保护，短路电流较大的电路或有易燃气体的地方，
则应采用螺旋式或有填料密闭管式熔断器，用于半导体元件保护的，则应采用快速熔断器。

（2）熔断器额定电压的选择：熔断器的额定电压应大于或等于实际电路的工作电压。

（3）熔断器额定电流的选择：熔断器的额定电流应大于等于所装熔体的额定电流。

（4）保护电动机的熔体的额定电流的选择：

① 保护一台异步电动机时，考虑电动机冲击电流的影响，熔体的额定电流按下式计算：

$$I_{RN} \geqslant (1.5 \sim 2.5)I_N$$

式中：I_N——电动机的额定电流。

② 保护多台异步电动机时，若出现尖峰电流时，熔断器不应熔断，则应按下式计算：

$$I_{RN} \geqslant (1.5 \sim 2.5)I_{Nmax} + \sum I_N$$

式中：I_{Nmax}——容量最大的一台电动机的额定电流；

$\sum I_N$——其余各台电动机额定电流的总和。

（5）熔断器的上、下级的配合：为使两级保护相互配合良好，两级熔体额定电流的比值不小于 1.6：1，或对于同一个过载或短路电流，上一级熔断器的熔断时间至少是下一级的 3 倍。

1.6 低压开关和低压断路器

开关是利用触点的闭合和断开在电路中起通断、控制作用的电器，一般情况下用手操作，所以它又是一种非自动切换的电器。常用的低压电器开关有刀开关、转换开关、自动开关等。

低压开关主要用于低压配电系统及电气控制系统中，对电路和电器设备进行不频繁地通断、转换电源或负载控制，有的还可用作小容量笼型异步电动机的直接启动控制。所以，低压开关也称低压隔离器，是低压电器中结构比较简单、应用较广的一类手动电器。主要有刀开关、组合开关、转换开关等，以下以 HK2 系列刀开关为例做一些说明。

1.6.1 低压刀开关

低压刀开关又称闸刀开关，是一种用来接通或切断电路的手动低压开关。用低压刀开关来接通和切断电路的时候，在刀刃和夹座之间会产生电弧。电路的电压越高，电流越大，电弧就越大。电弧会烧坏闸刀，严重时还会伤人。所以低压刀开关一般用于电流在 500A 以下，电压在 500V 以下的不常开闭的线路中。

低压刀开关的种类很多，常用的有开启式负荷开关、铁壳开关和组合开关。

1. 开启式负荷开关

开启式负荷开关就是通常所说的胶木闸刀开关，胶木闸刀开关的底座为瓷板或绝缘底板，盒盖为绝缘胶木，它主要由闸刀开关和熔丝组成。这种闸刀开关的特点是结构简单、操作方便，因而在低压电路中应用广泛。

开启式负荷开关主要作为照明电路和小容量 5.5kW 及 5.5kW 以下动力电路不频繁启动的控制开关。

开启式负荷开关的瓷底座上装有进线座、静触头、熔体、出线座和带瓷质手柄的刀式动触头，上面盖有胶盖，以防止操作时触及带电体或分断时产生的电弧飞出伤人。

HK2 系列瓷底胶盖刀开关（俗称闸刀）的结构如图 1-46 所示，由熔丝、触刀、触点座、操作手柄和底座组成。在使用时进线座接电源端的进线，出线座接负载端导线，靠触刀与触点座的分合来接通和断开电路。图 1-47 所示为刀开关的图形符号及文字符号。

刀开关安装时，手柄要向上，不得倒装或平装。倒装时手柄有可能因自重而下滑引起误合闸，造成人身安全事故。接线时，将电源线接在熔丝上端，负载线接在熔丝下端，拉闸后刀开关与电源隔离，便于更换熔丝。

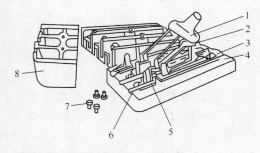

图 1-46 HK2 系列瓷底胶盖刀开关

1—瓷柄 2—动触点 3—出线座 4—瓷底座 5—静触点 6—进线座 7—胶盖紧固螺钉 8—胶盖

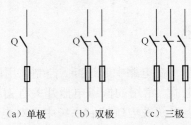

（a）单极　　（b）双极　　（c）三极

图 1-47 刀开关的图形及文字符号

2. 铁壳开关

铁壳开关又称封闭式负荷开关，主要由闸刀、熔断器、夹座、铁壳等组成。其外形和内部结构如图 1-48 所示。它和一般闸刀开关的区别是装有与转轴及手柄相连的速断弹簧。速断弹簧的作用是使闸刀与夹座快速接通和分离，从而使电弧很快熄灭。为了保证安全，铁壳开关装有机械联锁装置，使开关合闸后箱盖打不开；箱盖打开时，开关不能合闸。

铁壳开关适用于工矿企业、农村电力排灌和电热、照明等各种配电设备中，供手动不频繁地接通与分断电路，以及作为线路末端的短路保护之用。

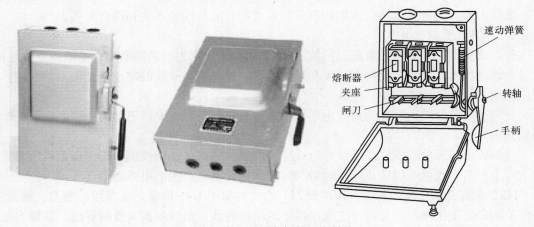

图 1-48 铁壳开关的外形和内部结构

3. 组合开关

组合开关又称转换开关，它的结构与上述刀开关不同，通过驱动转轴实现触点的闭合与分断，也是一种手动控制开关。转换开关的外形、符号和结构如图 1-49 所示。转换开关通断能力较低,一般用于小容量电动机的直接启动、电动机的正反转控制及机床照明控制电路中。它的结构紧凑、体积小、操作方便。

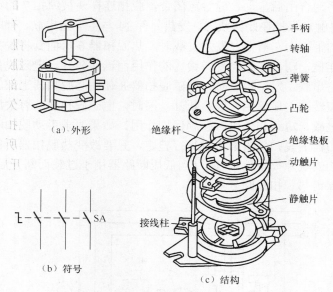

（a）外形

（b）符号

（c）结构

图 1-49　组合开关的结构和符号

常用的转换开关有 HZ_1，HZ_2，HZ_3，HZ_4，HZ_{10} 等系列产品。其中 HZ_{10} 系列转换开关具有寿命长、使用可靠、结构简单等优点。各种组合开关的外形如图 1-50 所示。

图 1-50　各种组合开关的外形

1.6.2　低压断路器

低压断路器又称自动空气开关,可用来分配电能、不频繁地启动异步电动机、保护电动机及电源等,具有过载、短路、欠电压等保护功能。

1. 低压断路器的结构及工作原理

低压断路器的结构如图 1-51 所示。低压断路器在使用时，电源线接图中的 L1、L2、L3 端为负载接线端。手动合闸后，动、静触点闭合，脱扣连杆 9 被锁扣 7 的锁钩钩住，它又将合闸连杆 5 钩住，将触点保持在闭合状态。发热元件 14 与主电路串联，有电流流过时发出热量，使热脱扣器 6 的下端向左弯曲。发生过载时，热脱扣器 6 弯曲到将脱扣锁钩推离脱扣连杆，从而松开合闸连杆，动、静触点受弹簧 3 的作用而迅速分开。电磁脱扣器 8 有一个匝数很少的线圈与主电路串联。发生短路时，电磁脱扣器 8 使铁心脱扣器上部的吸力大于弹簧的反力，脱扣锁钩向左转动，最后也使触点断开。同时，电磁脱扣器兼有欠压保护功能，这样断路器在电路发生过载、短路和欠压时起到保护作用。如果要求手动脱扣时，按下按钮 2 就可使触点断开。脱扣器的脱扣量值都可以进行整定，只要改变热脱扣器所需要的弯曲程度和电磁脱扣器铁心机构的气隙大小就可以了。当低压断路器由于过载而断开后，应等待 2～3min 才能重新合闸，以保证热脱扣器回复原位。

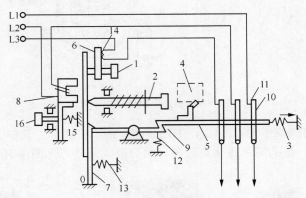

图 1-51 低压断路器的结构原理

1—热脱扣器的整定按钮 2—手动脱扣按钮 3—脱扣弹簧 4—手动合闸机构 5—合闸连杆
6—热脱扣器 7—锁钩 8—电磁脱扣器 9—脱扣连杆 10、11—动、静触点 12、13—弹簧
14—发热元件 15—电磁脱扣弹簧 16—调节按钮

2. 低压断路器的类型及主要技术数据

（1）装置式低压断路器。又称塑料外壳式低压断路器，用绝缘材料制成的封闭型外壳将所有构件组装在一起，用作配电网络的保护和电动机、照明电路及电热电器等的控制开关。主要型号有 DZ5、DZ10、DZ20 等系列。

（2）万能式低压断路器。又称敞开式低压断路器，具有绝缘衬底的框架结构底座，所有的构件组装在一起，用于配电网络的保护。主要型号有 DW10 型和 DW15 型两个系列。

（3）限流断路器。利用短路电流产生的巨大吸力，使触点迅速断开，能在交流短路电流尚未达到峰值之前就把故障电路切断，用于短路电流相当大（高达 70kA）的电路中。主要型号有 DZX10 和 DWX15 两种系列。

（4）快速断路器。具有快速电磁铁和强有力的灭弧装置，最快动作可在 0.02s 以内，用于半导体整流器件和整流装置的保护。主要型号有 DS 系列。

低压断路器的图形符号及文字符号如图 1-52 所示。万能式低压断路器外形如图 1-53 所示。

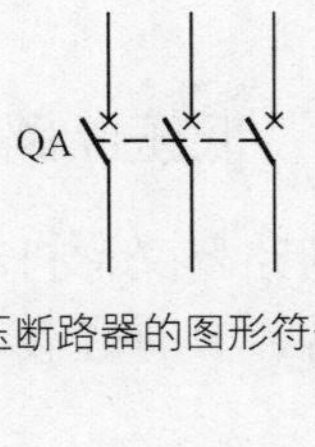

图 1-52 低压断路器的图形符号及文字符号

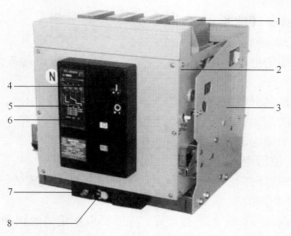

图 1-53　万能式低压断路器外形图

1—天弧罩　2—开关本体　3—抽屉座　4—合闸按钮　5—分闸按钮
6—智能脱扣器　7—摇匀柄插入位置　8—连接／试验／分离指示

国产 DZX10 和 DW15 系列低压断路器的主要技术数据分别如表 1-6 和表 1-7 所示。

表 1-6　　　　　　　　　　　　　　DZX10 系列断路器的技术数据

| 型号 | 极数 | 脱扣器额定电流/A | 附件 | |
			欠电压（或分励）脱扣器	辅助触点
DZX10－100/22	2			
DZX10－100/23	2	63，80，100	欠电压：AC220V，AC380V，分励：AC220V，AC380V，DC24V，48V，110V，220V	一开一闭 二开二闭
DZX10－100/32	3			
DZX10－100/33	3			
DZX10－200/22	2			
DZX10－200/23	2	100，120，140，170，200		
DZX10－200/32	3		欠电压：AC220V，AC380V，分励：AC220V，AC380V，DC24V，48V，110V，220V	二开二闭 四开四闭
DZX10－200/33	3			
DZX10－630/22	2			
DZX10－630/23	2	200，250，300，350，400，500，630		
DZX10－630/32	3			
DZX10－100/33	3			

表 1-7　　　　　　　　　　　　　　DW15 系列断路器的技术数据

| 型号 | 额定电压/V | 额定电流/A | 额定短路接通分断能力/kA | | | | | 外形尺寸/mm |
			电压/V	接通最大值	分断有效值	cos φ	短路时最大延时/s	
DW15－200	380	200	380	40	20	—	—	242×420×341
DW15－400	380	400	380	52.5	25	—	—	386×420×316
DW15－630	380	630	380	63	30	—	—	
DW15－1000	380	1000	380	84	40	0.2	—	441×531×508
DW15－1600	380	1600	380	84	40	0.2	—	
DW15－2500	380	2500	380	132	60	0.2	0.4	687×571×631
DW15－4000	380	4000	380	196	80	0.2	0.4	897×571×631

3. 低压断路器的选择及使用

（1）低压断路器的选择应注意以下几个问题。

① 低压断路器的额定电流和额定电压应大于或等于线路、设备的正常工作电压和工作电流。

② 低压断路器的极限分断能力应大于或等于电路最大短路电流。

③ 过电流脱扣器的额定电流大于或等于线路的最大负载电流。

④ 欠电压脱扣器的额定电压等于线路的额定电压。

（2）低压断路器的使用应注意以下几个问题。

① 在安装低压断路器时应注意把来自电源的母线接到开关灭弧罩一侧的端子上，来自电气设备的母线接到另外一侧的端子上。

② 低压断路器投入使用时应先进行整定，按照要求整定热脱扣器的动作电流，以后就不应随意旋动有关的螺钉和弹簧。

③ 发生断路、短路事故的动作后，应立即对触点进行清理，检查有无熔坏，清除金属熔粒、粉尘等，特别要把散落在绝缘体上的金属粉尘清除干净。

④ 在正常情况下，每 6 个月应对开关进行一次检修，清除灰尘。

使用低压断路器来实现短路保护比熔断器要好，因为当三相电路短路时，很可能只有一相的熔断器熔断，造成单相运行。对于低压断路器来说，只要造成短路都会使开关跳闸，将三相同时切断。低压断路器还有其他自动保护作用，所以性能优越。但它结构复杂，操作频率低，价格高，因此适用于要求较高的场合（如电源总配电盘）。

1.7　主令电器

主令电器是在自动控制系统中发出指令或信号的电器，用来控制接触器、继电器及其他电器线圈，使电路接通或断开，以达到控制生产机械的目的。

主令电器应用十分广泛，种类繁多。常用的主令电器按其作用可分为控制按钮、行程开关、万能转换开关、主令控制器及其他主令电器（脚踏开关、钮子开关、紧急开关）等。

1.7.1　按钮

按钮是一种结构简单、使用广泛的手动主令电器，在低压控制电路中，用来发出手动指令远距离控制其他电器，再由其他电器去控制主电路或转移各种信号，也可以直接用来转换信号电路和电器连锁电路等。

按钮一般由按钮帽、复位弹簧、触点、外壳等部分组成，其外形和结构如图 1-54 所示。每个按钮中触点的形式和数量可根据需要装配成 1 常开、1 常闭到 6 常开、6 常闭的形式。控制按钮可做成单式（一个按钮）、复式（两个按钮）和三联式（3 个按钮）的形式。为便于识别各个按钮的作用，避免误操作，通常在按钮帽上做出不同标志或涂以不同颜色，表示不同作用。一般用红色作为停止按钮，绿色作为启动按钮。其图形符号和文字符号如图 1-55 所示。各种按钮的外形如图 1-56 所示。

按钮按静态（不受外力作用）时触头的分合状态，可分为常开按钮（启动按钮）、常闭按钮（停止按钮）和复合按钮（常开、常闭组合为一体的按钮）。

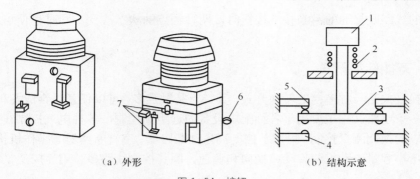

（a）外形 　　　　　　　　　　　（b）结构示意

图 1-54　按钮

1—按钮帽　2—复位弹簧　3—动触点　4—常开触点的静触点　5—常闭触点的静触点　6、7—触点接线柱

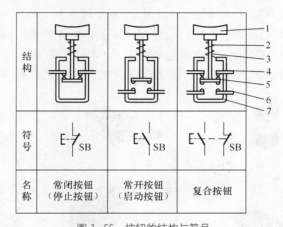

结构			
符号	E-┐SB	E-│SB	E-│-┘SB
名称	常闭按钮（停止按钮）	常开按钮（启动按钮）	复合按钮

图 1-55　按钮的结构与符号

1—按钮帽　2—复位弹簧　3—支柱连杆　4—常闭静触头　5—桥式动触头　6—常开静触头　7—外壳

图 1-56　各种按钮的外形

　　常开按钮：未按下时，触头是断开的；按下时触头闭合；当松开后，按钮自动复位。

　　常闭按钮：与常开按钮相反，未按下时，触头是闭合的；当松开后，按钮自动复位。

　　复合按钮：将常开和常闭按钮组合为一体。按下复合按钮时，其常闭触头先断开，然后常开触头再闭合；而松开时，常开触头先断开然后常闭触头再闭合。

　　当按下按钮时，常闭触点先断开，常开触点后接通。按钮释放后，在复位弹簧作用下使触点复位，所以，按钮常用来控制电器的点动。按钮接线没有进线和出线之分，直接将所需的触点连入电路即可。在按钮没有按下时，接在常开触点接线柱上的线路是断开的，常闭触点接线柱上的线路是接通的；当按下按钮时，两种触点的状态改变，同时也使与之相连的电路状态改变。

1.7.2 万能转换开关

万能转换开关是一种多档的转换开关，其特点是触点多，可以任意组合成各种开闭状态，能同时控制多条电路。它主要用于各种配电设备的远距离控制，各种电气控制线路的转换、电气测量仪表的换相测量控制。可用于控制高压油断路器、空气断路器等操作机构的分合闸，有时也可用于小容量电动机的启动、换向和调速。因其控制线路多、用途广泛，故称为万能转换开关。

1. 万能转换开关的结构原理

万能转换开关的结构和组合开关的结构相似，万能转换开关外形如图 1-57 所示，由多组相同结构的触点组件叠装而成，它依靠凸轮转动及定位，用变换半径操作触头的通断，当万能转换开关的手柄在不同的位置时，触点的通断状态是不同的。万能转换开关单层结构如图 1-58 所示。万能转换开关的手柄操作位置是用手柄转换的角度表示的，有 90°、60°、45°、30° 4 种。

图 1-57　万能转换开关外形　　　　　　图 1-58　万能转换开关单层结构示意图

2. 万能转换开关的常用型号

万能转换开关常用型号有 LW2、LW5、LW6 系列，其中 LW2 系列用于高压断路器操作回路的控制，LW5、LW6 系列多用于电力拖动系统中对线路或电动机实行控制，LW6 系列还可以装成双列型式，列与列之间用齿轮啮合，并由同一手柄操作，此种开关最多可装 60 对触点。

LW6 系列万能转换开关型号和触点数排列特征如表 1-8 所示。

表 1-8　　　　　　　　　LW6 系列万能转换开关型号和触点数排列特征表

型号	触点座数	触点座排列型式	触点对数	型号	触点座数	触点座排列型式	触点对数
LW6—1	1	单列式	3	LW6—1	8	单列式	24
LW6—2	2		6	LW6—1	10		30
LW6—3	3		9	LW6—1	12		36
LW6—4	4		12	LW6—1	16	双列式	48
LW6—5	5		15	LW6—1	20		60
LW6—6	6		18				

3. 万能转换开关型号含义及电气符号

（1）万能转换开关型号含义如下所示。

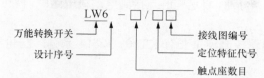

（2）电气符号。万能转换开关的电气符号及通断表如图 1-59 所示。

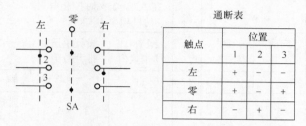

图 1-59　万能转换开关的电气符号及通断表

4. 万能转换开关的选择

万能转换开关的选择主要按下列要求进行。

（1）按额定电压和工作电流选用合适的万能转换开关系列。

（2）按操作需要选定手柄形式和定位特征。

（3）按控制要求参照转换开关样本确定触点数量和接线图编号。

（4）选择面板形式及标志。

1.7.3　主令控制器与凸轮控制器

主令控制器与凸轮控制器也属于主令电器，它们在起重机的控制中应用广泛。

1. 凸轮控制器

凸轮控制器是一种大型手动控制电器，用以直接操作与控制电动机的正反转、调速、启动与停止。应用凸轮控制器控制的电动机控制电路简单，维修方便，广泛用于中、小型起重机的平移机构和小型起重机的提升机构的控制中。

（1）凸轮控制器结构原理。

凸轮控制器主要由触点、转轴、凸轮、杠杆、手柄、灭弧罩及定位机构组成，如图 1-60 所示。

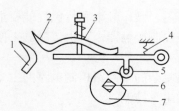

图 1-60　凸轮控制器的机构原理图

1—静触点　2—动触点　3—触点弹簧　4—复位弹簧　5—滚子　6—绝缘方轴　7—凸轮

转动手柄时，转轴带动凸轮一起转动，转到某一位置时，凸轮顶动滚子，克服弹簧压力，使动触点顺时针方向转动，脱离静触点而分断。在转轴上叠装不同形状的凸轮，可以使若干个触点组按规定的顺序接通或分断。将这些触点接到电动机电路中，便可实现控制电动机的目的。

（2）常用型号。

目前，我国生产的凸轮控制器主要有 KT10、KT14 系列，凸轮控制器技术数据如表 1-9 所示。

表 1-9　　　　　　　　　　凸轮控制器技术数据

型号	额定电流 I（A）	工作位置数		触点数	在 JC%=25%时控制电动机功率 P（kW）		使用场合
		向前（上升）	向后（下降）		制造厂样本数值	设计手册推荐数值	
KT10—25J/1	25	5	5	12	11	7.5	控制一台绕线型电动机
KT10—25J/2	25	5	5	13		2×7.5	同时控制两台绕线型电动机，定子回路由接触器控制
KT10—25J/3	25	1	1	9	5	3.5	控制一台笼型电动机
KT10—25J/5	25	5	5	17	2×5	2×3.5	同时控制两台绕线型电动机
KT10—25J/7	25	1	1	7	5	3.5	控制一台转子串频敏变阻器的绕线型电动机

（3）凸轮控制器型号含义如下所示。

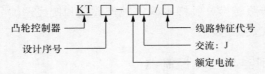

（4）凸轮控制器的电气符号如图 1-61 所示。

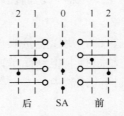

图 1-61　凸轮控制器的电气符号

2. 主令控制器

当电动机容量较大、工作繁重、操作频率和特色性能要求较高时，通常采用主令控制器来控制。用主令控制器的触点来控制接触器，再由接触器来控制电动机，从而使触点容量大大减小，操作更为轻便。

主令控制器是用以频繁切换复杂的多回路控制电路的主令电器。主要用作起重机、轧钢机及其他生产机械磁力控制盘的主令控制。

主令控制器的结构与工作原理与凸轮控制器相似，只是触点的额定电流较小。

目前，生产和使用的主令控制器主要有 LK14、LK15、LK16 系列，其主要技术性能为额定电压是交流 50Hz、380V 以下，直流 220V 以下，额定操作频率是 1200 次/h。表 1-10 所示为 LK14 型主令控制器的主要技术数据。

表 1-10　　　　　　　　　　　　LK14 型主令控制器的主要技术数据

型号	额定电压 U（V）	额定电流 I（A）	控制电路数	外形尺寸（mm）
LK14－12/90				
LK14－12/96	380	15	12	227×220×300
LK14－12/97				

主令控制器的选择：主要根据所需操作位置数、控制电路数、触点闭合顺序以及长期允许电流大小来选择。在起重机控制中，往往根据磁力控制盘型号来选择主令控制器，因为主令控制器是与磁力控制盘相配合实现控制的。

1.7.4　行程开关

行程开关也称为限位开关或位置开关，用于检测工作机械的位置，是一种利用生产机械某些运动部件的撞击来发出控制信号的主令电器，所以称为行程开关。将行程开关安装于生产机械行程终点处，可限制其行程。行程开关主要用于改变生产机械的运动方向、行程大小、位置保护等。

行程开关的种类很多，按动作方式分为瞬动型和蠕动型；按其头部结构可分为直动式（如 LX1、JLXK1 系列）、滚轮式（如 LX2、JLXK2 系列）和微动式（如 LXW-11、JLXK1-11 系列）3 种。

直动式行程开关的外形及结构原理如图 1-62 所示，它的动作原理与按钮相同。但它的触点分合速度取决于生产机械的移动速度。当移动速度低于 0.4m/min 时，触点断开太慢，易受电弧烧损。为此，应采用有盘形弹簧机构瞬时动作的滚轮式行程开关，如图 1-63 所示。当生产机械的行程比较小且作用力也很小时，可采用具有瞬时动作和微小动作的微动开关，如图 1-64 所示。

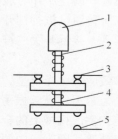

图 1-62　直动式行程开关
1—顶杆　2—弹簧　3—常闭触点
4—触点弹簧　5—常开触点

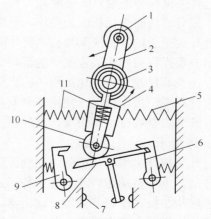

图 1-63　滚轮式行程开关
1—滚轮　2—上轮臂　3、5、11—弹簧　4—套架
6、9—压板　7—触点　8—触点推杆　10—小滑轮

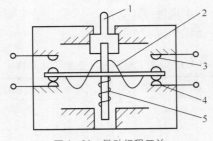

图 1-64　微动行程开关

1—推杆　2—弯形片状弹簧　3—常开触点　4—常闭触点　5—复位弹簧

行程开关的图形符号和文字符号以及外形如图 1-65 所示。

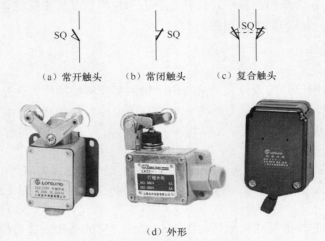

（a）常开触头　　（b）常闭触头　　（c）复合触头

（d）外形

图 1-65　行程开关的图形和文字符号及外形

1.7.5　接近开关

接近开关又称为无触点非接触式行程开关，当运动的物体与之接近到一定距离时，它就发出动作信号，从而进行相应的操作，不像机械行程开关那样需要施加机械力。

接近开关是通过其感应头与被测物体间介质能量的变化来取得信号的。接近开关的应用已远超出一般行程控制和限位保护的范畴，可用于高速计数、测速、液面检测、检测金属物体是否存在及其尺寸大小、加工程序的自动衔接和作为无触点按钮等。即使用作一般行程控制，其定位精度、操作频率、使用寿命及对恶劣环境的适应能力也比普通机械行程开关高。

接近开关的参数有动作距离、重复精度、操作频率、复位行程等。接近开关的符号和外形如图 1-66 所示。

接近开关按其工作原理可分为高频振荡型、感应电桥型、霍尔效应型、光电型、永磁及磁敏元件型、电容型及超声波型等多种形式，其中以高频振荡型最为常用。高频振荡型的结构包括感应头、振荡器、开关器、输出器、稳压器等几部分。当装在生产机械上的金属检测体（通常为铁磁件）接近感应头时，由于感应作用，使处于高频振荡器线圈磁场中的物体内部产生涡流（及磁滞）损耗，以致振荡回路因电阻增大、损耗增加而使振荡减弱，直至停止振荡。这时，晶体管开关导通，并通过输出器（即电磁式继电器）输出信号，从而起到控制

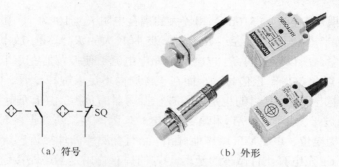

（a）符号　　　　　　　（b）外形

图 1-66　接近开关的图形符号和外形

作用。高频振荡型用于检测各种金属，现在应用最为普遍；电磁感应型用于检测导磁和非导磁金属；电容型用于检测各种导电和不导电的液体及金属；超声波型用于检测不能透过超声波的物质。下面介绍晶体管停振型的接近开关电路。

晶体管停振型接近开关属于高频振荡型。高频振荡型接近信号的发生机构实际上是一个 LC 振荡器，其中 L 是电感式感辨头。当金属检测体接近感辨头时，在金属检测体中将产生涡流，由于涡流的去磁作用使感辨头的等效参数发生变化，改变振荡回路的谐振阻抗和谐振频率，使振荡停止，并以此发出接近信号。LC 振荡器由 LC 谐振回路、放大器和反馈电路构成。按反馈方式可分为电感分压反馈式、电容分压反馈式和变压器反馈式。

晶体管停振型接近开关的框图如图 1-67 所示。晶体管停振型接近开关的实际电路如图 1-68 所示。

图 1-67　晶体管停振型接近开关的框图

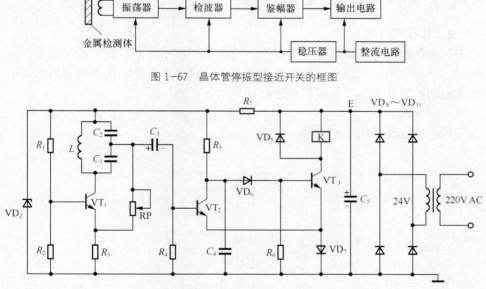

图 1-68　晶体管停振型接近开关的实际电路

电路采用了电容三点式振荡器，感辨头 L 仅有两根引出线，因此也可做成离式结构。由 C_2 取出的反馈电压经 R_2 和 R_f 加到晶体管 VT_1 的基极和发射极两端，取分压比等于 1，即 $C_1 = C_2$，其目的是为了能够通过改变 R_f 来整定开关的动作距离。由 VT_2、VT_3 组成的射极耦合触发器不仅用作鉴幅，同时也起电压和功率放大作用。VT_2 的基射结还兼作检波器。为了减轻振荡器的负担，选用较小的耦合电容 C_3（510pF）和较大的耦合电阻 R_4（10kΩ）。振荡器输出的正半周电压使 C_3 充电，负半周电压使 C_3 经过 R_4 放电，选择较大的 R_4 可减小放电电流。由于每周内的充电量等于放电量，所以较大的 R_4 也会减小充电电流，使振荡器在正半周的负担减轻。但是 R_4 也不应过大，以免 VT_2 基极信号过小而在正半周内不足以饱和导通。检波电容 C_4 不接在 VT_2 的基极而接在集电极上，其目的也是为了减轻振荡器的负担。由于充电常数 R_5C_4 远大于放电时间常数（C_4 通过半波导通向 VT_2 和 VD_7 放电），因此当振荡器振荡时，VT_2 的集电极电位基本等于其发射极电位，并使 VT_3 可靠地截止。当有金属检测体接近感辨头 L 使振荡器停振时，VT_3 的导通因 C_4 充电有几百微秒的延迟。C_4 的另一作用是当电路接通电源时，振荡器虽不能立即起振，但由于 C_4 上的电压不能突变，使 VT_3 不致有瞬间的误导通。

1.8 基本控制线路

电力拖动是指用电动机作为原动机来拖动生产机械，而不同的生产机械对电力拖动要求不同，要使电动机按照一定的生产机械的要求正常运转，必须配备一定的电器控制设备和保护设备，组成一定的控制线路，才能达到控制目的。

各种生产机械的电气控制设备有着各种各样的电气控制线路。这些控制线路无论是简单的还是复杂的，一般都由一些基本控制环节组成，在分析控制线路原理和判断其故障时，一般都是从这些基本环节入手，因此，掌握基本控制线路，对生产机械整个电气控制线路的工作原理分析及维修有着重要的意义。

1.8.1 电动机的点动与连续运转控制

1. 点动正转控制线路

点动正转控制线路是一种调整工作状态，要求是一点一动，即按一次按钮动一下，连续按则连续动，不按则不动，这种动作常称为"点动"或"点车"。这种控制方法常用于电动葫芦的起重电动机控制和车床拖板箱快速移动电动机控制。

（1）电气原理图。

点动正转控制线路如图 1-69 所示。

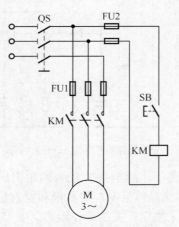

图 1-69 点动控制线路原理图

（2）电路中的元件及其作用。

隔离开关 QS：在电路中的作用是隔离电源，便于检修。

熔断器 FU1：主电路的短路保护。

熔断器 FU2：控制电路的短路保护。

交流接触器 KM：主触头控制电动机的启动与停止。

启动按钮 SB：控制接触器 KM 的线圈得电与失电。

（3）工作原理。

合上 QS。

启动：按下SB ——→ KM线圈得电 ——→ KM主触头闭合 ——→ 电动机 M 通电启动

停止：松下SB ——→ KM线圈失电 ——→ KM主触头断开 ——→ 电动机 M 断电停转

2. 接触器自锁正转控制线路

在要求电动机启动后能连续运转时，采用点动正转控制线路显然是不行的。为实现电动机的连续运转，可采用如图 1-70 所示的接触器自锁正转控制线路。

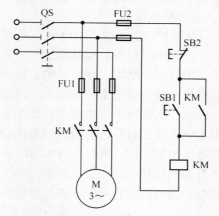

图 1-70 接触器自锁正转控制线路原理图

（1）电气原理图。

接触器自锁正转控制线路原理图如图 1-70 所示。

（2）电路中的元件及其作用。

隔离开关 QS：在电路中的作用是隔离电源，便于检修。

熔断器 FU1：主电路的短路保护。

熔断器 FU2：控制电路的短路保护。

交流接触器 KM：主触头控制电动机的启动与停止，辅助常开触头在电路中起到失压（零压）保护和欠压保护的作用。

所谓失压保护就是指电动机在正常的运行中，由于外界某种原因引起突然断电时，能自动断开电动机电源，当重新供电时，保证电动机不能自行启动的一种保护。

所谓欠压保护就是指当控制电路的电压低于线圈额定电压85%以下时，主触头和辅助常开触头同时分断，自动切断主电路和控制电路，电动机失电停转。

启动按钮 SB1：控制接触器 KM 线圈的得电。

停止按钮 SB2：控制接触器 KM 线圈的失电。

（3）工作原理。

合上 QS。

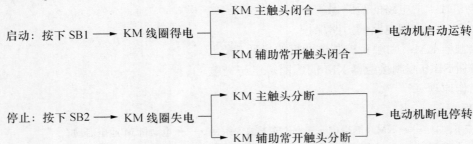

由该电路的工作原理可知：电路启动后，当松开 SB1 时，因为交流接触器 KM 的辅助常开触头闭合时已将 SB1 短接，控制电路仍保持接通，所以交流接触器 KM 的线圈继续得电，电动机实现连续运转。像这样当松开启动按钮后，交流接触器通过自身常开触头而使线圈保持得电的作用称为自锁。与启动按钮并联起自锁作用的常开触头称为自锁触头。

3. 具有过载保护的自锁正转控制线路

上述线路由熔断器 FU 作短路保护，由接触器 KM 作欠压和失压保护，但在实际应用中还是不够的。因为电动机在运行过程中，如果长期负载过大或启动操作频繁，或者缺相运行等原因，都可能使电动机定子绕组的电流增大，超过其额定值。而电路在这种情况下，熔断器往往并不能立即熔断，从而引起电动机的定子绕组过热，缩短电动机的寿命，严重时甚至会使电动机的定子绕组烧毁。因此，实际应用中对电动机还应采取过载保护措施。

所谓过载保护就是指当电动机出现过载时，能自动切断电动机电源，使电动机停转。电动机常用的过载保护是由热继电器来实现的，如图 1-71 所示。在接触器自锁正转控制线路中加入一个热继电器，使热继电器的热元件串接在主电路中，热继电器的常闭触头串接在控制电路中，这就构成了具有过载保护的自锁正转控制线路。该电路的工作原理及如何起到过载保护的，请读者自行分析。

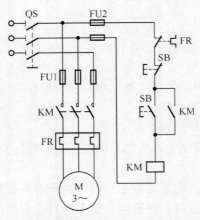

图 1-71　具有过载保护的自锁正转控制线路原理图

4. 连续与点动混合控制的正转控制线路

机床设备在正常工作时，一般需要电动机处在连续运行状态，但在试车或调整刀具与工件的相对位置时，又需要电动机能点动控制，实现这种工艺要求的电路称为连续与点动混合控制的正转控制电路，如图 1-72 所示。

（1）电气原理图。

由图 1-72 可知，该电路是在具有过载保护的自锁正转控制线路的基础上，增加了一个复合按钮 SB3，其常开触头与启动按钮并联，常闭触头与自锁触头串联。

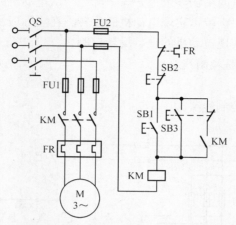

图 1-72 连续与点动混合控制的正转控制线路

（2）工作原理。

① 连续控制：

合上 QS。

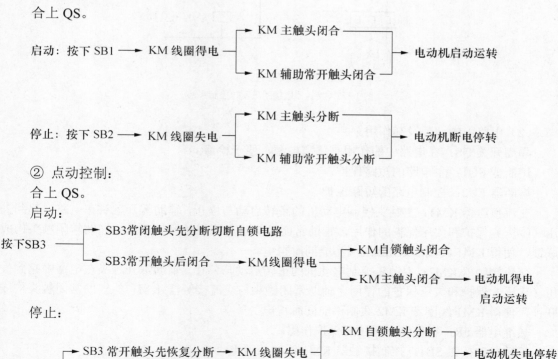

启动：按下 SB1 ⟶ KM 线圈得电 ⟶ KM 主触头闭合 ⟶ 电动机启动运转
KM 辅助常开触头闭合

停止：按下 SB2 ⟶ KM 线圈失电 ⟶ KM 主触头分断 ⟶ 电动机断电停转
KM 辅助常开触头分断

② 点动控制：

合上 QS。

启动：

按下 SB3 ⟶ SB3 常闭触头先分断切断自锁电路
SB3 常开触头后闭合 ⟶ KM 线圈得电 ⟶ KM 自锁触头闭合
KM 主触头闭合 ⟶ 电动机得电启动运转

停止：

松开 SB3 ⟶ SB3 常开触头先恢复分断 ⟶ KM 线圈失电 ⟶ KM 自锁触头分断 ⟶ 电动机失电停转
KM 主触头分断
SB3 常闭触头后恢复闭合（此时 KM 自锁触头已分断）

1.8.2 电动机的正反转控制

正转控制线路只能使电动机朝一个方向旋转，但在生产实践中，许多生产机械往往要求运动部件能向正反两个方向运动，从而实现可逆运行。例如，铣床的主轴要求正反旋转，工作台要求往返运动，起重机的吊钩要求上升与下降等。从电动机的工作原理可知，只要改变电动机定子绕组的电源相序，就可实现电动机的反转。在实际应用中，通常通过两个接触器来改变电源的相序，从而实现电动机的正、反转控制。

1. 接触器联锁的正反转控制线路

（1）电气原理图。

接触器联锁的正反转控制线路如图 1-73 所示。

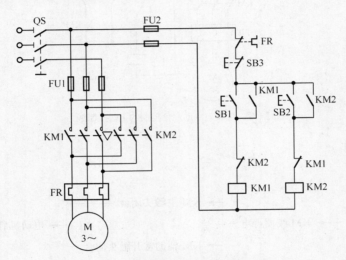

图 1-73　接触器联锁的正反转控制线路

（2）电路中的元件及其作用。

隔离开关 QS：在电路中的作用是隔离电源，便于检修。

熔断器 FU1：主电路的短路保护。

熔断器 FU2：控制电路的短路保护。

交流接触器 KM1：主触头控制电动机的正转启动与停止，辅助常开触头在电路中起到失压（零压）保护和欠压保护的作用，辅助常闭触头与交流接触器 KM2 的辅助常闭触头构成联锁，使得 KM1 线圈和 KM2 线圈不能同时得电。

交流接触器 KM2：主触头控制电动机的正转启动与停止，辅助常开触头在电路中起到失压（零压）保护和欠压保护的作用，辅助常闭触头与交流接触器 KM1 的辅助常闭触头构成联锁，使得 KM1 线圈和 KM2 线圈不能同时得电。

热继电器 FR：在电路中起过载保护作用。

正转启动按钮 SB1：控制接触器 KM1 线圈的得电。

反转启动按钮 SB2：控制接触器 KM2 线圈的得电。

停止按钮 SB3：控制接触器 KM1 线圈和 KM2 线圈的失电。

接触器 KM1 和 KM2 的主触头绝不允许同时闭合，否则将造成两相电源短路。为了避免两个接触器 KM1 和 KM2 同时得电动作，就在正反转控制电路中分别串接了对方接触器的一对常闭触头，这样当一个接触器得电动作时，通过其常闭触头使另一个接触器不能得电动作，接触器之间这种相互制约的作用称为接触器联锁（或互锁）。实现联锁作用的常闭触头称为联锁触头（或互锁触头），联锁符号用"▽"表示。

（3）工作原理。

合上 QS。

① 正转控制：

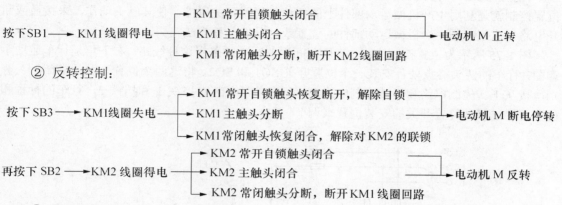

② 反转控制：

③ 停止控制

按下SB3 ──→ KM1或KM2线圈失电 ──→ KM1或KM2主触头分断 ──→ 电动机 M 断电停转

2. 接触器、按钮双重联锁的正反转控制线路

接触器联锁正、反转控制电路的优点是工作可靠；缺点是操作不便，当电动机从正转变为反转时，必须先按下停止按钮后，才能按反转启动按钮，否则由于接触器的联锁作用，不能实现反转。为了克服这种操作不便的缺点，把正转按钮 SB1 和反转按钮 SB2 换成两个复合按钮，并使这两个复合按钮的常闭触头分别串接在对方的常开触头电路中，这就构成了接触器、按钮双重联锁的正反转控制线路，如图 1-74 所示。该电路的工作原理请读者自行分析。

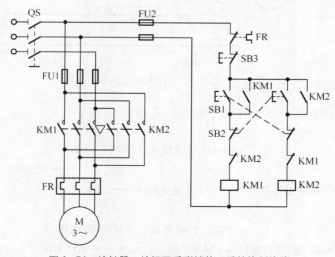

图 1-74 接触器、按钮双重联锁的正反转控制线路

1.8.3 电动机的位置控制与自动往返控制线路

在生产过程中，常遇到一些生产机械运动部件的行程或位置要受到限制，或者需要其运动部件在一定范围内往返循环等。例如，在摇臂钻床、万能铣床、镗床、桥式起重机及各种自动或半自动控制机床设备中就经常遇到这种控制要求，而实现这种控制要求所依靠的主要电器是位置开关（又称限制开关）。

1. 位置控制（又称行程控制，限位控制）线路

位置开关是一种将机械信号转换为电气信号以控制运动部件位置或行程的控制电器。而位置控制就是利用生产机械运动部件上的挡铁与位置开关碰撞，使其触头动作，来接通或断开电路，达到控制生产机械运动部件的位置或行程的一种方法。

图 1-75 所示为位置控制线路。工厂车间里的行车常采用这种线路。右下角是行车运动示意图，行车的两头终点处各安装一个位置开关 SQ1 和 SQ2，将这两个位置开关的常闭触头分别串接在正转控制电路和反转控制电路中。行车前后各装有挡铁 1 和挡铁 2，行车的行程和位置可通过移动位置开关的安装位置来调节。

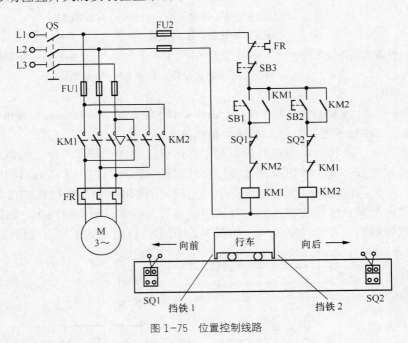

图 1-75 位置控制线路

线路的工作原理叙述如下：先合上电源开关 QS。

（1）行车向前运动：

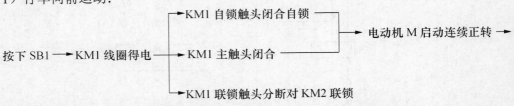

按下 SB1 → KM1 线圈得电 →

　　→ KM1 自锁触头闭合自锁 →

　　→ KM1 主触头闭合 → 电动机 M 启动连续正转 →

　　→ KM1 联锁触头分断对 KM2 联锁

→ 行车前移 → 移至限定位置挡铁 1 碰撞位置开关 SQ1 → SQ1 常闭触头分断 →

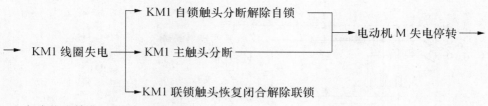

此时，即使按下 SB1，由于 SQ1 常闭触头已分断，接触器 KM1 线圈也不会得电，保证了行车不会超过 SQ1 所在的位置。

（2）行车向后运动：

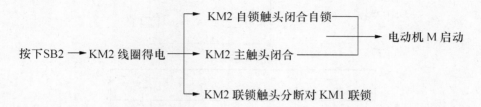

连续反转 —→ 行车后移 —→（SQ1 常开触头恢复闭合）—→ 移至限定位置挡铁 2 碰撞位置开关 SQ2 —→

SQ2 常开触头分断 —→ KM2 线圈失电 —→

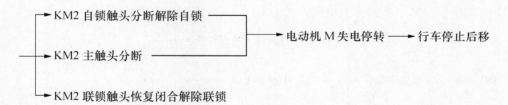

停车时只需按下 SB3 即可。

2. 自动往返行程控制线路

有些生产机械，如万能铣床，要求在一定距离内能自动往返运动，以便实现对工件的连续加工，提高生产效率。这就需要电气控制线路能对电动机实现自动转换正反转控制。由位置开关控制的工作台自动往返控制线路如图 1-76 所示。它的右下角是工作台自动往返运动的示意图。为了使电动机的正反转控制与工作台的左右运动相配合，在控制线路中设置了 4 个位置 SQ1、SQ2、SQ3、SQ4，并把它们安装在工作台需限位的地方。其中 SQ1、SQ2 被用来自动换接电动机正反转控制电路，实现工作台的自动往返行程控制；SQ3、SQ4 被用来作终端保护，以防止 SQ1、SQ2 失灵，工作台越过限定位置而造成事故。在工作台边上的槽中装有两块挡铁，挡铁 1 只能和 SQ1、SQ3 相碰撞，挡铁 2 只能和 SQ2、SQ4 相碰撞。当工作台运动到所限位置时，挡铁碰撞位置开关，使其触头动作，自动换接电动机正反转控制电路，通过机械传动机构使工作台自动往返运动。工作台行程可通过移动挡铁位置来调节。拉开两块挡铁间的距离行程就缩短，反之则加长。

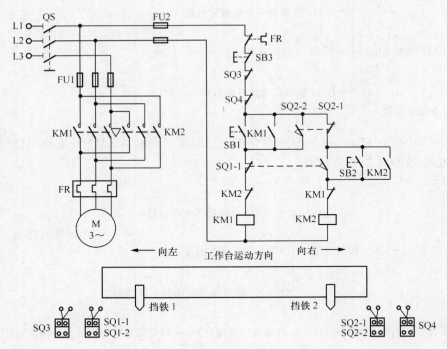

图 1-76　工作台自动往返行程控制线路

线路的工作原理如下：先合上电源开关 QS。

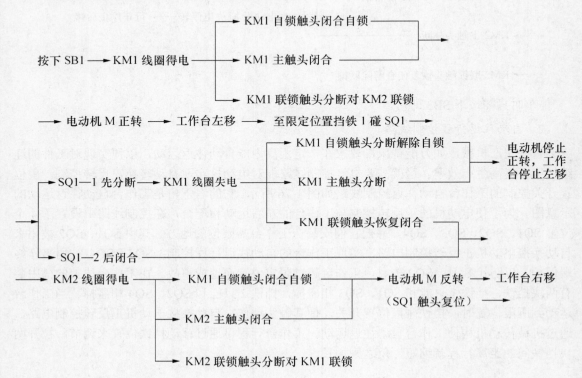

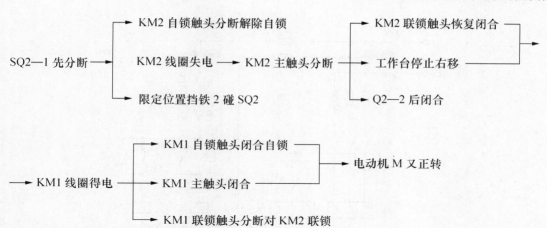

SQ2—1 先分断 → KM2 自锁触头分断解除自锁
SQ2—1 先分断 → KM2 线圈失电 → KM2 主触头分断 → KM2 联锁触头恢复闭合
SQ2—1 先分断 → 限定位置挡铁 2 碰 SQ2 → 工作台停止右移 → Q2—2 后闭合

→ KM1 线圈得电 → KM1 自锁触头闭合自锁 → 电动机 M 又正转
→ KM1 线圈得电 → KM1 主触头闭合 → 电动机 M 又正转
→ KM1 线圈得电 → KM1 联锁触头分断对 KM2 联锁

→ 工作台又左移（SQ2 触头复位）→

以后重复上述过程，工作台就在限定的行程内自动往返运动。

停止时：

按下SB3 → 整个控制电路失电 → KM1（或KM2）主触头分断 → 电动机M失电停转 → 工作台停止运动

这里 SB1、SB2 分别作为正转启动按钮和反转启动按钮，若启动时工作台在左端，应按下 SB2 进行启动。

1.8.4 电动机的顺序和多点控制

1. 顺序控制线路

在装有多台电动机的生产机械上，各电动机所起的作用是不相同的，有时需按一定的顺序启动，才能保证操作过程的合理性和工作的安全可靠。例如，X62W 型万能铣床上要求主轴电动机启动后，进给电动机才能启动；又如，M7120 型平面磨床的冷却液泵电动机，要求当砂轮电动机启动后才能启动，像这种要求一台电动机启动后另一台电动机才能启动的控制方式，叫做电动机的顺序控制。下面介绍几种常见的顺序控制线路。

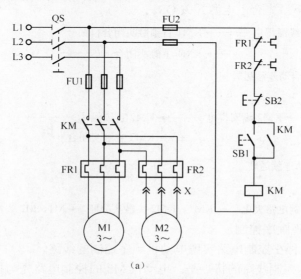

（a）

图 1-77 电动机顺序控制的线路

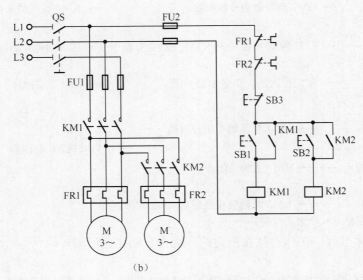

（b）

图 1-77　电动机顺序控制的线路（续）

（1）主电路实现顺序控制。

图 1-77 所示为主电路实现电动机顺序控制的线路，其特点是，电动机 M2 的主电路接在 KM（或 KM1）主触头的下面。

在图 1-76（a）所示线路中，电动机 M2 是通过拉插器 X 接在接触器 KM 主触头的下面，因此，只有当 KM 主触头闭合，电动机 M1 启动运转后，电动机 M2 才可能接通电源运转。M7120 型平面磨床的砂轮电动机和冷却液泵电动机就采用这种顺序控制线路。

在图 1-76（b）所示线路中，电动机 M1 和 M2 分别通过接触器 KM1 和 KM2 来控制，接触 KM2 的主触头接在接触器 KM1 主触头的下面，这样就保证了当 KM1 主触头关闭，电动机 M1 启动运转后，M2 才可能接通电源运转。

线路工作原理如下：先合上电源开关 QS。

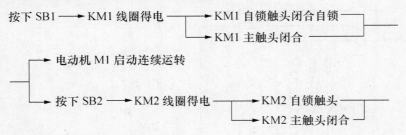

M1、M2 停止：

　　按下 SB3 ⟶ 控制电路失电 ⟶ KM1、KM2 主触头分断 ⟶ M1、M2 失电停转

（2）控制电路实现顺序控制。

图 1-78 所示为几种在控制电路实现电动机顺序控制的线路。

图 1-78（a）所示控制线路的特点是：电动机 M2 的控制电路先与接触器 KM1 的线圈并接后再与 KM1 的自锁触头串接，这样就保证了 M1 启动后，M2 才能启动的顺序控制要求。

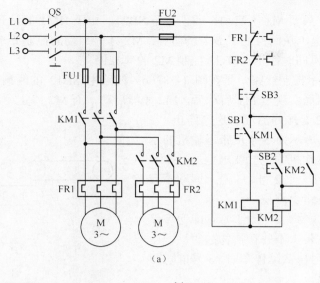

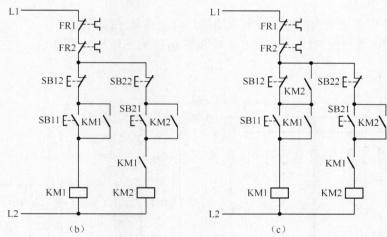

图 1-78 控制电路实现顺序控制

线路的工作原理如下：先合上电源 QS。

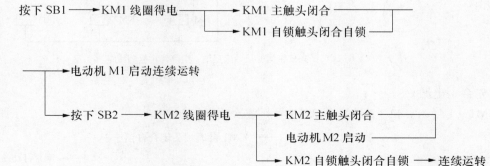

M1、M2 同时停转：

按下 SB3 ——→ 控制电路失电 ——→ KM1、KM2 主触头分断 ——→ 电动机M1、M2同时停转

图 1-78（b）所示控制线路的特点是：在电动机 M2 的控制电路中串接了接触 KM1 的常

开辅助触头。显然，只要 M1 不启动，即使按下 SB21，由于 KM1 的常开辅助触头未闭合，KM2 线圈也不能得电，从而保证了 M1 启动后，M2 才能启动的控制要求。线路中停止按钮 SB12 控制两台电动机同时停止，SB22 控制 M2 的单独停止。

图 1-78 （c）所示控制线路，是在图 1-78（b）线路中 SB12 的两端并接了接触器 KM2 的常开辅助触头，从而实现了 M1 启动后，M2 才能启动，而 M2 停止后，M1 才能停止的控制要求，即 M1、M2 是顺序启动，逆序停止。

【例题】图 1-79 所示为 3 条皮带运输机的示意图。对于这 3 条运输机的电气要求是：

① 启动顺序为 1 号、2 号、3 号，即顺序启动，以防止货物在皮带上堆积；

② 停车顺序为 3 号、2 号、1 号，即逆序停止，以保证停车后皮带上不残存货物；

③ 当 1 号或 2 号出故障停车时，3 号能随即停车，以免继续进料。

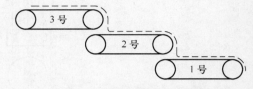

图 1-79　3 条皮带运输机工作示意图

试画出 3 条皮带运输机的电气控制线路图，并叙述其工作原理。

解： 图 1-80 所示控制线路可满足 3 条皮带运输机的电气控制要求。其工作原理叙述如下。

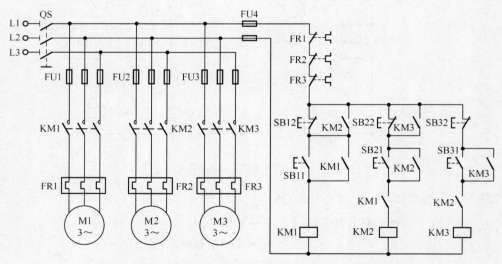

图 1-80　三条皮带运输机顺序启动、逆序停止控制线路

先合上电源 QS，

M1（1 号）、M2（2 号）、M3（3 号）依次顺序启动：

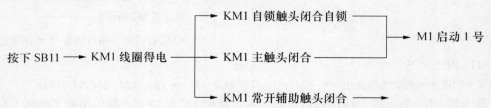

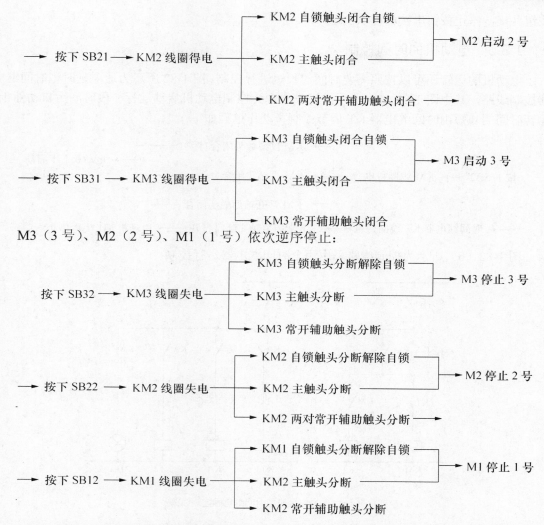

按下 SB21 → KM2 线圈得电 →
- KM2 自锁触头闭合自锁
- KM2 主触头闭合 → M2 启动 2 号
- KM2 两对常开辅助触头闭合 →

按下 SB31 → KM3 线圈得电 →
- KM3 自锁触头闭合自锁
- KM3 主触头闭合 → M3 启动 3 号
- KM3 常开辅助触头闭合 →

M3（3 号）、M2（2 号）、M1（1 号）依次逆序停止：

按下 SB32 → KM3 线圈失电 →
- KM3 自锁触头分断解除自锁
- KM3 主触头分断 → M3 停止 3 号
- KM3 常开辅助触头分断

按下 SB22 → KM2 线圈失电 →
- KM2 自锁触头分断解除自锁
- KM2 主触头分断 → M2 停止 2 号
- KM2 两对常开辅助触头分断 →

按下 SB12 → KM1 线圈失电 →
- KM1 自锁触头分断解除自锁
- KM2 主触头分断 → M1 停止 1 号
- KM2 常开辅助触头分断

　　3 台电动机都用熔断器和热电器作短路和过载保护，3 台电动机中任何 1 台出过载故障，3 台电动机都会停止。

2. 多地控制线路

　　能在两地或多地控制同一台电动机的控制方式叫做电动机的多地控制。

　　图 1-81 所示为两地控制的控制线路。其中 SB11、SB12 为安装在甲地的启动按钮和停止按钮；SB21、SB22 为安装在乙地的启动按钮和停止按钮。线路的特点是：两地的启动按钮 BS11、SB21 要并联在一起；停止按钮 SB12、SB22 要串联在一起。这样就可以分别在甲、乙两地启动、停止同一台电动机，达到操作方便的目的。

　　对三地或多地控制，只要把各地的启动

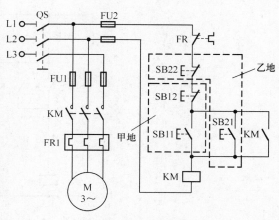

图 1-81　两地控制线路

按钮并接，停止按钮串接就可以实现。

1.8.5 电动机的时间控制

电动机的运转还可以按照需要时间的长短进行控制。图 1-82 所示为通电延时型时间继电器控制线路，其中图 1-82（a）所示的工作原理为控制电动机启动运行一段时间后自动停止，运转时间的长短由时间继电器 KT 调节控制。动作过程如下：

图 1-82（b）所示为控制线路采用两个时间继电器进行控制。

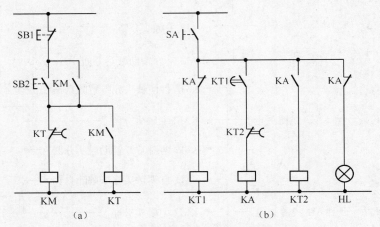

图 1-82 通电延时型时间继电器控制线路

若采用断电延时型时间继电器，也可以设计电动机运行是在时间继电器断电后，维持一段延迟时间后再失电停车。图 1-83 所示即为断电延时型时间继电器控制线路。

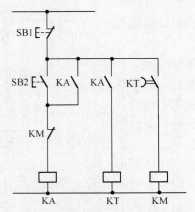

图 1-83 断电延时型时间继电器控制线路

断电延时型时间继电器控制线路的动作过程如下：

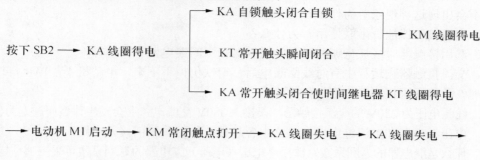

本章小结

本章所讲的主要内容是常用低压电器的作用、分类、结构及其工作原理。低压电器的种类很多，这里主要介绍了常用的开关电器、主令电器、接触器和继电器的用途、基本构造、工作原理及其主要参数、型号与图形符号。每种电器都有一定的使用范围，要根据使用条件正确选用。各类电器元件的技术参数是选用的主要依据，可以在产品样本及电工手册中查阅。本章内容为继电接触器控制电路的设计奠定基础。通过本章的学习，读者要熟悉低压电器的原理及使用方法。要特别说明的是，在使用同一电器时，其图形符号及文字符号必须统一，以免与其他同类电器混淆。同时，要了解一些电动机的基本控制线路，能够知道电动机的点动和连续运转控制、正反转控制、位置控制和自动往返控制、顺序控制和多点控制、延时控制等各种基本控制线路；了解电动机的自锁和连锁（包括机械互锁和电气互锁）、短路保护和过载保护、过（欠）压（流）等保护措施，以便在传统的继电器控制线路和可编程序控制系统中加以识别和采用。

习 题

1. 什么是低压电器？它是根据什么样的电压等级确定的？
2. 试述电磁式低压电器的一般工作原理。
3. 什么是电磁式电器的吸力特性和反力特性？为什么吸力特性与反力特性的配合应使两者尽量靠近为宜？
4. 低压电器中熄灭电弧所依据的原理有哪些？常见的灭弧方法有哪些？
5. 接触器的作用是什么？根据结构特征如何区分交流、直流接触器？
6. 开启式负荷开关在电路中的作用是什么？画出其图形符号和文字符号。
7. 自动空气断路器在电路中的作用是什么？画出其图形符号和文字符号。
8. 熔断器在电路中的作用是什么？画出其图形符号和文字符号。如何选择熔断器的额定电流？
9. 交流接触器的主要组成部分有哪些？画出其图形符号和文字符号。当其接通和断开电源时，其触头系统是如何工作的？
10. 交流电磁机构中的短路环的作用是什么？

11．交流接触器在衔铁吸合前的瞬间，为什么在线圈中会产生很大的电流冲击？直流接触器会不会出现这种现象？为什么？

12．交流接触器能否串联使用？为什么？

13．选用接触器时应注意哪些问题？接触器和中间继电器有何差异？

14．交流接触器在运行中有时线圈断电后，衔铁仍掉不下来，电动机不能停止，这时应如何处理？故障原因在哪里？应如何排除？

15．线圈电压为 220V 的交流接触器，误接入 380V 交流电源上会发生什么问题？为什么？

16．电压继电器和电流继电器在电路中各起什么作用？如何接入电路？

17．什么是继电器的返回系数？欲提高电压（电流）继电器的返回系数可采用哪些措施？

18．常开与常闭触点如何区分？时间继电器的常开与常闭触点与普通常开与常闭触点有什么不同？

19．时间继电器在电路中的作用是什么？画出其图形符号和文字符号。如何把空气阻尼式通电型时间继电器改为断电型时间继电器？

20．熔断器的额定电流、熔体的额定电流和熔体的极限分断电流三者有何区别？

21．热继电器在电路中的作用是什么？画出其图形符号和文字符号。其热元件和触头在电路中应如何连接？

22．星形连接的三相异步电动机能否采用两相结构的热继电器作为断相和过载保护？三角形三相电动机为什么要采用带有断相保护的热继电器？

23．既然在电动机的主电路中装有熔断器，为什么还要装热继电器？装有热继电器是否就可以不装熔断器？为什么？

24．电动机的启动电流很大，当电动机启动时，热继电器会不会动作？为什么？

25．低压断路器在电路中的作用是什么？

26．画出按钮的图形符号和文字符号。说明复合按扭按下和断开时，其触头的变化情况。

27．行程开关在电路中的作用是什么？画出其图形符号和文字符号。

28．电机的控制线路中采用自锁和互锁的作用是什么？

29．当失压、过载及过电流时脱扣器起什么作用？

30．主令控制器在电路中各起什么作用？

31．是否可以用过电流继电器作电动机的过载保护？为什么？

32．接近开关有何作用？其传感检测部分有何特点？

【本章学习目标】

1. 了解电动机的控制线路基本动作原理。

2. 了解各种控制线路的作用和发展情况。

3. 了解电动机基本线路的组成和互相联系。

4. 学会使用各种电动机控制线路电路在设备电气控制的简要情况。

【教学目标】

1. 知识目标：了解电动机控制线路的基本结构和工作原理，了解电动机控制线路在启动、制动和调速中的具体应用，以及各种控制电路的互相联系。

2. 能力目标：通过电动机控制线路的动作演示，初步形成对各种电动机控制线路的感性认识，培养学生的学习兴趣。

【教学重点】

各种电动机控制线路的基本结构和工作原理。

【教学难点】

各种电动机控制线路的功能和作用。

【教学方法】

演绎法、组合法、实验法和讨论法。

电动机是工厂电气设备中使用最多的装置，学习直流电动机和三相异步电动机启动控制线路、制动控制线路和调速控制线路，另外关注当前兴起的三相异步电动机的变频控制线路，能够较好地了解电气控制设备。

2.1 三相异步电动机启动控制

三相笼型异步电动机的直接全压（额定电压）启动是一种简便、经济的启动方法。但直接启动时的启动电流较大，一般为额定电流的 4～7 倍。在小于 7.5kW 以下的容量可采取直接启动。若有大些容量的电动机还需要直接启动，就要看所处电源变压器视在功率的大小了，须满足以下的经验公式：

$$K_I = \frac{I_{\mathrm{st}}}{I_{\mathrm{N}}} \leqslant \frac{1}{4}[3 + \frac{S_{\mathrm{N}}(\mathrm{kVA})}{P_{\mathrm{N}}(\mathrm{kW})}]$$

式中：I_{st}——电动机全压启动电流；

I_N——电动机额定电流；

S_N——电源变压器容量；

P_N——电动机容量。

在电源变压器容量不够大，而电动机功率较大的情况下，直接启动将导致电源变压器输出电压下降，不仅会减少电动机本身的启动转矩，而且会影响同一供电线路中其他电气设备的正常工作。因此，凡不满足上述直接启动条件的，较大容量的电动机启动时，需要采用降压启动的方法（降压启动是指利用启动设备将加到电机定子绕组上的电压适当降低，待电动机启动后，再使电动机电压恢复到额定电压正常运转）。

2.1.1 鼠笼式异电动机的 Y—△降压启动控制线路

电动机启动时接成 Y 形，加在每相定子绕组上的启动电压只有△形接法的 $\frac{1}{\sqrt{3}}$，启动电流为△形接法的 $\frac{1}{3}$，启动转矩也只有△形接法的 $\frac{1}{3}$。所以这种降压启动的方法只适用于轻载或空载下启动。凡是在正常运行时定子绕组做△形连接的异步电动机，均可采用这种降压启动的方法。

图 2-1 所示为采用时间继电器自动控制 Y－△降压启动控制电路。该线路由 3 个接触器、一个热继电器、一个时间继电器和两个按钮组成。接触器 KM 作引入电源用，继电器 KMY 和 KM△分别作 Y 形降压启动和△形运行用，时间继电器 KT 用作控制 Y 形降压启动时间和完成 Y－△自动切换，SB1 是停止按钮，SB2 是启动按钮，FU1 作主电路的短路保护，FU2 作控制电路的短路保护，FR 作过载保护。

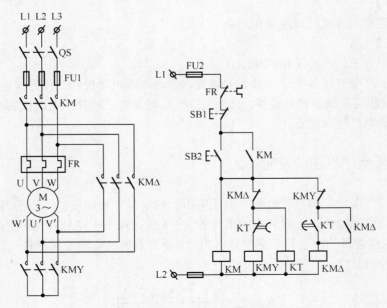

图 2-1　时间继电器自动控制 Y—△降压启动控制电路

线路的工作原理如下：

降压启动，先合上手动电源转换开关 QS。

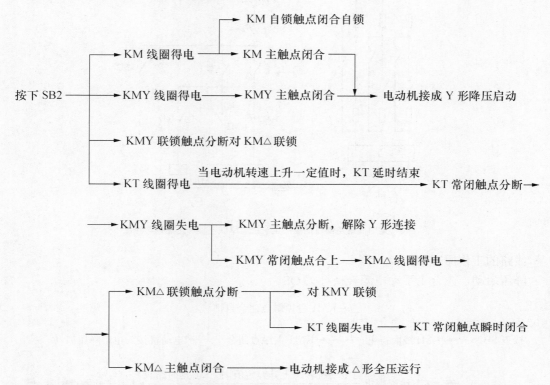

KMY 和 KM△ 的主触点不能同时闭合，否则主电路会发生短路。故电路中用 KMY 和 KM△ 常闭触点进行电气互锁。

停止时，按下 SB1 按钮即可。

适用场合：电动机正常工作时定子绕组必须△形接法，轻载启动。

（Y 系列鼠笼异步电动机功率为 4kW 以上者均为△形接法。）

启动的时间取决于电动机带负载的大小。

2.1.2 定子串电阻的降压启动控制线路

启动原理：启动时三相定子绕组串接电阻 R，降低定子绕组电压，以减小启动电流。启动结束应将电阻短接。

控制电路如图 2-2 所示，是用时间继电器自动控制定子绕组串联电阻降压启动的电路图。在这个线路中用 KM1 的主触点来串入降压电阻 R，用时间继电器 KT 延时几秒钟后，待电动机串联电阻启动的转速上升一定程度时，用 KT 的延时闭合触点接通 KM2 接触器线圈，让 KM2 主触点切除电阻 R，从而自动控制电动机从串联电阻降压启动切换到全压运行。

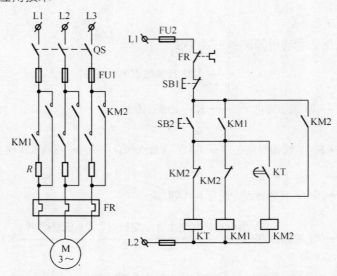

图 2-2　用时间继电器自动控制定子绕组串联电阻降压启动电路图

线路的工作原理如下。

降压启动，先合上手动电源转换开关 QS。

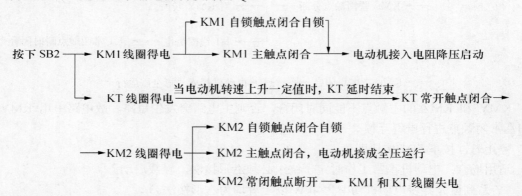

停止时，按下 SB1 按钮即可。

由以上分析可见，只要调整好时间继电器 KT 触点的动作时间，电动机由降压启动过程切换成全压运行过程就能准确可靠地自动完成。

启动电阻 R 一般采用 ZX1、ZX2 系列铸铁电阻。铸铁电阻能够通过较大电流，功率大。启动电阻 R 的阻值可按下列公式计算：

$$R = 190 \times \frac{I_{st} - I'_{st}}{I_{st} I'_{st}}$$

式中：I_{st}——未串电阻前的启动电流，A[一般 $I_{st} = （4 \sim 7） I_N$]；

$\qquad I'_{st}$——串电阻后前的启动电流，A[一般 $I'_{st} = （2 \sim 3） I_N$]；

$\qquad I_N$——电动机的额定电流，A；

$\qquad R$——电动机每相串联的启动电阻值，Ω。

电阻的功率可用公式 $P = I_N^2 R$ 计算。由于启动电阻 R 仅在启动过程中接入，而且启动时间很短，所以实际选用的电阻功率可比计算值减少到 $\frac{1}{3} \sim \frac{1}{4}$。

串电阻降压启动的缺点是减小了电动机的启动转矩，同时启动时在电阻上功率消耗也较大。如果启动频繁，则电阻的温度很高，对于精密机床会产生一定的影响。因此，目前这种启动的方法，在生产实际中的应用正在逐步减少。

2.1.3 自耦变压器降压启动控制电路

自耦变压器降压启动方法常用来启动较大的三相交流笼型电动机。尽管这是一种比较传统的启动方法，但由于它是利用自耦变压器的多抽头减压，既能适应不同负载启动的需要，又能得到比前面的降压启动方法更大的启动转矩，所以，这种降压启动的方法应用较多。

启动的原理是：启动时，定子绕组上为自耦变压器二次侧电压；正常运行时切除自耦变压器。自耦变压器备有 65% 和 85% 两挡抽头，出厂时接在 65% 抽头上，可根据电动机的带负载情况选择不同的启动电压。

图 2-3 所示为用时间继电器自动控制自耦变压器降压启动的电路。

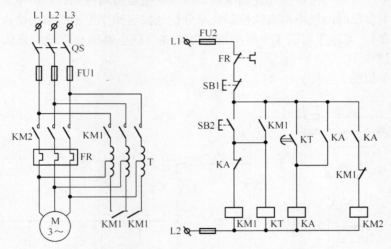

图 2-3 用时间继电器自动控制自耦变压器降压启动电路图

线路的工作原理如下。

降压启动时，先合上手动电源转换开关 QS。

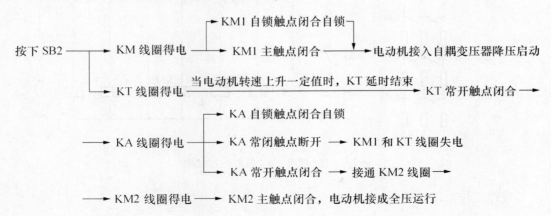

2.1.4 绕线式异步电动机转子绕组串接电阻启动控制线路

三相绕线式异步电动机转子绕组可通过滑环串接启动电阻。它的优点是改善电动机机械特性，减小启动电流，提高转子电路的功率因数和提高启动转矩。在一般要求启动转矩较高（负重启动），并且能调速的场合，绕线式电动机的应用非常广泛。按照绕线式电动机转子绕组在启动过程中串接装置的不同，分为串电阻启动与串频敏变阻器启动两大类。

串接在三相转子绕组中的启动电阻，一般都接成 Y 形接线。在启动前分级切换的三相启动电阻全部接入电路，以减小启动电流，获得较大的启动转矩。当随着电动机转速的升高，启动电阻被逐级地切除。启动完毕后，所有启动电阻直接短接，电动机于是运行在额定状态之下。

串接在三相转子绕组中的启动电阻分为三相平衡（对称）接法和三相不平衡（不对称）接法。无论串接在三相转子绕组中的启动电阻采用哪一种接法，其作用基本上是相同的，只是在应用的角度上三相平衡接法采用接触器切除电阻，三相不平衡接法直接采用凸轮控制器来切除电阻。主要可以分按钮操作控制线路、时间继电器自动控制线路和电流继电器自动控制线路。本节主要以时间继电器自动控制线路分析（按钮操作控制线路的缺点是操作不便，工作不安全可靠），实际应用以 3 个时间继电器与 3 个继电器的相互配合来依次自动切除转子绕组中的三级电阻。

电路原理图如图 2-4 所示。

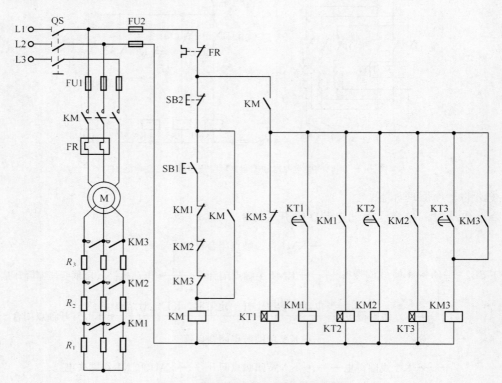

图 2-4 转子绕组串接电阻启动控制线路

其线路工作原理如下。

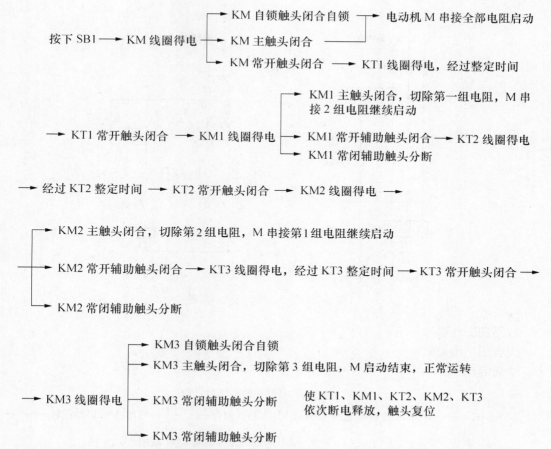

该电路在保证电动机在转子绕组中接入全部外加电阻的条件才能启动。如果接触 KM1、KM2 和 KM3 中任何一个触头因机械或熔焊而没释放，启动电阻没有全部接入转子绕组中，从而使启动电流超过规定值。把 3 个接触器的常闭触头与 SB1 串接在一起，就可避免这种现象产生。

2.2　三相异步电动机制动控制

在机械运动中，在惯性的特性下，会造成移位、碰撞乃至伤害的事故发生。这就有必要在交流异步电动机运行中增加制动环节，使其在安全和定位上起到非常重要的作用。

电动机在切断电源停转的过程中，产生一个与原来电动机旋转方向相反的电磁力矩（制动力矩），迫使电动机迅速制动停转的方法，我们称之为电气制动。

电气制动常用的方法有反接制动和能耗制动。

2.2.1　电压反接制动的原理

图 2-5 所示线路的主电路和正反转控制线路的主电路相同，只是在反接制动时增加了 3 个限流电阻 R，线路中的 KM1 为正转运行接触器，KM2 为反接制动接触器，KS 为速度继电器。

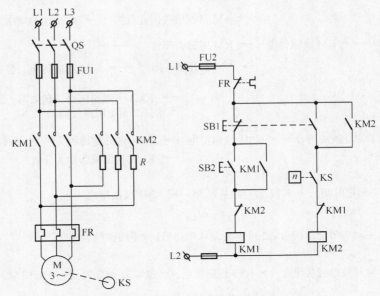

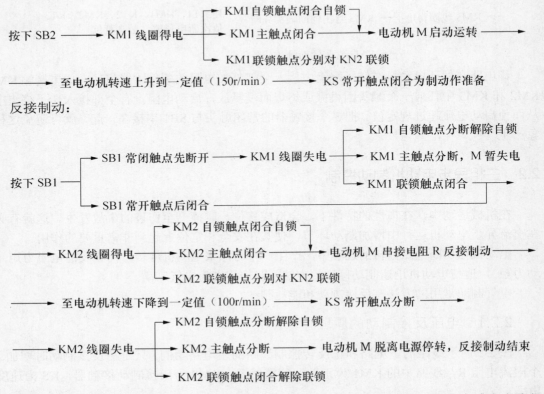

图 2-5　电压反接制动控制线路图

线路的工作原理如下。

先合上电源 QS。

单向启动：

按下 SB2 ──→ KM1 线圈得电 ──→

* ──→ KM1 自锁触点闭合自锁
* ──→ KM1 主触点闭合 ──→ 电动机 M 启动运转 ──→
* ──→ KM1 联锁触点分别对 KN2 联锁

──→ 至电动机转速上升到一定值（150r/min）──→ KS 常开触点闭合为制动作准备

反接制动：

按下 SB1 ──┬──→ SB1 常闭触点先断开 ──→ KM1 线圈失电 ──→

* ──→ KM1 自锁触点分断解除自锁
* ──→ KM1 主触点分断，M 暂失电
* ──→ KM1 联锁触点闭合 ──→

　　　　└──→ SB1 常开触点后闭合 ──────────────────────────┘

──→ KM2 线圈得电 ──→

* ──→ KM2 自锁触点闭合自锁
* ──→ KM2 主触点闭合 ──→ 电动机 M 串接电阻 R 反接制动 ──→
* ──→ KM2 联锁触点分别对 KN2 联锁

──→ 至电动机转速下降到一定值（100r/min）──→ KS 常开触点分断 ──→

──→ KM2 线圈失电 ──→

* ──→ KM2 自锁触点分断解除自锁
* ──→ KM2 主触点分断 ──→ 电动机 M 脱离电源停转，反接制动结束
* ──→ KM2 联锁触点闭合解除联锁

反接制动时，由于旋转磁场与转子的相对转速（$n_s - n$）很高，故转子绕组中感应电流很

大，致使定子绕组的电流也很大，一般为电动机额定电流的 10 倍左右。因此，反接制动适用于 10 kW 以下小容量电动机的制动，并且对 4.5kW 以上的电动机进行反接制动时，需要在定子绕组中串入限流电阻 R，以限制反接制动电流。限流电阻 R 的大小可参考下述计算公式进行估算。

在电源电压为 380V 时，若要使反接制动电流为电动机直接启动电流的二分之一，则三相电路每相应串入的电阻 R 值可取为

$$R \approx 1.5 \times 220 \div I_{st}$$

如果反接制动时，只在电源两相中串接电阻，则电阻值应加大，分别取上述电阻值的 1.5 倍。

反接制动的优点是制动力强，制动迅速。缺点是制动正确性差，制动过程中冲击强烈，易损坏传动零件，制动能量消耗大，不宜经常制动。因此，反接制动一般适用于制动要求迅速、系统惯性较大、不经常启动与制动的场合，如铣床、镗床、中型车床等主轴的制动控制。

2.2.2　能耗制动的自动控制线路

所谓的能耗制动，就是在电动机脱离三相电源以后，在定子绕组任意两相中通入直流电，产生静止的磁场，转子感应电流与该静止磁场的作用产生与转子惯性转动方向相反的制动转矩，迫使电动机迅速停转的方法。这种方法是以消耗转子惯性运转的动能来进行制动的，所以就称其为能耗制动，又称之为动能制动。

在能耗制动中，按对输入直流电的控制方式分，有时间原则控制和速度原则控制两种，时间原则可分无变压器和有变压器能耗电路。

无变压器单相半波整流单向启动能耗制动自动控制线路如图 2-6 所示，线路采用单相半波整流器作为直流电源，所用附加设备较少，线路简单，成本低，常用于 10kW 以下小容量电动机，且对制动要求不高的场合。

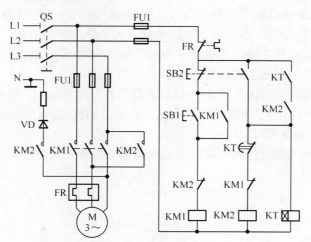

图 2-6　无变压器半波整流能耗制动控制电路

它的线路的工作原理如下。

先合上电源开关 QS。

单向启动运转：按 SB1，KM1 线圈得电，产生磁场。
→ KM1 自锁触头闭合自锁 ——→
→ KM 主触头闭合 ——
→ KM1 联锁触头分断 KM2 联锁

电动机 M 启动运转。

能耗制动停转：

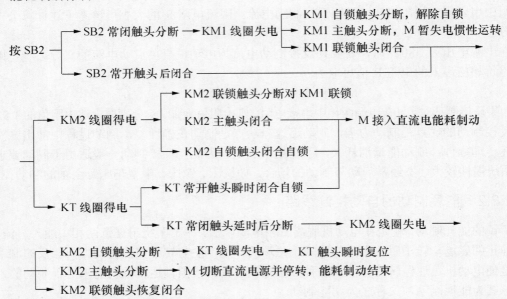

在此电路中 KT 瞬时闭合常开触头的作用是当 KT 出现线圈断线或机械卡住等故障时，按下 SB2 后能使电动机制动后脱离直流电源。

能耗制动与反接制动相比，由于制动是利用转子中的储能进行的，所以能量损耗小；制动电流较小；制动准确，适用于要求平稳制动的场合。但缺点是需要附加直流电源装置，增加设备费用；制动力较弱，在低速时制动力矩小，制动速度也较反接制动慢一些。因此，能耗制动一般用于要求制动准确、平稳的场合，如磨床、立式铣床等设备的控制线路中。

能耗制动所需直流电源一般用以下方法估算，其具体步骤如下。

① 首先测量出电动机 3 根进线中任意两根之间的电阻值 r（Ω）。

② 测量出电动机的进线空载电流 I_0（A）。

③ 能耗制动所需要的直流电流 $I_L = K I_0$，所需要的直流电压 $U_L = I_L r$。其中系数 K 一般取 3.5～4。若考虑到电动机定子绕组的发热情况，并使电动机达到比较满意的制动效果，对转速高、惯性大的传动装置可取上限。

④ 单相桥式整流电源变压器二次绕组电压和电流的有效值分别为

$$U_2 = \frac{U_L}{0.9} \ （\text{V}）$$

$$I_2 = \frac{I_L}{0.9} \ （\text{A}）$$

变压器的计算容量为

$$S = U_2 I_2 \ （\text{V} \cdot \text{A}）$$

如果制动不频繁，可取变压器实际容量为

$$S' = \left(\frac{1}{3} \sim \frac{1}{2}\right) S \ （\text{V} \cdot \text{A}）$$

⑤ 可调电阻 $R \approx 2 \Omega$，电阻功率 $P_R = I_L^2 R$，实际选用时，电阻功率的值也可适当小一些。

三相异步电动机的能耗制动与反接制动的适用范围和特点如表 2-1 所示。

表 2-1 异步电动机能耗制动与反接制动比较

制动方法	适用范围	特点
能耗制动	要求平稳准确制动场合	制动准确度高，需直流电源，设备投入费用高
反接制动	制动要求迅速.系统惯性大，制动不频繁的场合	设备简单,制动迅速，准确性差,制动冲击力强

2.3 实现他励直流电动机启动的控制

他励直流电动机的电枢绕组施加额定电压直接启动时，由于感应电动势没有建立，外加额定电压全部加在电枢绕组很小的内电阻上，产生的启动电流达到额定电流的 10～20 倍，这对直流电动机和电网供电都是不允许的。因此，在他励直流电动机启动时需要设法降低电枢电流，一般采取在电枢回路串电阻的方法限制启动电流。

他励直流电动机电枢回路串电阻的实质是能够降低电枢电压，他励直流电动机电枢回路串电阻降压启动是常用方法之一，在启动时，先串入电阻启动，然后随转速上升的过程逐级短接分段电阻，直到启动结束。

2.3.1 他励直流电动机三级电阻手动控制减压启动电路

他励直流电动机三级电阻手动控制减压启动电路如图 2-7 所示。线路的工作原理为：按下启动按钮 SB2，接触器 KM 线圈得电，KM 自锁触点闭合，实现 KM 线圈自保持通电。另 KM 串联在电枢电路动合触点闭合，电枢串入 R_1、R_2、R_3 电阻后接入直流电源，开始降压启动。随着电动机转速从零开始上升，接触器 KM1 线圈两端电压也随之上升，当电压达到接触器 KM1 动作值时，KM1 动作，其动合触点闭合，将启动电阻 R_1 短接。电动机转速继续上升，随后 KM2、KM3 都先后达到动作值而动作，分别将 R_2、R_3 电阻短接。电动机转速达到额定值，电动机启动完毕，进入正常额定电压运转。其动作顺序如下：

QS2→SB2→KM→M（串 R_1、R_2、R_3 启动）→n↑→U_{KM1}↑→KM1→R_1（短接）→n↑→ U_{KM2}↑→KM2→R_2（短接）→U_{KM3}↑→KM3→R_3（短接）→M（全压运行）。

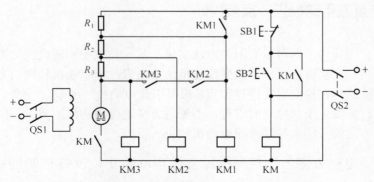

图 2-7 他励直流电动机三级电阻手动控制减压启动电路

2.3.2 利用时间继电器控制他励直流电动机启动控制电路

图 2-8 所示为运用接触器和时间继电器配合他励直流电动机电枢串电阻降压启动控制线路。图 2-8 中 KT1 和 KT2 为断电延时型时间继电器，线路的工作原理为：在开关按钮 QS2 合上后，KT1 和 KT2 线圈得电，其动断触点立即断开，使接触器 KM2、KM3 线圈失电，那么与电枢串联的电阻 R_1、R_2 可以全部串入电路进行降压启动的准备。当按下启动按钮 ST 后，KM1 接触器接通他励直流电动机的电枢回路，串入电阻 R_1 和 R_2 进行限流启动，同时 KM1 的常闭触点打开，两个时间继电器 KT1 和 KT2 线圈断电，其中，$\Delta t_1 < \Delta t_2$，即 KT2 整定时间短，其触点先动作，让 KM2 接触器线圈先通电，KM2 的常开触点先短接（切除）R_2；而 KT1 整定时间较长，其常闭触点延时闭合后，使 KM2 接触器线圈后通电，KM2 的常开触点后短接（切除）R_1，他励直流电动机串电阻启动过程结束。

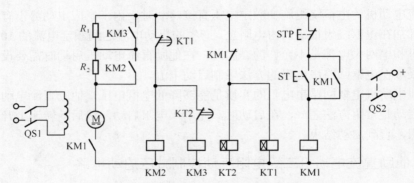

图 2-8 时间继电器控制他励直流电动机启动控制电路

其线路工作过程如下：

$$QS2 \rightarrow \begin{array}{l} KT1 \rightarrow KM2、KM3 \\ KT2 \rightarrow KM3 \end{array} \rightarrow SB2 \rightarrow \begin{array}{l} KM1 \rightarrow M（串 R_1、R_2、启动） \\ KT1 \rightarrow KM2 \rightarrow R（先短接）\rightarrow M（全压运行） \\ KT2 \rightarrow KM3 \rightarrow R_3（后短接） \end{array}$$

图 2-8 所示控制线路和图 2-7 所示控制线路比较，前者不受电网电压波动的影响，工作的可靠性较高，而且适用于大功率直流电动机的控制。后者线路简单，所使用元器件的数量少。

2.4 实现他励直流电动机正、反转控制

直流电动机正、反转控制可以有两种方法实现，其一是改变励磁电流的方向，其二是改变电枢电流的方向。在实际应用中，改变励磁电流方向来改变电动机转向的方法适用较少，原因是励磁绕组的磁场在换向时要经过零点，极易引起电动机"飞车"；另外，励磁绕组电感量较大，在换向时需要一个放电延时过程，不能适合快速转向的控制要求。所以，通常都采用改变电枢电流方向的方法来控制直流电动机的正、反转。

2.4.1 改变电枢电流方向控制他励直流电动机正、反转控制线路

图 2-9 所示为改变电枢电流方向控制他励直流电动机正、反转控制线路。图 2-9 中，电

枢电路电源由接触器 KM1 和 KM2 主触点分别接入，其方向相反，从而达到控制电动机正、反转的目的。其线路工作原理为：按下 SB2 后接触器 KM1 线圈得电，KM1 的主触点合上，使他励直流电动机接通电源正转，同时 KM1 其辅助常开触点自锁，在 SB2 按钮松开后保持 KM1 线圈通电；需要电动机反转时应先按停止按钮 SB1，切断电动机供电，然后按下 SB3 使接触器 KM2 线圈得电，KM2 的主触点合上，使他励直流电动机接通反极性电源反转。KMI 和 KM2 的辅助常闭触点的互锁是为了防止将电源短路而设置的。

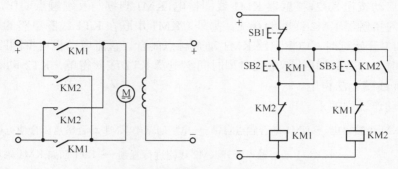

图 2-9 改变电枢电流方向控制他励直流电动机正、反转控制电路

其线路的动作过程如下：

正转：SB2 → KM1 → M（正转）
　　　　　　　　→ KM2（互锁）

停车：SB1 → KM1 → M（停车）

反转：SB3 → KM2 → M（反转）
　　　　　　　　→ KM1（互锁）

图 2-10 所示为利用行程开关控制的他励直流电动机正、反转启动控制线路。图 2-10 中接触器 KM1、KM2 控制电动机正、反转；接触器 KM3、KM4 短接电枢启动电阻；行程开关

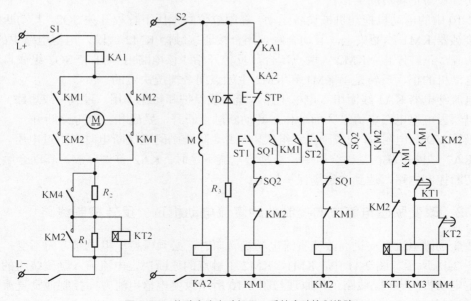

图 2-10 他励直流电动机正、反转启动控制线路

SQ1、SQ2 可替代正、反转启动按钮 SB2、SB3，实现自动往返控制；时间继电器 KT1、KT2。控制启动时间，分段短接启动电阻 R_1、R_2，R_3 为放电电阻，KA1 为过电流继电器，KA2 为欠电流继电器。其线路工作原理如下。

接通电源后，未按下启动按钮前，当励磁线圈中通过足够大的电流时，欠电流继电器 KA2 得电动作，其动合触点闭合，使断电延时型时间继电器 KT1 线圈得电，KT1 动断触点断开，接触器 KM3、KM4 线圈失电。

按下正转启动按钮 SB2，接触器 KM1 线圈得电，KM1 自锁与互锁触点动作，实现对 KM1 线圈的自锁和对接触器 KM2 线圈的互锁。另外，KM1 串联在 KT1 线圈电路的动触点断开，时间继电器 KT1 开始延时。电枢电路 KM1 动合触点闭合，直流电动机电枢回路串入 R_1、R_2 电阻启动。此时 R_1 两端并联的断电延时型时间继电器 KT2 线圈得电，KT2 动断触点断开，使接触器 KM4 线圈无法得电。

其线路的动作过程如下。

按 SB2 → KM 线圈得电 → KM1 动合触点自锁 → 电枢回路中 KM1 动合触点闭合使电机串电阻启动

→ KM1 动断触点断开 KM2 线圈进行互锁 → KT1 回路 KM1 触点断开使延时

KT1 延时后 → KM2 线圈得电 → 短路 R_1 → 使 KT2 断电失压 → KT2 延时闭合常闭触点合上 →

→ 使 KM4 线圈得电 → KM4 动合触点闭合 → 短路（切除）R_2 → 启动结束

随着启动的进行，转速不断升高，经过 KT1 设置的时间后，KT1 延时闭合动断触点闭合，因 KM1 线圈得电后其动合触点也闭合，所以接触器 KM3 线圈得电。电枢电路中的 KM3 动合主触点闭合，短接电阻 R_1 和时间继电器 KT2 线圈。R_1 被短接后，直流电动机转速进一步提高，继续降压启动过程。时间继电器 KT2 被短接，相当于该线圈失电。KT2 开始进行延时，经过 KT2 设置时间，其触点闭合，使接触器 KM4 线圈得电。电枢回路中的 KM4 动合主触点闭合，电枢回路串联的启动电阻 R_2 被短接。正转启动过程结束，电动机电枢全压运行。其反转启动过程与正转启动类似。

图 2-10 中的电动机拖动机械设备运动，在限位位置上压下行程开关 SQ2，其动断触点断开，使接触器 KM1 线圈失电，其动合触点闭合接通接触器 KM2 线圈，电枢电路中的 KM1 主触点断开，正转停止；KM2 主触点闭合，反转开始。该电路由 SQ1 和 SQ2 组成自动往返控制，电动机的正、反转是由 KM1 和 KM2 主触点闭合情况决定的。

过电流继电器 KA1 线圈串入电枢电路，起过载保护和短路作用。过载（或短路）时，过电流继电器因电枢电路电流过大而动作，其动断触点断开，励磁和控制电路断开。

二极管 VD 和电阻 R_3 构成励磁绕组放电电路，防止励磁电流断电时产生过电压。欠电流继电器 KA2 线圈串联在励磁绕组中，当励磁电流不足时，KA2 首先释放，其动合触点恢复断开，切断控制电路，达到欠磁场保护作用。

2.4.2　改变励磁电流方向控制他励直流电动机正、反转控制线路

在改变励磁电流方向进而改变直流电动机转向时，必须保持电枢电路方向不变。其控制线路如图 2-11 所示。图 2-11 中，KM1、KM2 主触点的通断决定电流流入励磁绕组的方向，从而确定电动机的转向。线路工作原理与图 2-10 所示改变电枢电流方向控制他励直流电动机正、反转控制线路基本一致。

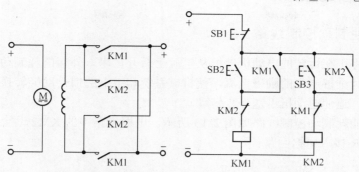

图 2-11　改变励磁电流方向控制他励直流电动机正、反转控制线路

2.5　直流电动机制动控制

与交流电动机一样，直流电动机也可以采用机械制动或电气制动。电气制动就是使电动机产生的电磁转矩与电动机旋转方向相反，使电动机转速迅速下降。电气制动的特点是产生的转矩大，易于控制，操作方便。他励直流电动机的电气制动方法有反接制动、能耗制动等。

2.5.1　反接制动控制线路

反接制动工作原理与交流电动机反接制动原理基本一致。将正在运转的直流电动机的电枢两端电压突然反接，但仍然维持其励磁电流方向不变，电枢将产生反向力矩，强迫电动机迅速停转。

直流电动机接触器反接制动控制线路如图 2-12 所示。在图 2-12 中，接触器 KM1 控制电动机正常运转，接触器 KM2 控制电动机反接制动，电枢电路中 R 为制动限流电阻，为了减小过大的反接制动电流，因为此时电枢电路电流值是由当时电压和反电动势之和建立的。

其线路工作原理如下：按下启动按钮 SB2，接触器 KM1 线圈得电，其自锁和互锁触点动作，分别对 KM1 线圈实现自锁和对接触器 KM2 线圈实现互锁。电枢电路中的 KM1 主触点闭合，电动机电枢接入电源，电动机运转。

按下制动按钮 SB1，其动断触点先断开，使接触器 KM1 线圈失电，解除 KM1 的自锁和互锁，主回路中的 KM1 主触点断开，电动机电枢惯性旋转。SB1 的动合触点后闭合，接触器 KM2 线圈得电，电枢电路中的 KM2 主触点闭合，电枢接入反方向电源，串入电阻后进行反接制动。

反接制动必须在转速为零时切断制动电源，否则会引起电动机反向启动。为此，和异步电动机反接制动一样，采用与电枢同轴的速度继电器（图 2-12 中未标出）控制。这样制动的准确性比手动控制大为提高。另外，反接制动过程中冲击强烈，极易损害传动零件。但反接制动的优点也十分明显，其制动力矩大、制动速度快、线路简单、操作较方便。鉴于反接制动的这些特点，反接制动一般适用于不经常启动与制动的场合。

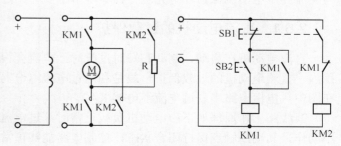

图 2-12　直流电动机接触器反接制动控制电路

2.5.2　能耗制动控制线路

能耗制动是将正在运转的电动机电枢从电源上断开，串入外接能耗制动电阻后，再与电枢组成回路，并且维持原来的励磁电流，使机械系统和电枢的惯性动能转换成电能，消耗在电枢和外电阻上，迫使电动机迅速停止转动。

直流电动机能耗制动控制线路如图 2-13 所示。电枢电路中的 KM2 动合触点在能耗制动时，将制动电阻 R 接入电枢回路。

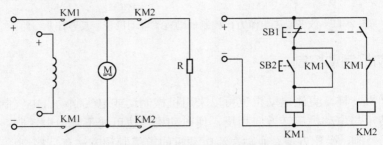

图 2-13　直流电动机外接电阻能耗制动控制电路

线路的工作原理如下：SB2 为启动按钮，它可以接通接触器 KM1 线圈。制动按钮 SB1 按下时，接触器 KM2 线圈得电，电枢电路中的电阻 R 串入，直流电动机进入能耗制动状态，随着制动的进行，电动机减速。

能耗制动所串入制动电阻大小的选择十分重要。若阻值选择较大，致使制动电流小、制动缓慢；若制动电阻选择较小，制动电流大，制动迅速，但其电流可能会超过电枢电路的允许值。一般情况下，按最大制动电流小于两倍额定电枢电流来选择较合适。

能耗制动的优点是：制动准确、平稳，能量消耗少。能耗制动的弱点是：制动转矩小，制动不迅速。

2.6　直流电动机的保护

直流电动机的保护是保证电动机正常运转、防止电动机或机械设备损坏、保护人身安全的需要，所以直流电动机的保护环节是电气控制系统中不可缺少的组成部分。这些保护环节包括：短路保护、过电压和失电压保护、过载保护、限速保护、励磁保护等。有些保护环节与交流异步电动机保护环节完全一样。本节主要介绍过载保护和零励磁保护。

2.6.1　直流电动机的过载保护

直流电动机在启动、制动和短时过载时，电流会很大，应将其电流限制在允许过载的范围内。直流电动机的过载保护一般是利用过电流继电器来实现的。保护线路如图 2-14 所示，在图中，电枢电路串联过电流继电器 KA2。

其线路工作原理如下：电动机负载正常时，过电流继电器中通过的电枢电流正常，KA2 不动作，其动断触点保持闭合状态，控制电路能够正常工作。一旦发生过载情况，电枢电路的电流会增大，当其值超过 KA2 的整定值时，过电流继电器 KA2 动作，它的动断触点断开，切断控制电路，使直流电动机脱离电源，起到过载保护的作用。

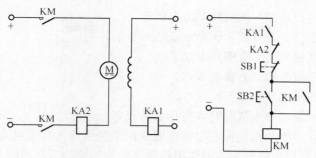

图 2-14　直流电动机的保护线路

2.6.2　直流电动机的励磁保护

直流电动机在正常运转状态下，如果励磁电路的电压下降较多或突然断电，会引起电动机的速度急剧上升，出现"飞车"现象。"飞车"现象一旦发生，会严重损坏电动机或机械设备。直流电动机防止失去励磁或削弱励磁的保护，是采用欠电流继电器来实现的。

在图 2-14 中，励磁电路串联欠电流继电器 KA1，当励磁电流合适时，欠电流继电器吸合，其动合触点闭合，控制电路能够正常工作。当励磁电流减少或为零时，欠电流继电器因电流过低而释放，其动合触点恢复断开状态，切断控制电路，使电动机脱离电源，起到励磁保护作用。

本 章 小 结

本章主要论述了电气控制系统的基本线路——三相异步电动机的启停、正反转、制动、调速、位置控制、多地点控制、顺序控制线路。它们是分析和设计机械设备电气控制线路的基础。

正确分析和阅读电气原理图。电气控制原理图的绘制原则。

电气原理图的分析程序是：主电路—控制电路—辅助电路—联锁、保护环节—特殊控制环节，先化整为零进行分析，再集零为整进行总体检查。

连续运转与点动控制的区别仅在于控制电器是否有自锁。依靠接触器自身辅助触点而使其线圈保持通电的现象称为自锁。

电动机三相电源进线中任意两相对调，即可实现电动机的反向运转。在电动机的正、反转线路中，为防止发生相间短路故障，需要互锁触点。利用接触器常开触点互相制约的方法称为互锁。

鼠笼型异步电动机常用的降压启动方法有定子电路串电阻降压启动、星形—三角形（Y—△）降压启动和自耦变压器降压启动。

常用的制动方法有反接制动和能耗制动，制动控制线路设计应考虑限制制动电流和避免反向再启动。前者是在主电路中串限流电阻，采用速度继电器进行控制；后者通入直流电流产生制动转矩，采用时间继电器进行控制。

习 题

1. 电路图中 QS、FU、KM、KA、KT、SB 分别是什么电气元器件的文字符号？
2. 如何决定笼型异步电动机是否可采用直接启动法？

3．笼型异步电动机是如何改变转动方向的？

4．什么是自锁？什么是互锁？试举例说明各自的作用。

5．三相异步电动机的启动有哪些方法？

6．三相异步电动机的制动有哪些方法？

7．长动和点动的区别是什么？

8．电动机的机械制动和电气制动各有什么特点？

9．为什么三相异步电动机能耗制动时需要在定子绕组通入直流电流？

10．他励直流电动机串电阻启动的作用是什么？为何要串多级电阻启动？

11．为什么他励直流电动机正、反转控制不采用励磁电流的变换？

12．二极管 VD 和电阻 R_3 构成励磁绕组放电电路的作用有哪些？

13．直流电动机的保护电路有哪些？分别做什么保护？

14．直流电动机制动时为什么要外串电阻？

15．直流电动机的正反转控制有哪些方法？

16．直流电动机为什么不允许直接启动？

17．画出带有热继电器过载保护的笼型异步电动机正常启动运转的控制线路。

18．画出具有双重互锁的异步电动机正、反转控制线路。

19．某三相笼型异步电动机单向运转，要求启动电流不能过大，制动时要快速停车。试设计主电路和控制电路，并要求有必要的保护。

20．某三相笼型异步电动机可正、反转，要求降压启动，快速停车。试设计主电路和控制电路，并要求有必要的保护。

21．星形—三角形降压启动方法有什么特点？说明其使用场合。

22．试设计一个采取两地操作的点动与连续运转的电路图。

23．试设计一控制电路，要求：按下按钮 SB，电动机 M 正转；松开按钮 SB，M 反转，1min 后 M 自动停止，画出其控制线路。

24．试设计两台笼型电动机 M_1、M_2 的顺序启动停止的控制线路。

（1）M_1、M_2 能顺序启动，并能同时或分别停止。

（2）M_1 启动后 M_2 启动，M_1 可点动，M_2 可单独停止。

25．设计一个控制电路，要求第 1 台电动机启动 10s 以后，第 2 台电动机自动启动。运行 5s 后，第 1 台电动机停止，同时第 3 台电动机自动启动；运行 15s 后，全部电动机停止。

26．设计一控制电路，控制一台电动机，要求：

（1）可正、反转；

（2）两处启停控制；

（3）可反接制动；

（4）有短路和过载保护。

27．某机床主轴由一台三相笼型异步电动机拖动，润滑油泵由另一台三相笼型异步电动机拖动，均采用直接启动，要求：

（1）主轴必须在润滑油泵启动后，才能启动；

（2）主轴为正、反向运转，为调试方便，要求能正、反向点动；

（3）主轴停止后，才允许润滑油泵停止；

（4）具有必要的电气保护。

试设计主电路和控制电路。

28．M_1 和 M_2 均为三相笼型异步电动机，可直接启动，按下列要求设计主电路和控制电路：

（1）M_1 先启动，经一段时间后，M_2 自行启动；

（2）M_2 启动后，M_1 立即停车；

（3）M_2 可单独停车；

（4）M_1 和 M_2 均能点动。

29．现有一双速电动机，试按下述要求设计控制线路：

（1）分别用两个按钮操作电动机的高速启动和低速启动，用一个总停按钮操作电动机的停止；

（2）启动高速时，应先接成低速，然后经延时后再换接到高速；

（3）应有短路保护和过载保护。

第 **3** 章 可编程序控制器基本组成和工作原理

【本章学习目标】

1. 了解可编程序控制器的定义和发展情况。
2. 了解可编程序控制器的基本结构和工作原理。
3. 熟悉可编程序控制器的输入和输出接口电路。
4. 了解可编程序控制器的编程语言的类型。

【教学目标】

1. 知识目标：了解可编程序控制器的基本结构和工作原理，了解可编程序控制器的基本输入和输出电路特点，了解可编程序控制器的基本编程语言。

2. 能力目标：通过可编程序控制器的外观演示，初步形成对可编程序控制器的感性认识，培养学生的学习兴趣。

【教学重点】

可编程序控制器的基本结构和工作原理。

【教学难点】

可编程序控制器不同输出电路的作用和驱动不同负载的功能。

【教学方法】

PLC 的外形参观、简单演示实验电路和展示效果。

可编程控制器虽然产生不足 50 年，但发展的势头锐不可当。由于采用了计算机的 CPU 核心技术，同微型计算机一起并行得到了巨大的发展。

3.1 可编程序控制器的发展

3.1.1 可编程序控制器的产生和定义

可编程控制器（programmable controller）是计算机家族中的一员，是为工业控制应用而设计的。早期的可编程序控制器称为可编程逻辑控制器（programmable logic controller），简称 PLC，用它来代替继电器实现逻辑控制。随着技术的发展，可编程序控制器的功能已大大超过了逻辑控制的范围，所以，目前人们都把这种装置称作可编程序控制器，称为 PC（国标简称可编程序控制器为 PC 系统）。为了避免与目前应用广泛的个人计算机（personal computer）的简称 PC 相混淆，所以仍将可编程序控制器简称为 PLC。

1968 年，美国通用汽车公司（GM）为改造汽车生产设备的传统控制方式，解决因汽车不断改型而重新设计汽车装配线上各种继电器的控制线路问题，提出了著名的十条技术招标指标在社会上招标，要求制造商为其装配线提供一种新型的控制器，它应具有以下特点。

① 编程方便，可现场修改程序。

② 维修方便，采用插件式结构。

③ 可靠性高于继电器控制系统。

④ 体积小于继电器控制柜。

⑤ 数据可直接送入管理计算机。

⑥ 成本可与继电器控制系统竞争。

⑦ 输入可为市电。

⑧ 输出可为市电，输出电流要求在 2A 以上，可直接驱动电磁阀、接触器等。

⑨ 系统扩展时，原系统变更最小。

⑩ 用户存储器容量大于 4KB。

1969 年年末，美国数字设备公司（DEC）根据上述要求研制出世界上第一台可编程序控制器，型号为 PDP-14，在美国通用汽车自动生产线上试用，并获得成功，取得了显著的经济效益。这种新型的智能化工业控制装置很快在美国其他工业控制领域推广应用，至 1971 年，已成功将 PLC 用于食品、饮料、冶金、造纸等行业。

PLC 的出现，受到了世界各国工业控制界的高度重视。1971 年日本从美国引进了这项新技术，很快研制出日本第一台 PLC。1973 年西欧国家也研制出了他们的第一台 PLC。我国的 PLC 研制始于 1974 年，于 1977 年开始于工业应用。

随着半导体技术，尤其是微处理器和微型计算机技术的发展，到 20 世纪 70 年代中期以后，PLC 已广泛使用微处理器作为中央处理器，输入/输出模块和外围电路也都采用中、大规模甚至超大规模集成电路，这时的 PLC 已不再是仅有逻辑判断功能，还同时具有数据处理、PID 调节和数据通信功能。

国际电工委员会（IEC）1987 年颁布的可编程序控制器标准草案中对可编程序控制器做了如下的定义：可编程序控制器是一种数字运算操作的电子系统，专为在工业环境下应用而设计。它采用了可编程序的存储器，用于其内部存储程序，执行逻辑运算、顺序控制、定时、计数、算术运算等面向用户的指令，并通过数字和模拟式的输入和输出，控制各种类型的机械或生产过程。可编程序控制器及其有关外围设备，都按易于与工业控制系统联成一个整体，易于扩展其功能的原则设计。

可编程序控制器对用户来说，是一种无触点的智能控制器，也就是说，PLC 是一台工业控制计算机，改变程序即可改变生产工艺，因此可在初步设计阶段选用 PLC；另一方面，从 PLC 的制造商角度看，PLC 是通用控制器，适合批量生产。

3.1.2　可编程控制器分类和应用

1. 可编程控制器的分类

PLC 的种类很多，使其在实现的功能、内存容量、控制规模、外形等方面都存在较大的差异，因此，PLC 的分类没有一个严格、统一的标准，而是按 I/O 总点数、组成结构和功能进行大致的分类。

（1）按 I/O 总点数分类

按 I/O 总点数分，PLC 通常分为小型、中型、大型 3 类。

① 小型 PLC：I/O 总点数为 256 点及其以下的 PLC。

② 中型 PLC：I/O 总点数超过 256 点且在 2048 点以下的 PLC。

③ 大型 PLC：I/O 总点数为 2048 点及其以上的 PLC。

还有，把 I/O 总点数少于 32 点的 PLC 称为微型或超小型 PLC，而把 I/O 总点数超过万点的 PLC 称为超大型 PLC。

此外，不少 PLC 生产企业根据自己生产的 PLC 产品的 I/O 总点数情况，也存在着企业内部的划分标准。应当指出，目前国际上对于 PLC 按 I/O 总点数分类，并无统一的划分标准，而且可以预料，随着 PLC 向两极化方向发展，按 I/O 总点数划分类别是目前流行的标准，也势必会出现一些变化。

（2）按组成结构分类

按组成结构分，PLC 可分为整体式和模块式两类。

① 整体式 PLC。整体式 PLC 是将中央处理器、存储器、I/O 点、电源等硬件都装在一个箱状的机壳内，结构非常紧凑。它的体积小、价格低，小型 PLC 一般采用整体式结构。图 3-1 所示为三菱公司的 FX₁s 系列 PLC 外形，图 3-2 所示为西门子 S7200 系列外形，图 3-3 所示为欧姆龙 PLC 外形。

图 3-1　三菱 FX₁s 外形　　　　　　　　图 3-2　西门子 S7200 外形

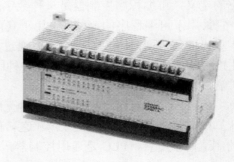

图 3-3　欧姆龙 PLC 外形

整体式 PLC 提供多种不同的 I/O 点数的基本单位和扩展单元供用户选用，基本单位内有 CPU 模块、I/O 模块和电源，扩展单位内只有 I/O 模块和电源，基本单元和扩展单元之间用扁平电缆连接。各单元的输入点与输出点的比例是固定的，有的 PLC 有全输入型和全输出型的扩展单元。选择不同的基本单元和扩展单元，可以满足用户的不同要求。

整体式 PLC 一般配备有许多专用的特殊功能单元，如模拟量 I/O 单元、位置控制单元、通信单元等，使 PLC 的功能得到扩展。

FX 系列的基本单元、扩展单元和扩展模块的高度深度相同，但宽度不同。它们不用基板，各模块可用底部自带的卡子卡在 DIN 导轨上，两个相邻的单元或模块之间用扁平电缆连接，安装好后组成一个整齐的长方体。

② 模块式 PLC。大、中型 PLC（如三菱的 A 系列和 Q 系列，西门子的 S7300 系列和 S7400 系列）一般采用模块式结构。模块式 PLC 用搭积木的方式组成系统，它由机架（有的厂家称机架为基板）和模块组成。图 3-4 所示为三菱的 Q 系列，图 3-5 所示为西门子的 S7300 外形。

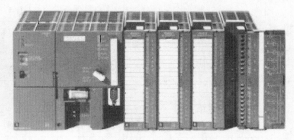

图 3-4　三菱的 Q 系列　　　　　　　图 3-5　西门子的 S7300 系列

模块式 PLC 是将 PLC 的各部分分成若干个单独的模块，如将 CPU、存储器组成主控模块；将电源组成电源模块；将若干输入点组成 I 模块，若干输出点组成 O 模块；将某项的功能专门制成一定的功能模块等。模块式 PLC 由用户自行选择所需要的模块，安插在机架或基板上。

PLC 厂家备有不同槽数的机架供用户选用，如果一个机架容纳不下所选用的模块，可以增设一个或数个扩展机架，各机架之间用 I/O 扩展电缆相连，有的 PLC 需要通过接口模块来连接各机架。模块式 PLC 具有配置灵活、装配方便、便于扩展和维修等优点，较多用于中型或大型机。由于其输入/输出模块可根据实际需要任意选择，组合灵活，维修方便，致使目前也有一些小型机采用模块式。近期，也出现了把整体式、模块式两者的长处结合为一体的一种 PLC 结构，即所谓的叠装式 PLC。它的 CPU 和存储器、电源、I/O 等单元依然是各自独立模块，但它们之间通过电缆进行连接，且可一层层地叠装，既保留了模块式可灵活配置之所长，也提现了整体式体积小之优点。

（3）按功能分类。

按功能分，PLC 可大致分为低档、中档、高档机 3 种。

① 低档机：具有逻辑运算、计时、计数、移位、自诊断、监控等基本功能，还可能具有少量的模拟量输入/输出、算术运算、数据传送与比较、远程 I/O、通信等功能。

② 中档机：除具有低档机的功能外，还具有较强的模拟量输入/输出、算术运算、数据传送与比较、数据转换、远程 I/O、子程序、通信联网等功能。还可能增设中端控制、PID 控制等功能。

③ 高档机：除具有中档机的功能外，还有符号运算（32 位双精度加、减、乘、除及比较）、矩阵运算、位逻辑运算（置位、清除、右移、左移）、平方根运算及其他特殊功能函数的运算、表格传送及表格功能等。而且高档机具有更强的通信联网功能，可用于大规模过程控制，构成全 PLC 的集散控制系统或整个工厂的自动化网络。

表 3-1 所示为几种常见 PLC 的规格性能。

表 3-1			几种常见 PLC 的规格性能		
类型	公司	机型	1K 字处理速度 /ms	存储器容量 /KB	I/O 点数
小型机	美国 MODICON	984－13X	4.25	4	256
		984－14X	4.25	8	256
		984－38X	3～5	4～16	256
	日本 OMRON	C60P	6～95	1.19	120
		C120	3～83	2.2	256
		CQM1	0.5～10	3.2～7.2	256
	日本三菱电机	FX2	0.74	2～8	256
	德国 SIEMENS	S5－100U	70	2	128
		S7－200	0.8～1.2	2	256
中型机	美国 MODICON	984－48X	3	4～16	1024
		984－68X	1～2	8～16	1024
		984－78X	1.5	16～32	1024
	日本 OMRON	C200H	0.75～2.25	6.6	1024
		C1000H	0.4～2.4	3.8	1024
		CV1000	0.125～0.375	62	1024
	日本富士电机	HDC－100	2.5	48	1792
	德国 SIEMENS	S5－115U	2.5	42	1024
		S7－300	0.3～0.6	12～192	1024
大型机	美国 MODICON	984A	0.75	16～32	2048
		984B	0.75	32～64	2048
	日本富士	F200	2.5	32	3200
	日本 OMRON	C2000H	0.4～2.4	30.8	2048
		CV2000	0.125～0.175	62	2048
	德国 SIEMENS	S5－150U	2	480	4096
		S7－400	0.3～0.6	512	131072

2. 可编程控制器的应用

目前，PLC 在国内外已广泛应用于钢铁、石油、化工、电力、食品、机械制造、汽车、纺织、交通运输、环保、文化娱乐等各行业。随着 PLC 性价比的不断提高，其应用范围不断扩大，大致可归结为以下几类。

（1）开关量的逻辑控制。

这是 PLC 最基本、最广泛的应用领域，它取代传统的继电—接触器控制器系统，实现逻辑控制、顺序控制，可用于单机控制、多机群控制、自动化生产线的控制等，如注塑机、组合机床，磨床，自动化生产线等。

（2）位置控制。

大多数的 PLC 制造商，目前都提供拖动步进电机或伺服电机的单轴或多轴位置控制模板。这一功能用于各种机械，如金属成形机床，装配机器人和电梯等。

（3）过程控制。

　　过程控制是指对温度、压力、流量等连续变化的模拟量的闭环控制。PLC 通过模拟量 I/O 模块，实现模拟量与数字量之间的 A/D、D/A 转换，并对模拟量进行闭环 PID 控制。现代的大、中型 PLC 一般都有闭环 PID 控制模板。这一功能可用 PID 子程序来实现，也可用专用的智能 PID 模块实现。

　　（4）数据处理。

　　PLC 具有数学运算（函数运算、逻辑运算）、数据传送、转换、排序和查表、位操作等功能，也能完成数据的采集、分析和处理。这些数据可通过通信接口传送到其他智能装置。

　　（5）通信联网。

　　PLC 的通信包括 PLC 相互之间，PLC 与上位机、PLC 与其他智能设备间的通信。PLC 系统与通用计算机可以直接通过通信处理单元、通信转换器相连构成网络，以实现信息的交换，并可构成“集中管理、分散控制”的分布式控制系统，满足工厂自动化系统发展的需要。各 PLC 系统过程 I/O 模块按功能各自放置在生产现场分散控制，然后采用网络连接构成信息集中管理的分布式网络系统。

3.1.3　可编程控制器的发展

　　PLC 自问世以来，经过近 40 年的发展，已成为很多国家的重要产业，PLC 在国际市场已成为最受欢迎的工业控制产品。随着科学技术的发展及市场需求量的增加，PLC 的结构和功能在不断地改进，生产厂家不停地将更强的 PLC 推入市场，平均 3～5 年就更新一次。

　　PLC 的发展方向主要有以下几个方面。

　　① 向体积更小、速度更快的方向发展。虽然现在小型 PLC 的体积已经很小，但是微电子技术及电子电路装配工艺的不断改进，都会使 PLC 的体积变得更小，以便于嵌入到任何小型的机器和设备之中，同时 PLC 的执行速度也越来越快，目前大型 PLC 的程序执行速度可高达 34ns，从而保证了控制作用的实时性，可使系统的控制作用及时、准确。

　　② 向大型化、高可靠性、好的兼容性和多功能方向发展。现在的大型 PLC 向着容量大、智商高和通信功能强的方向发展。对于大规模、复杂系统进行综合自动控制的 PLC，大多已采用多 CPU 的结构，如三菱公司的 AnA 系列可编程控制器使用了世界上第一个在一块芯片上实现 PLC 全部功能的 32 位微处理器，即顺序控制专用芯片，其扫描一条基本指令的时间为 0.15μs。松下公司的 FP10SH 系列 PLC 采用 32 位 5 级流水线 RISC 结构的 CPU，可以同时处理 5 条指令，顺序指令的执行速度高达 0.04μs，高级功能指令的执行速度也有很大的提高。在有两个通信接口、256 个 I/O 点的情况下，FP10SH 中的扫描时间为 0.27～0.42ms，大大提高了处理程序的速度。

　　在模拟量的控制方面，除了专门用于模拟量闭环控制的 PID 模块外，随着模糊控制技术的发展，已出现具有模拟量的模糊控制、自适应、参数自整定功能的可编程控制器，应用方便，调试时间缩短，控制精度进一步得到提高。

　　③ 与其他工业控制产品的结合。在大型自动控制系统中计算机和 PLC 在应用功能方面互相融合、互补、渗透，使控制系统的性价比不断提高。目前，工业控制系统的趋势是采用开放式的应用平台，即网络、操作系统、监视及显示均采用国际标准或工业标准，如操作系统采用 UKIX、MS-DOS、Windows、OS2 等，这样可实现不同厂家的 PLC 产品可以在同一个网络中运行。

　　目前，个人计算机主要用于 PLC 的编程器、操作站或人机接口终端。1988 年美国 AB

公司于 DEC 公司联合开发的金字塔集成器，使 PLC 和工业控制计算机有机的结合在一起，研制出一种新型的 IPLC 型可编程控制器（集成 PLC）。IPLC 是运行 DOS 或 Windows 操作系统的可编程序控制器，它实际上是一个能用梯形图语言以实施方式控制的 I/O 计算机。近年来推出以计算机和 PLC 结合应用的方式有：在 PLC 的 CPU 模块旁边加插 Windows CPU 或在计算机总线上插入 PLC 的 CPU 模块，采用这种方式后生产和管理更加便利，将数据处理、通信和控制程序统一起来，保留了 PLC 的简单、易用和高可靠性的特点，同时又具有计算机强大的数据处理能力，使现场的生产数据、生产计划调度和管理可以直接上机操作获取。

3.2 可编程序控制器的基本组成和工作原理

可编程序控制器所以能应用的如今这样广泛，其最主要的原因是硬件结构简单，软件编程容易。要真正用好可编程序控制器，还得大致了解一下可编程序控制器的软硬件结构和工作原理。

3.2.1 可编程序控制器的硬件结构

PLC 种类繁多，功能多种多样，但是其组成结构和工作原理基本相同。实质上是一种专门用于工业控制的计算机，采用了典型的计算机结构，由硬件和软件两部分组成。硬件配置主要由中央处理器（CPU）、存储器、输入/输出接口电路、电源、编程器以及一些扩展模块组成，如图 3-6 所示。

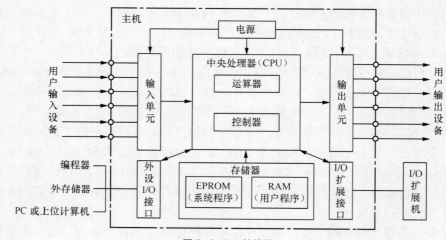

图 3-6 PLC 结构图

1. 中央处理器

PLC 的中央处理器（CPU）与一般的计算机控制系统一样，是整个系统的核心，起着类似人体的大脑和神经中枢的作用，它按 PLC 中系统程序赋予的功能，指挥 PLC 有条不紊地进行工作。其主要任务有如下几个方面。

① 控制从编程器、上位机和其他外部设备键入的用户程序和数据的接收与存储。

② 用扫描的方式通过电源 I/O 部件接收现场的状态或数据，并存入指定的存储单元或数据寄存器中。

③ 诊断电源、PLC 内部电路的工作故障和编程中的语法错误等。

④ PLC 进入运行程序后，从存储器逐条读取用户指令，经过命令解释后按指令规定的任务进行数据传送、逻辑或算数运算等。

⑤ 根据运算结果，更新有关标志位的状态和输出寄存器的内容，再经输出部件实现输出控制、制表、打印或数据通信等功能。

与通用微机不同的是，PLC 具有面向电气技术人员的开发语言。通常用户使用虚拟的输入继电器、输出继电器、中间辅助继电器、时间继电器、计数器等，这些虚拟的继电器也称"软继电器"或"软元件"，理论上具有无限的动合、动断触点，但只能在 PLC 上编程时使用，其具体结构对用户透明。

目前，小型 PLC 为单 CPU 系统，而中型及大型 PLC 则为双 CPU 甚至多 CPU 系统，PLC 所采用的微处理器有如下 3 种。

① 通用微处理器。小型 PLC 一般使用 8 位微处理器，如 8080、8085、6800、Z80 等，大中型 PLC 除使用位片式微处理器外，大都必须使用 16 位或 32 位微处理器。当前不少 PLC 的 CPU 已升级到 Intel 公司的微处理器产品，有的已经采用奔腾（Pentium）处理器，如德国西门子公司的 S7-400。采用通用微处理器的优点是：价格便宜，通用性强，还可借用微机成熟的实时操作系统和丰富的软、硬件资源。

② 单片微处理器（即单片机）。它具有集成度高、体积小、价格低、可扩展等优点。如 Intel 公司的 8 位 MCS-51 系列运行速度快、可靠性高、体积小，很适合于小型 PLC。三菱公司的 FX2 系列 PLC 所使用的微处理器是 16 位 8098 单片机。

③ 位片式微处理器。它是独立的一个分支，多为双极型电路，4 位为一片，几个位片级相连可组成任意字长的微处理器，代表产品有 AMD-2900 系列美国 AB 公司的 PLC-3 型、西屋公司的 HPPC-1500 型和西门子公司的 S5-1500 型都属于大型 PLC，都采用双极型位片式微处理器 AMD-2900 高速芯片。PLC 中位片式微处理器的主要作用有两个：一是直接处理一些位指令，从而提高位指令的处理速度，减少了位指令处理器的压力；二是将 PLC 的面向工程技术人员的语言（梯形图、控制系统流程图等）转换成机器语言。

模块式 PLC 把 CPU 作为一种模块，备有不同型号供用户选择。

2. 存储器

PLC 的存储器分为系统程序存储器和用户程序存储器。系统程序相当于个人电脑的操作系统，它使 PLC 具有基本的智能，能够完成 PLC 设计者规定的各种动作。系统程序由 PLC 生产厂家设定并固化在 ROM 内，用户不能直接读取。PLC 的用户程序由用户设定，它决定了 PLC 输入信号之间的具体关系。用户程序存储量一般以字（每个字由 16 位二进制数组成）为单位，三菱的 FX 系列 PLV 的用户程序存储器的单位为步（STEP，即字）。小型 PLC 的用户程序存储器容量在 1K 字左右，大型 PLC 的用户程序存储器容量可达数 M（兆）字。

PLC 常用以下几种存储器。

（1）随机存取存储器（RAM）。

用户可以用编程器读出 RAM 中的内容，也可以将用户程序写入 RAM，因此 RAM 又叫读/写存储器。它是易失性的存储器，将它的电源断开后，存储的信息将丢失。

RAM 的工作速度快，价格低，改写方便。为了在关断 PLC 外部电源后，保存 RAM 中的用户程序和数据（如计数器的计数值），为 RAM 配备了一个后备电池。现在有的 PLC 任用 RAM 来存储程序。

锂电池可用 2～5 年，需要更换锂电池时，PLC 面板上的"电池电压过低"发光二极管亮，同时有一个内部标志变为 1 状态，可以用它的常开触点来接通控制面板上的指示灯或声光报警器，通知用户更换电池。

（2）只读存储器（ROM）。

ROM 的内容只能读出，不能写入，它是非易失的，其电源消失后，仍能保存储存的内容。ROM 一般用来存放 PLC 的系统程序。

（3）可电擦除 EPROM（EEPROM 或 E^2PROM）。

它是非易失性的，但是可以用编程器对它编程。它兼有 ROM 的非易失性和 RAM 的随机性存取优点，但是写入信息所需时间比 RAM 长得多。EEPROM 用来存放用户程序，有的 PLC 将 EEPROM 作为基本配置，有的 PLC 将 EEPROM 作为可选件。

3. 输入/输出接口电路

实际生产中信号电平是多样的，外部执行机构所需要的电平也是不同的，而可编程序控制器的 CPU 所处理的信号只能是标准电平，因此，需要通过输入/输出单元实现这些信号电平的转换。可编程序控制器的输入/输出单元实际上是 PLC 与被控制对象之间传送信号的接口部件。

输入/输出单元具有良好的电隔离和滤波作用。连接到 PLC 输入端的输入器件是各种开关、操作开关，传感器等。通过接口电路将这些开关信号转换成为 CPU 能够识别和处理的信号，并送入输入映像寄存器。运行时 CPU 从输入映像寄存器中读取输入信息并进行处理，将处理结果存放到输出映像寄存器。输入/输出映像寄存器由相应的输入/输出触发器组成，输出接口将其弱电控制转换为现场所需要的强电信号输出，驱动显示灯、电磁阀、继电器、接触器等各种被控设备的执行器件。

（1）输入接口电路。

为了防止各种干扰信号和高电压信号进入 PLC，输入接口电路一般由 RC 滤波器消除输入端的抖动和外部噪声干扰，由光电耦合电路进行隔离。光电耦合电路由发光二极管和光电三极管组成。

各种 PLC 输入电路的结构大都相同，其输入方式有两种类型：一种是直流输入（直流 12V 或 24V）如图 3-7（a）所示，另一种是交流输入（交流 100～120V 或 200～240V）如图 3-7（b）所示。它们都是由装在 PLC 面板上的发光二极管来显示某一输入点是否有信号输入。

外部器件可以是无源触点，如按钮、行程开关等，也可以是有源器件，如传感器、接近开关、光电开关等。在 PLC 内部电源容量允许的情况下，有源器件可以采用 PLC 内部电源，否则必须外设电源。当输入信号为模拟量时，信号必须经过专用的模拟量输入模块进行 A/D 转换后才能送入 PLC 内部。输入信号通过输入端子经 RC 滤波、光电隔离进入内部电路。

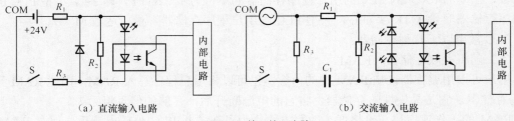

（a）直流输入电路　　　　　　　　　　　（b）交流输入电路

图 3-7　输入接口电路

（2）输出接口电路。

PLC 的输出有 3 种形式：继电器输出、晶体管输出和晶闸管输出。图 3-8 所示为 PLC 的

3 种输出电路图。每种输出都采用了电气隔离技术，电源由外部供给，输出电流一般为 0.5～2A，输出电流的额定值与负载性质有关。

继电器输出方式最常用，适用于交、直流负载，其特点是带负载能力强，但动作频率与响应速度慢。

晶体管输出适用于直流负载，其特点是动作频率高，响应速度快，但带负载能力小。

晶闸管输出适用于交流负载，响应速度快，带负载能力不大。

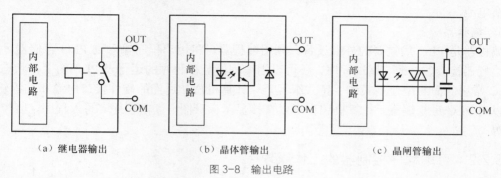

（a）继电器输出　　　　（b）晶体管输出　　　　（c）晶闸管输出

图 3-8 输出电路

输出接口电路规格如表 3-2 所示。

表 3-2　　　　　　　　　　　　　输出接口电路规格

项目		继电器输出	晶体管输出	晶闸管输出
负载电源		AC250V 以下、DC30V 以下	DC 5～30V	AC 85～242V
电路绝缘		机械绝缘	光电耦合绝缘	光电耦合绝缘
负载电流		2A/1 点 8A/4 点公用	0.5A/1 点 0.8A/4 点	0.3A/1 点 0.8A/4 点
响应时间	断通	约 10ms	0.2ms 以下	1ms 以下
	通→断	约 10ms	0.2ms 以下	10ms 以下

4. 电源

PLC 的电源分为外部电源、内部电源和后备电源 3 类。在现场控制中，干扰侵入 PLC 的主要途径之一是通过电源，因此，合理地设计电源是 PLC 可靠运行的必要条件。

（1）外部电源。

外部电源用于驱动 PLC 的负载和传递现场信号，又称为用户电源。同一台 PLC 的外部电源可以是一个规格，也可以是多个规格。外部电源的容量与性能，由输出负载和输入电路决定。常见的外部电源有交流 220V、110V，直流 100V、48V、24V、12V、5V 等。

（2）内部电源。

内部电源是 PLC 的工作电源，有时也作为现场输入信号的电源。它的性能好坏直接影响到 PLC 的可靠性，为了保证 PLC 可靠工作，对它提出了较高的要求，一般可从 4 个方面考虑。

① 内部电源与外电源隔离，减小供电线路对内部电源的影响。

② 有较强的抗干扰能力（主要是高频干扰）。

③ 电源本身功能耗尽可能低，在供电电压波动范围较大时，能保证正常稳定的输出。

④ 有良好的保护功能。

开关式稳压电源和一次侧带低通滤波器的稳压电源能较好地满足上述要求。

（3）后备电源。

在停机或突然失电时，后备电源可保证 RAM 中的信息不丢失。一般 PLC 采用锂电池作为 RAM 的后备电池，锂电池的寿命为 2～5 年。若电池电压降低，在 PLC 的工作电源为 ON 时，面板上相关的指示灯会点亮或闪烁，应根据各 PLC 操作手册的说明，在规定时间内按要求更换电池。

5. 编程器

编程器是 PLC 最重要的外部设备。利用编程器可将用户程序输入到 PLC 存储器，可以利用编程器检查、修改、调试程序，还可以用编程器监视程序的运行及 PLC 的工作状态。小型 PLC 常用的简易型便携式或手持式编程器。计算机添加适当的硬件接口电缆和编程软件，也可以对 PLC 进行编程。计算机编程可以直接显示梯形图、读出程序、写入程序、监控程序运行等。

3.2.2 可编程序控制器的工作原理

PLC 是一种工业控制计算机，所以它的工作原理与计算机的工作原理基本上是一致的。PLC 的工作方式是采用周期循环扫描，集中输入与集中输出。PLC 投入运行后，都是以重复的方式执行的，执行用户程序不是只执行一遍，而是一遍一遍不停地循环执行，这里每执行一遍称为扫描一次，扫描一次用户程序的时间称为扫描周期。扫描一次，PLC 内部要进行一系列操作，大致分为 5 个阶段：故障诊断、通信处理、输入采样、程序执行和输出刷新。下面重点把输入采样、程序执行和输出刷新 3 操作重点说明。图 3-9 所示为这 3 步的流程图。

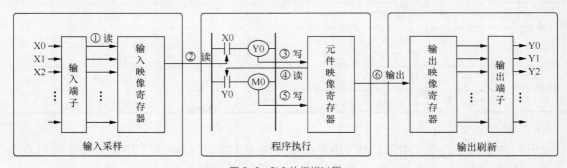

图 3-9 PLC 的扫描过程

1. 输入采样阶段

当 PLC 投入运行时，PLC 以扫描方式依次读入所有输入端子口的状态和数据，并把这些数据存入（I）映像区的相应单元内。输入采样结束后，转入用户程序执行和输出刷新阶段。在这两个阶段中，即使输入状态和数据发生变化，（I）映像区中相应单元的状态和数据也不会改变。因此，如果输入是脉冲信号，则该脉冲信号的宽度必须大于一个扫描周期，才能保证该输入信号不被丢失。

2. 程序执行阶段

PLC 在用户程序执行阶段，CPU 总是按由上而下的顺序依次扫描用户的梯形图程序。扫描每一条梯形图支路时，又是由左到右。先上后下的顺序对由触点和线圈构成的控制线路进行逻辑运算，并根据逻辑运算的结果，刷新该逻辑线圈在系统 RAM 存储器中对应位的状态，或者确定是否要执行该梯形图所规定的特殊功能指令。

要指出的是，在执行用户程序阶段，只有输入点在 I/O 映像区内的状态和数据不会发生变化，而其他输出点和软器件在 I/O 映像区或系统 ROM 存储区的状态和数据都可能发生变化。排在上面的梯形图，其被刷新的逻辑线圈或输出线圈的状态或数据对排在下面的凡是用到这些线圈的触点或数据的梯形图起作用；相反，排在下面的梯形图，其被刷新的逻辑线圈或输出线圈的状态或数据只能到下一个扫描周期才能对排在其上面用到这些线圈的触点或数据的梯形图起作用。

3. 输出刷新阶段

PLC 的 CPU 扫描用户程序结束后，PLC 就进入输出刷新阶段。在此期间，CPU 按照 I/O 映像区内对应的状态和数据刷新所有的输出锁存电路，再经输出电路驱动相应的被控负载，这才是 PLC 的真正输出。

用户程序执行扫描方式即可按上述固定顺序方式，也可以按程序指定的可变顺序进行。

循环扫描的工作方式是 PLC 的一大特点，针对工业控制采用这种工作方式使 PLC 具有一些优于其他各种控制器的特点。例如，可靠性、抗干扰能力明显提高；串行工作方式避免触点（逻辑）竞争；简化程序设计；通过扫描时间定时监视可诊断 CPU 内部故障，避免程序异常运行的不良影响等。

循环扫描工作方式的主要缺点是带来了 I/O 响应滞后性。影响 I/O 响应滞后的主要因素有：输入电路、输出电路的响应时间，PLC 中 CPU 的运算速度，程序设计结构等。

一般工业设备是允许 I/O 响应滞后的，但对某些需要 I/O 快速响应的设备则应采取相应措施，尽可能提高响应速度，如硬件设计上采用快速响应模块、高速计数模块等，在软件设计上采用不同中断处理措施，优化设计程序等。这些都是减少响应时间的重要措施。

3.2.3 可编程序控制器的软件系统

PLC 是一种工业控制计算机，不光有硬件，软件也是必不可少。PLC 的软件又分为系统软件和用户软件。

系统软件包括系统的管理程序，用户指令的解释程序，另外还包括一些供系统调用的专用标准程序块等。系统软件在 PLC 生产时由制造商装入机内，永久保存，用户不需要更改。

用户软件是用户为达到某种控制目的，采用 PLC 厂商提供的编程语言自主编制的应用程序。

用户程序的编制需要使用 PLC 生产制造厂商提供的编程语言。PLC 使用的编程语言共有 5 种，即梯形图、指令语句表、步进顺控图、逻辑符号图和高级编程语言。

1. 梯形图

梯形图是最直观、最简单的一种编程语言，它类似继电接触器控制电路的形式，逻辑关系明显，在继电接触器控制逻辑基础上使用简化的符号演变而来，具有形象、直观、实用等优点，电气技术人员容易接受，是目前使用较多的一种 PLC 编程语言。

继电接触器控制线路图和 PLC 梯形图如图 3-10 所示。

由图 3-10 可见，两种控制图的逻辑含义是一样的，但具体表示方法有本质区别。梯形图中的继电器、定时器、计数器不是实物的继电器、定时器、计数器，这些元件实际是 PLC 存储器中的存储位，因此称为软元件，相应的位为"1"状态，表示该继电器线圈通电、常开触点闭合、常闭触点断开。

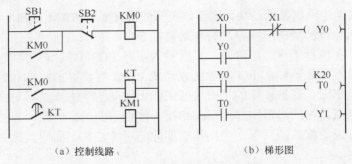

(a) 控制线路   (b) 梯形图

图 3-10　继电接触器控制线路和 PLC 梯形图

梯形图左右两端的母线是不接任何电源的。梯形图中并不流过真实的电流，而是概念电流（假想电流）。假想电流只能从左到右，从上到下流动。假想电流是执行用户程序时满足输出条件而进行的假设。

梯形图由多个梯级组成，每个梯级由一个或多个支路和输出元件构成。同一个梯形图中的编程元件，不同的厂家会有所不同，但它们表示的逻辑控制功能是一致的。

利用梯形图或基本指令编程，要符合以下编程规则。

① 从左至右。梯形图的各类继电器触点要以左母线为起点，各类继电器线圈以右母线为终点（可允许省略右母线）。从左至右分行画出，每一逻辑行构成一个梯级，每行开始的触点组构成输入组合逻辑（逻辑控制条件），最右边的线圈表示输出函数（逻辑控制的结果）。

② 从上到下。各梯级从上到下依次排列。

③ 水平放置编程元件。触点画在水平线上（主控触点除外），不能画在垂直线上。

④ 线圈右边无触点。线圈不能直接接左母线，线圈右边不能有触点，否则将发生逻辑错误。

⑤ 双线圈输出应慎用。如果在同一个程序中，同一个元件的线圈被使用两次或多次，则称为双线圈输出。这时前面的输出无效，只有最后一次有效。双线圈输出在程序方面并不违反输入，但输出动作复杂，因此应谨慎使用。如图 3-11（a）所示为双线圈输出，可以通过变换梯形图避免双线圈输出，如图 3-11（b）所示。

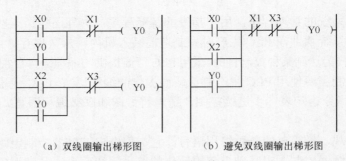

(a) 双线圈输出梯形图   (b) 避免双线圈输出梯形图

图 3-11　双线圈输出

⑥ 触点使用次数不限。触点可以串联，也可以并联。所有输出继电器都可以作为辅助继电器使用。

⑦ 合理布置。串联多的电路放在上部，并联多的电路移近左母线，可以简化程序，节省存储空间，如图 3-12 所示。

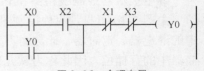

图 3-12　合理布局

⑧ PLC 是串行运行的，PLC 程序的顺序不同，其执行结果有差异，如图 3-13 所示。程序从第一行开始，从左到右、从上到下顺序执行。图 3-13（a）中，X0 为 ON，Y0、Y1 为 ON，Y2 为 OFF；图 3-13（b）中，X0 为 ON，Y0、Y2 为 ON，Y1 为 OFF。而继电接触控制是并行的，带能源接通，各并联支路同时具有电压，同时动作。

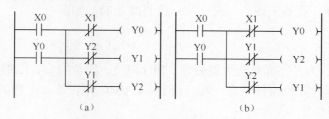

图 3-13　串行运行差异

2. 指令语句表

指令语句表是一种与计算机汇编语言相类似的助记符编程语言，简称语句表，它用一系列操作指令组成的语句描述控制过程，并通过编程器传输到 PLC 中。不同厂家的指令语句表使用的助记符可能不同，因此一个功能相同的梯形图，书写的指令语句表可能并不相同。表 3-3 所示为用三菱 FX 系列 PLC 指令语句表完成的图 3-10（b）控制功能编写的程序。

表 3-3　　　　　　　　　　　　　　　FX 系列 PLC 指令语句表

步序	指令操作码（助记符）	操作数（参数）
0	LD	X0
1	OR	Y0
2	ANI	X1
3	OUT	Y0
5	LD	Y0
6	OUT	T0
7，8		K20
9	LD	T0
10	OUT	Y1

指令语句表编程语言是由若干条语句组成的程序，语句是程序的最小独立单元。每个操作功能由一条语句来表示。PLC 的语句由指令操作码和操作数两部分组成。操作码由助记符表示，用来说明操作的功能，告诉 CPU 做什么，比如逻辑运算的与、或、非等和算术运算的加、减、乘、除等。操作数一般由标志符和参数组成。标志符表示操作数类别，如输入继电器、定时器、计数器等。参数表示操作数地址或预定值。

3. 步进顺控图

步进顺控图，简称步进图，又叫状态流程图或状态转移图，是使用状态来描述空盒子任务或过程的流程图，是一种专门用于工业顺序控制的程序设计语言。它能完整地描述控制系统的工作过程、功能和特性，是分析、设计电气控制系统控制程序的重要工具。步进顺控图如图 3-14 所示。

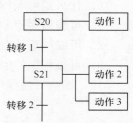

图 3-14　步进顺序图

4. 逻辑符号图

逻辑符号图与数字电路的逻辑图极为相似，模块有输入端、输出端，使用与、或、非、异或等逻辑描述输出端和输入端的函数关系，模块间的连接方式与电路连接方式基本相同。逻辑符号图编程语言直观易懂，容易掌握。三菱 FX2N 没有此功能。如图3-15 所示。

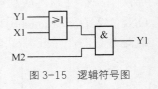

图 3-15　逻辑符号图

5. 高级编程语言

在大型 PLC 中，为了完成具有数据处理、PID 调节、定位控制、图形操作等较为复杂的控制，往往使用高级计算机编程语言，如 C 语言，BASIC 语言等，使 PLC 具有更强的功能。

本 章 小 结

各种可编程序控制器的具体结构虽然多种多样，但其组成的一般原理基本相同，都是以微处理器为核心的电子电气系统。可编程序控制器各种功能的实现，不仅基于其硬件的作用，而且要靠其软件的支持，因此，可编程序控制器实际上是一种工业控制计算机。

可编程序控制器主要由中央处理单元（CPU）、存储器（RAM、ROM）、输入/输出部件（I/O）单元、电源和编程器几大部分组成。

可编程序控制器采用周期循环扫描工作方式，每一循环包括输入扫描、程序执行和输出刷新 3 个阶段。可编程序控制器以"串行"方式工作，它是循环地、连续地、顺序地逐条执行程序，在任何时刻只能执行一条指令，这也是可编程序控制器与传统的"并行"方式工作的继电接触器控制系统的重要区别之一。

常见的可编程序控制器编程语言有梯形图、指令语句表（助记符）、步进顺控图、逻辑符号图和高级编程语言，其中梯形图和助记符编程应用最广。可编程序控制器的梯形图编程中应用了"软继电器"和"能流"两个基本概念。同时，梯形图编程也有其基本的设计规则。

习 题

1. 什么是可编程序控制器？
2. 工业控制中，可编程序控制器主要有哪些应用？
3. 可编程序控制器由哪几部分组成？各有什么作用？
4. 可编程序控制器的输出形式有几种？哪种带负载能力最大？
5. 可编程序控制器有哪几种编程语言？
6. 什么是可编程序控制器扫描周期？
7. 可编程序控制器的工作方式是什么？与普通计算机有何不同？
8. 可编程序控制器的"软继电器"代表什么？
9. 可编程序控制器的梯形图的"能流"表示什么基本概念？
10. 影响可编程序控制器 I/O 响应滞后的主要因素有哪些？

第4章 三菱FX系列PLC及基本编程指令

【本章学习目标】

1．熟悉三菱 PLC 的基本编程指令的运用。

2．了解三菱 PLC 内部继电器的作用。

3．了解三菱 PLC 的基本编程指令和互相联系。

4．学会使用基本指令设计设备电气控制的程序。

【教学目标】

1．知识目标：了解 PLC 的基本结构和工作原理，了解 PLC 内部元件与传统继电接触器的差别和作用，以及基本编程指令的具体用法。

2．能力目标：通过手持编程器的输入程序，初步掌握 PLC 编程的感性认识，培养学生的学习兴趣，从而进一步学习 PLC 的计算机编程和仿真调试。

【教学重点】

PLC 基本编程指令的作用原理。

【教学难点】

PLC 的基本编程指令的灵活应用。

【教学方法】

大量训练手持编程器的指令表程序输入，同时熟悉计算机编程软件的操作。

4.1 三菱 PLC 的型号和外形

4.1.1 可编程序控制器的型号和外型

1．FX 系列 PLC 型号和外型

三菱电机公司是日本 PLC 的主要生产厂家之一。FX 系列 PLC 是三菱电机的小型 PLC.FX1N 型，PLC 主机单元有 14 点、24 点、40 点和 60 点 4 种，最大可配置到 128 点。FX1S 属于超小型 PLC，主机控制点数有 10 点、14 点、20 点、30 点 4 种。FX2N 是三菱具有代表性的小型 PLC，FX2N 的体积只有 FX2 的 50%，而运行速度比 FX2 快 6 倍，达到 0.08μs/步。2005 年，三菱电机公司推出的小型机 FX3U 是 FX 系列第三代产品，其基本指令的运行速度为 0.065μs/步，内存容量为 64K 字。图 4-1 所示为 FX 系列部分型号 PLC 的基本单元。

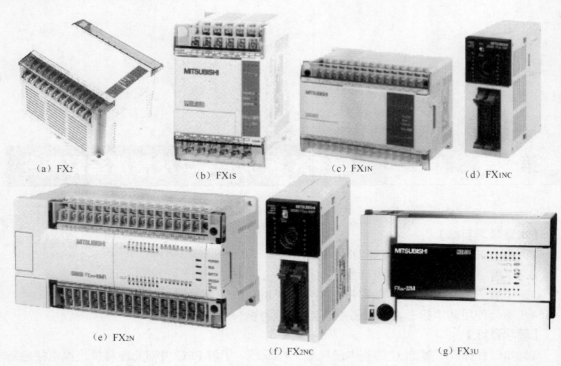

（a）FX₂　　　　（b）FX₁S　　　　（c）FX₁N　　　　（d）FX₁NC

（e）FX₂N　　　　（f）FX₂NC　　　　（g）FX₃U

图 4-1　三菱 FX 系列 PLC

　　因为目前普遍使用的是 FX₂N 可编程序控制器，所以本书着重介绍 FX₂N PLC。FX₂N 的基本性能指标如表 4-1 所示。

表 4-1　　　　　　　　　　　　　　　　FX₂N 的基本性能指标

项目		规格	备注
运转控制方法		通过存储的程序周期运转	
I/O 控制方法		批次处理方法（当执行 END 指令时）	I/O 指令可以刷新
运转处理时间		基本指令：0.08μs/步 应用指令：1.52～几百 μs/步	
编程语言		逻辑梯形图和指令清单	使用步进梯形图能生成 SFC 类型程序
程序容量		8000 步内置	使用附加寄存器盒可扩展到 16 000 步
指令数目		基本顺序指令：27 步进梯形指令：2 应用指令：128	最大可用 298 条应用指令
I/O 配置		最大硬体 I/O 配置点 256，依赖于用户的选择（最大软件可设定地址输入、输出各 256）	
辅助继电器（M 线圈）	一般	500 点	M0～M499
	锁定	2572 点	M500～M3071
	特殊	256 点	M8000～M8255

项目		规格	备注
状态继电器 （S 线圈）	一般	490 点	S10～S499
	锁定	400 点	S500～S899
	初始	10 点	S0～S10
	信号报警	100 点	S900～S999
定时器 （T）	100ms	范围：0～3276.7s　　200 点	T0～T199
	10ms	范围：0～327.67s　　46 点	T200～T245
	1ms 保持	范围：0～32.767s　　4 点	T246～T249
	100ms 保持	范围：0～3276.7s　　6 点	T250～T255
计数器 （C）	一般 16 位	范围：0～32767　　200 点	C0～C199　　类型：16 位加计数器
	锁定 16 位	100 点	C100～C199　　类型：16 位加计数器
	一般 32 位	范围：−2147483648～ +2147483647　　35 点	C200～C219　类型：32 位加/减计数器
	锁定 32 位	15 点	C220～C234　类型：32 位加/减计数器
高速计数器 （C）	单相	范围：−2147483648～ +2147483647 一般规则：选择组合计数频率不大于 20kHz 的计数器组合注意所有的计数器锁定	C235～C240　6 点
	单相 c/w 起始停止输入		C241～C245　5 点
	双相		C246～C250　5 点
	A/B 相		C251～C255　5 点
数据寄存器 （D）	一般	200 点	D0～D199 类型：32 位元件的 16 位数据存储器对
	锁定	7800 点	D200～D7999 类型：32 位元件的 16 位数据存储器对
	文件寄存器	7000 点	D1000～D7999 通过 14 块 500 程序步的参数设置　类型：16 位数据存储器
	特殊	256 点	D8000～D8255 类型：16 位数据存储器
	变址	16 点	V0～V7 以及 Z0～Z7 类型：16 位数据存储器
指针（P）	用于 CALL	128 点	P0～P127
	用于中断	6 输入点、3 定时器、6 计数器	
嵌套层数		用于 MC 和 MCR	N0～N7
常数	十进制（K）	16 位：−37268～+32767　　32 位：−2147483648～+2147483647	
	十六进制(H)	16 位:0000～FFFF　　32 位:00000000～FFFFFFFF	
	浮点	32 位：$\pm 1.75 \times 10^{-38}$　　　$\pm 3.403 \times 10^{-38}$　　（不能直接输入）	

2. FX 系列 PLC 的型号命名方式

FX 系列 PLC 的型号命名方式如下：

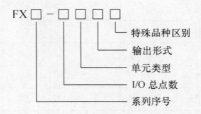

① 系列序号：0、0N、2、2C、1S、1N、1NC、2N、2NC、3U。

② I/O 总点数：10～256。

③ 单元类型：

M——基本单元；

E——扩展单元（输入输出混合）；

EX——扩展输入单元（模块）；

EY——扩展输出单元（模块）。

④ 输出形式：

R——继电器输出；

T——晶体管输出；

S——晶闸管输出。

⑤ 特殊品种区别：

D——DC 电源，DC 输入；

A——AC 电源，AC 输入；

H——大电流输出扩展模块；

V——立式端子排的扩展模块；

C——接插口输入输出方式；

F——输入滤波器 1ms 的扩展单元；

L——TTL 输入型扩展单元；

S——独立端子（无公共端）扩展单元。

4.1.2 FX 系列可编程序控制器的特点

1. 微型可编程序控制器概述

FX1s、FX0N 和 FX2N 系列微型可编程序控制器的直流电源型单元比交流电源型单元的体积又减少了许多，很适合于在机电一体化产品中使用，其内装的 DC24V 电源可作为传感器的辅助电源，增加了使用的灵活性。

2. 先进美观的外部结构

FX 系列可编程序控制器吸收了整体式和模块式可编程序控制器的优点，它的基本单元、扩展单元和扩展模块的高度与宽度相同，但是长度不同，它们仅用扁平电缆连接，可以紧密拼装后组成一个整齐的长方体。

3. 提供了多种子系列供用户选用

FX1s、FX0N 和 FX2N 的结构差不多，但是性能和功能却有很大的差异，如表 4-2 所示。

表 4-2　　　　　　　　　　　　　　FX 系列性能和功能比较

型号	I/O 点数	用户程序步数	功能指令/条	通信功能	基本指令执行时间（μs）	模拟量模块
FX1S	10～30	800 步 E^{2}PROM	50	无	1.6～3.6	无
FX0N	24～128	2K 步 E^{2}PROM	55	较强	1.6～3.6	有
FX2N	16～256	内附 8K 步 RAM	298	强	0.08	有

　　FX1S 的功能简单实用，价格便宜，可用于小型开关量控制系统；FX0N 可用于要求较高的中小型系统；FX2N 的功能强大，可用于要求很高的系统。由于不同的系统可以选用不同系列，避免了功能的浪费，特别是避免了需要用硬件来实现的功能的浪费，使用户能用最少的投资满足系统的要求。

　　4. 系统配置灵活多变

　　FX 系列可编程序控制器的系统配置灵活，用户除了可以选用不同的子系列外，还可以选用多种基本单位、扩展单元和扩展模块，组成不同 I/O 点和不同功能的控制系统，各种不同的配置都可以得到很高的性能价格比。FX 系列的硬件配置就像模块式可编程序控制器那样灵活，因为它的基本单元采用整体式结构，又具有比模块式可编程序控制器更高的性能价格比。

　　每台 FX2N 可将一块功能扩展板安装在基本单元内，不需要外部的安装空间，这种功能扩展板的价格非常便宜，功能扩展板包括 8 点模拟量设定单元、RS-232C 通信板、RS-485 通信板和适配器连接板。

　　FX2N 系列有多种特殊模块，如模拟量输入/输出模块，热电阻、热电偶温度传感器用模拟量输入模块，高速计数模块，1 轴、2 轴位置控制单元和位置控制模块，脉冲输出模块，MELSECNET/MINI 接口模块和 ID 接口模块。

　　FX 系列可编程序控制器还有多种规格的数据存取单元，可用来修改定时器、计数器的设定值和数据寄存器的数据，也可以用来作监控装置，有的显示字符，有的可以显示画面。

　　FX 还有输出电流分别为 1A 和 2A 的 DC24V 电源组件，输入电压为 AC220V，可装在 DIN 导轨上，作为晶体管输出模块的外部电源，或接近开关、光电开关等传感器的电源。

　　5. 功能强，使用方便

　　FX 系列的体积虽小，却具有很强的功能。它可以捕捉脉宽大于 75μs 的窄脉冲，内置高速计算器，有输入/输出刷新、中断、输入滤波时间调整、恒定扫描时间等功能，有高速计数器的专用比较指令。使用脉冲列输出功能，可直接控制步进电动机或伺服电动机。脉冲宽度调制功能可用于温度控制或照明灯的调光控制。关键字登录功能可以用来对存储器设置 3 级保护，以防止别人对用户程序的误改写或盗用，保护设计者的知识产权。用三菱公司 A 系列可编程序控制器图形编程器的编程软件，FX 系列还可以直接使用顺序功能图编程语言。

　　FX1S 和 FX0N 系列可编程序控制器使用 E^{2}PROM，不需要定期更换锂电池，成为几乎不需要维护的电子控制装置；FX2N 系列使用带后备电池的 RAM。若采用可选的存储器扩充卡盒，FX2N 的用户存储器容量可扩充到 16KB，可选用 RAM/EPROM 和 E^{2}PROM。

　　FX1S 和 FX0N 系列可编程序控制器内部分别带有 1 点和 2 点模拟定时器，FX2N 系列可选用有 8 点模拟设定功能的功能扩展板，可以用螺丝刀来调节设定值。

4.2 三菱 PLC 的编程元件

继电接触器控制系统运用各种具体的电器元件，通过它们的连线来实现逻辑控制功能，而可编程序控制器是通过运行用户程序来实现各种控制功能。相仿继电接触器控制系统，可编程序控制器的程序设计中有许多逻辑器件和运算器件，实质是由内存储器各编程单元中的程序组成。从编程的角度出发，我们可以不管它们具体的物理实现，仅仅关心它们的功能，称之为编程元件。按功能不同给每一种元件起个名称，如输入(出)继电器、辅助继电器、计数器、定时器等。同类元件不同部分在内存储器中有具体的编号位置，以便区分。下面以 FX2N 系列可编程序控制器为例，介绍编程元件的名称、用途及使用方法。

4.2.1 输入继电器(X)与输出继电器(Y)

1. 输入继电器（X）

输入继电器(X)是 PLC 接收外部输入开关信号的窗口。PLC 将外部信号的状态通过对应的输入端子读入并存储在输入映像寄存器内，即输入继电器中，外部输入电路接通时对应的映像寄存器为 ON（"1"状态），表示该继电器的常开触点闭合，同时提供无数的常开和常闭软触点用于编程。

输入继电器的状态唯一地取决于外部开关输入信号，不可能受 PLC 的用户程序控制，因此，在可编程序控制器的编程中不能出现输入继电器的线圈（也是唯一不设线圈的继电器）。

FX2N 系列可编程序控制器的输入继电器采用八进制编码，基本单元输入继电器最大范围为 X0～X77 共 64 点，扩展后系统可达 X0～X267 共 184 点。

2. 输出继电器（Y）

输出继电器的作用是 PLC 向外部负载发送信号的窗口。输出继电器用来将可编程序控制器的输出信号传送给输出模块，每一输出继电器具有一个常开硬触点与 PLC 的一个相连直接驱动负载，同时也提供了无数常开和常闭软触点用于编程。

FX2N 系列可编程序控制器的输出继电器也采用八进制编码，基本单元输出继电器最大范围为 Y0～Y77 共 64 点，扩展后系统可达 Y0～Y267 共 184 点。表 4-3 所示为 FX2N 系列 PLC 的输入/输出继电器的元件号。

表 4-3　　　　　　　　　　FX2N 系列 PLC 的输入/输出继电器元件号

型号	FX2N—16M	FX2N—16M	FX2N—48M	FX2N—64M	FX2N—80M	FX2N—138M	扩展时
输入	X0～X7 共 8 点	X0～X17 共 16 点	X0～X27 共 24 点	X0～X37 共 32 点	X0～X47 共 40 点	X0～X77 共 64 点	X0～X267 共 184 点
输出	Y0～Y7 共 8 点	Y0～Y17 共 16 点	Y0～Y27 共 24 点	Y0～Y37 共 32 点	Y0～Y47 共 40 点	Y0～Y77 共 64 点	Y0～Y267 共 184 点

输出继电器在梯形图编程中有以下特点：因为它的"0/1"状态（相当于继电器中的"通电/断电"）只能由用户程序决定，而不能受外部信号控制，同时它也能够影响其他编程元件的状态，所以在编程中既出现其触点也能出现线圈。

4.2.2 辅助继电器（M）

PLC 内部有很多辅助继电器，辅助继电器和 PLC 外部无任何直接联系，它的线圈只能由

PLC 内部程序控制，它的常开和常闭两种触点只能在 PLC 内部编程时使用，且可以无限次自由使用，但不能直接驱动外部负载。

辅助继电器 M 是用软件来实现的，用于状态暂存、移位辅助运算及赋予特殊功能的一类编程元件。FX2N 系列可编程序控制器的辅助继电器有通用辅助继电器、断电保持辅助继电器和特殊辅助继电器。

在 FX2N 系列可编程序控制器中，除了输入继电器和输出继电器的元件号采用八进制以外，其他编程元件的元件号均采用十进制。

1. 通用辅助继电器

FX2N 的辅助继电器的元件编号为 M0～M499，共 500 点。如果 PLC 运行时电源突然中断，输出继电器和 M0～M499 将全部变为 OFF。若电源再次接通，除了因外部输入信号而变为 ON 的以外，其余的仍保持 OFF 状态。

2. 断电保持辅助继电器 M500～M3071

FX2N 系列 PLC 在运行中若发生断电，输出继电器和通用辅助继电器全部成为断开状态，上电后，这些状态不能恢复。某些控制系统要求记忆电源中断瞬时的状态，重新通电后再现状态，M500～M3071 辅助继电器可以用于这种场合。

3. 特殊辅助继电器

FX2N 内有 256 个特殊辅助继电器，地址编号为 M8000～M8255，它们用来表示 PLC 的某些状态，提供时钟脉冲和标志（如进位、借位标志等），设定 PLC 的运行方式，或者用于步进顺控、禁止中断、设定计数器的计数方式等。特殊辅助继电器通常分为以下两大类。

（1）触点利用型特殊辅助继电器。

此类辅助继电器的线圈由 PLC 的系统程序来驱动。在用户程序中可直接使用其触点，最常用的有以下几个。

M8000：运行监视特殊辅助继电器，可编程序控制器处于 RUN 状态时，M8000 为 ON，停止运行时，M8000 为 OFF。

M8002：初始化脉冲特殊辅助继电器，仅在可编程序控制器运行开始的第一周期瞬间产生一个脉宽为扫描周期的脉冲，可以用于某些元件的复位和清零，也可作为启动条件。

M8005：锂电池电压降低警示特殊辅助继电器，当锂电池下降至规定值时，它的触点接通可编程序控制器面板上的指示灯，提示工程技术人员更换电池。

M8011～M8014 特殊辅助继电器分别提供 10ms、100ms、1s 和 1min 的时钟脉冲，可用于延时的扩展等。

（2）线圈驱动型特殊辅助继电器。

这类辅助继电器由用户程序驱动其线圈，使 PLC 执行特定的操作。

M8030 特殊辅助继电器，其线圈驱动时，使锂电池欠电压指示灯熄灭。

M8033 特殊辅助继电器，其线圈驱动时，PLC 由 RUN 进入 STOP 状态后，映像寄存器与数据寄存器中的内容保持不变。

M8034 特殊辅助继电器，其线圈驱动时，全部输出被禁止。

M8039 特殊辅助继电器，其线圈驱动时，可使可编程序控制器以 D8039 中指定的扫描时间工作。

其余的特殊辅助继电器的功能在这儿就不一一列举，读者可查询 FX2N 的用户手册。

4.2.3 状态继电器（S）

状态继电器 S 是用于编制顺序控制程序的一种编程元件，它与步进指令配合使用。当不对状态继电器 S 使用步进指令时，其作用相当于普通辅助继电器 M。通常状态继电器有下面 5 种类型。

（1）初始状态继电器 S0～S9 共 10 点。

（2）回零状态继电器 S10～S19 共 10 点，供返回原点用。

（3）通用状态继电器 S20～S409 共 480 点，没有断电保持功能，但是用程序可以将它们设定为有断电保持功能状态。

（4）断电保持状态继电器 S500～S899 共 400 点。

（5）报警用状态继电器 S900～S999 共 100 点，可用于外部故障诊断的输出。

4.2.4 定时器（T）

可编程序控制器中的定时器 T 相当于继电接触器控制系统中的通电延时型时间继电器。

定时器 T 有一个设定值寄存器、一个当前值寄存器和一个用来存储"0/1"状态的元件映像寄存器，这 3 个存储单元使用同一个元件号。可编程序控制器内部定时器是根据时钟脉冲累计计时的，不同类型的定时器有不同脉宽的时钟脉冲，反映了定时器的定时精度。计时时钟脉冲有 0.001s、0.01s、0.1s 3 种。定时器可以用用户程序存储器的常数 K 作为设定值，也可以用数据寄存器（D）的内容作为设定值，它们都存放在设定值寄存器中。应该注意的是，它们实质上设置的是定时器所应计的时钟脉冲的个数，所以定时器所定时间应为设定值与此定时器计时时钟脉冲的周期之积。计时条件满足后，当前值计数器从零开始，对时钟脉冲进行累加计数，在当前值等于设定值时，对应的元件映像寄存器为"1"，对应的常开触点闭合，常闭触点断开。

1. 常规定时器 T0～T245

T0～T199 为 100ms 定时器，共 200 点，定时时间范围为 0.1～3276.7s。其中 T192～T199 为子程序中断服务程序专用的定时器；T200～T245 为 10ms 定时器，共 46 点，定时范围为 0.01～327.67s。

常规定时器如果没有保持功能，在输入电路断开或停电时复位（清零）。

2. 积算定时器 T246～T255

积算定时器有两种，一种是 T246～T249（共 4 点）为 1ms 积算定时器，定时范围为 0.001～32.767s；另一种是 T250～T255（共 6 点）为 100ms 积算定时器，每点设定值范围为 0.1～3276.7s。

积算定时器的特点是设定时间以计时条件满足时间的累加为定时时间。也就是说，在计时过程中，如果计时条件由满足变为不满足，则当前值并不恢复为零，而是保持原当前值不变，下一次计时条件满足时，当前值在原有值的基础上继续累计增加，直到与设定值相等，当前值只有在复位指令有效时才变为零，且复位信号优先。

4.2.5 计数器（C）

计数器是可编程序控制器内部不可缺少的重要软元件，主要用来记录脉冲的个数。按所计脉冲的来源可将计数器分为内部信号计数器和高速计数器。

1. 内部信号计数器

可编程序控制器在执行扫描操作时，对内部编程器件的通断状态进行计数的计数器称为内部信号计数器。为避免漏计数的发生，被计信号的接通和断开时间应该大于可编程序控制器的扫描时间。内部信号计数器根据当前值和设定值所存放的数据寄存器位数以及计数器的方向又分为以下两种类型。

（1）16 位加计数器。C0~C99 共 100 点为无断电保持计数器，C100~C199 共 100 点为断电保持计数器。它们的计数器设定值可用常数 K 设定，范围为 1~32767，也可以通过数据寄存器 D 设定。图 4-2 所示为 16 位加计数器的工作过程。

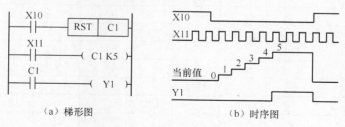

（a）梯形图　　　　　　　　　（b）时序图

图 4-2　16 位加计数器的工作过程

（2）32 位双向计数器。C200~C219 共 20 点为无断电保持计数器；C220~C234 共 15 点为断电保持计数器（可累计计数）。它们计数设定值可用常数 K 设定，范围为 -2147483648~+2147483647，也可以通过数据寄存器 D 设定，32 位设定值存放在元件号相连的两个数据寄存器中。比如说指定的 D0，那么设定值存放在 D1 和 D0 中。计数方向由特殊辅助继电器 M8200~M8234 设定。对应 32 位双向计数器 C□□□，当 M8□□□接通时为减计数器，断开时为加计数器。

32 位双向计数器编程及执行波形图如图 4-3 所示。X10 为计数器方向设定信号，X11 为计数器复位信号，X12 为计数器输入信号。C210 的设定值为 5，在加计数时，如果计数器的当前值由 4→5 时，计数器 C210 的常开触点接通，Y1 有输出；当前值大于 5 时，C210 常开触点仍接通。在减计数时，如果计数器的当前值由 5→4 时，计数器 C210 的常开触点断开，Y1 停止输出；当前值小于 4 时，C210 的常开触点仍断开。X11 常开触点接通时，C210 被复位，当前值被置为 0。如果双向计数器从 +2147483647 起在进行加计数，当前值就变为 -2147483647；同理，从 -2147483647 再减，当前值就变成 +2147483647，这称为循环计数。

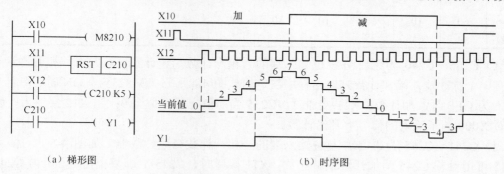

（a）梯形图　　　　　　　　　　　（b）时序图

图 4-3　32 位双向计数器的工作过程

2. 高速计数器

高速计数器又叫中断计数器，它的计数不受扫描周期的影响，但最高计数频率受输入响应速度和全部高速计数器处理速度这两个因素限制，后者影响更大，因此，高速计数器用得越少，计数频率就越高。计数信号来自可编程序控制器的外部。

各种高速计数器均为 32 位双向计数器，表 4-4 所示为各种高速计数器对应的输入端子的元件号，表中 U 为加输入，D 为减输入，R 为复位输入，S 为启动输入，A、B 分别为 A、B 相输入。高速计数器共 21 点分为如下 4 种类型。

表 4-4 高速计数器

中断输入	一相一计数输入（无 S/R）						一相一计数输入（有 S/R）				
	C235	C236	C237	C238	C239	C240	C241	C242	C243	C244	C245
X000	U/D						U/D			U/D	
X001		U/D					R			R	
X002			U/D					U/D			U/D
X003				U/D				R			R
X004					U/D				U/D		
X005						U/D			R		
X006										S	
X007											S
最高频率(kHz)	60	60	10	10	10	10	10	10	10	10	10

中断输入	一相双向计数输入					两相双向计数输入				
	C246	C247	C248	C249	C250	C251	C252	C253	C254	C255
X000	U	U		U		A	A		A	
X001	D	D		D		B	B		B	
X002		R		R			R		R	
X003			U		U			A		A
X004			D		D			B		B
X005			R		R			R		R
X006				S					S	
X007					S					S
最高频率(kHz)	60	10	10	10	10	30	5	5	5	5

（1）C235～C240 为无启动/复位输入端的一相一计数高速计数器。它对一相脉冲计数，故只有一个脉冲输入端，计数方向由程序决定。如图 4-4 所示，M8235 为 ON 时，减计数；M8235 为 OFF 时，加计数；X11 接通时，C235 当前值立即复位至 0；当 X12 接通后，C235 开始对 X000 端子输入的信号上升沿计数。

（2）C241～C245 为带启动/复位输入端的一相一计数高速计数器。如图 4-5 所示，利用 M8245 可用设置 C245 为加计数或减计数；X11 接通时，C245 立即复位至 0，因为 C245 带有复位输入端，故也可以通过外部输入端 X003 复位；又因为 C245 带有启动输入端 X007，所以需不仅 X12 为 ON，并且 X007 也为 ON 的情况下开始计数，计数输入端为 X002，设定值由数据寄存器 D0 和 D1 的内容来指定。

（3）C246～C250 为一相双向计数的高速计数器。这种计数器固定可编程序控制器的一个输入端用于加计数，固定可编程序控制器的另一个输入端用于减计数，其中几个计数器还有启动端和复位端。在图 4-6（a）中，X10 接通后 C246 像一般 32 位计数器一样复位；X10 断开、X11 接通情况下，如果输入脉冲信号从 X000 输入端输入，当 X000 从 OFF→ON 时，C246 当前值加 1；反之，如果输入脉冲信号从 X001 输入端输入，当 X001 从 OFF→ON 时，

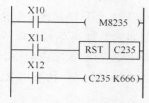

图 4-4　一相无 S/R 高速计数器

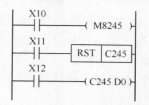

图 4-5　一相带 S/R 高速计数器

C246 当前值减 1。在图 4-6（b）中，X005 接通计数器复位；X005 断开情况下，X007、X11 全接通后，C250 对 X003 输入端输入的上升沿加计数，对 X004 输入端输入的上升沿减计数。C246～C250 的计数方向可以由监视相应的特殊辅助继电器 M8□□□ 状态得到（可以由 M8 □□□ 的常开触点控制某 Y△△△ 实现）。

　　（4）C251～C255 为两相（A－B 相型）双计数输入高速计数器。这种计数器的计数方向由 A 相脉冲信号与 B 相脉冲信号的相位关系决定。在 A 相输入接通期间，如果 B 相输入由断开变为接通，则计数器为加计数；反之，A 相输入接通期间，如果 B 相输入由接通变为断开，则计数器为减计数（见图 4-7）。

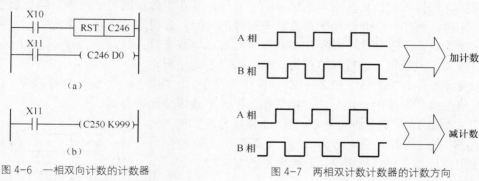

图 4-6　一相双向计数的计数器　　　　　图 4-7　两相双计数计数器的计数方向

　　图 4-8 中 X013 为 ON 且 X007 也为 ON，C255 通过中断对 X003 输入的 A 相信号和 X004 输入的 B 相信号的上升沿计数。X012 或 X005 为 ON 时 C255 被复位。当前值大于等于设定值时，Y00 接通。Y004 为 ON 时，减计数；Y00 为 OFF 时，加计数。我们可以在电动机的选择轴上安装 A－B 相型的旋转编码器，程序中使用 C251～C255 两相双计数输入计数器，从而实现旋转轴正向转动时自动加计数，反向转动时减计数。

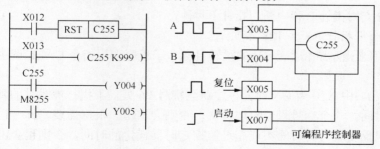

图 4-8　带外启动/复位的两相双输入高速计数器

4.2.6　数据寄存器（D）

可编程控制器在模拟量检测与控制以及位置控制等许多场合都需要数据寄存器来存储数

据和参数。每个数据寄存器都为 16 位，最高位为符号位，两个数据寄存器串联起来可存放 32 位数据，最高位仍为符号位。FX2N 系列可编程控制器的数据寄存器有以下几种。

（1）通用数据寄存器 D0～D199（共 200 点）。可编程控制器状态由运行转到停止时，这类数据寄存器全部清零。但当特殊辅助继电器 M8033 为 ON 情况下，状态由 RUN→STOP 时，这类数据寄存器中的内容可以保持。

（2）断电保持数据寄存器 D200～D7999（共 7800 点）。数据寄存器 D200～D511（共 312 点）中的数据在可编程序控制器停止状态或断电情况都可以保持。通过改变外部设备的参数设定，可以改变通用数据寄存器与此类数据寄存器的分配。其中 D490～D509 用于两台可编程控制器之间的点对点通信。D512～D7999 的断电保持功能不能用软件改变，可以用 RST、ZRST 或 FMOV 将断电保持数据寄存器复位。

以 500 点为单位，可将 D1000～D7999 设为文件寄存器，用于存储大量的数据，如多组控制参数、统计计算数据等。文件寄存器占用用户程序存储器的某一存储区间，参数设置时，可以用编程软件来设定或修改，然后传送到可编程控制器中。

（3）特殊数据寄存器 D8000～D8255（共 256 点）。它用来监控可编程控制器的运行状态，如电池电压、扫描时间、正在动作的状态的编号等，其在电源接通时被清零，随后被系统程序写入初始值。例如，D8000 用来存放监视时钟的时间，此时间是由系统设定的，也可以使用传送指令 MOV 将目的时间送给 D8000 对其内容加以改变。可编程控制器转入停止状态时，此值不会改变。未经定义的特殊数据寄存器，用户不能使用。

（4）变址寄存器 V0～V7 和 Z0～Z7。在传送指令、比较指令中，变址寄存器 V、Z 中的内容用来修改操作对象的元件号，在循环程序中经常使用变址寄存器。

V 和 Z 都是 16 位的数据寄存器，在 32 位操作时，可以将 V、Z 串联使用并且规定 Z 为低位，V 为高位。32 位指令中使用变址指令仅需指定 Z，Z 就代表了 V 和 Z，因为 32 位指令中 V、Z 自动配对使用。

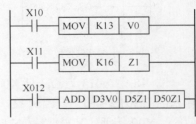

图 4-9 中常开触点接通时，13→V0，16→Z1，从而 D3V0=D16，D5Z1=D21，D50Z1=D66，因此 ADD 指令完成的运算为（D16）＋（D21）→（D66）。

图 4-9　编址寄存器的使用

4.2.7　指针

指针包括分支用指针 P 和中断用指针 I 两种。

1. 分支指令用指针 P（共 128 点）

P0～P127 用来指示跳转指令 CJ 的跳转目标和子程序调用指令 CALL 调用的子程序入口地址。

当图 4-10（a）中 X10 为 ON 时，程序跳到标号 P6 处，不执行被跳过的那部分指令，从而减少了扫描时间。一个标号只能出现一次，否则会出错。根据需要，标号也可以出现在跳转指令之前，但反复跳转的时间不能超过监控定时器设定的时间，否则也会出错。

当图 4-10（b）中 X16 为 ON 时，程序跳转到标号 P9 处，执行从 P9 开始的子程序，执行到子程序返回指令 SRET 时返回到主程序中 CALL P9 下面一条指令。标号应写在主程序结束指令 FEND 之后，同一标号只能出现一次。跳转指令用过的标号不能再用。不同位置的子程序调用指令可以调用同一标号的子程序。

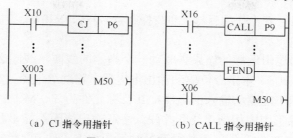

（a）CJ 指令用指针 　　　　（b）CALL 指令用指针

图 4-10　分支指令用指针

2. 中断用指针 I（共 15 点）

可编程控制器在执行程序过程中，任何时刻只要符合中断条件，就停止正在进行的程序转而去执行中断程序，执行到中断返回指令 IRET 时返回到原来的中断点。这个过程和计算机中用到的中断是一致的。中断用指针用来指明某一中断源的中断程序入口标号。FX2N 系列有以下 3 种中断方式。

（1）输入中断。FX2N 系列具有 6 个与 X0～X5 对应的中断输入点，用来接收特定的输入地址号的输入信号，马上执行对应的中断服务程序，因为不受扫描工作方式的影响，因此能够使可编程控制器迅速响应特定的外部输入信号。输入中断指针为 I□0□，最低位为 0，表示下降沿中断；最低位为 1，表示上升沿中断。最高位与 X0～X5 的元件号相对应。例如，I301 为输入 X3 从 OFF→ON 变化时，执行该指针作为标号后面的中断程序，执行到 IRET 时返回主程序。

（2）定时器中断。FX2N 系列具有 3 点定时器中断，能够使可编程控制器以指定的周期定时执行中断程序，定时处理某些任务，时间不受扫描周期的限制。

3 点定时器中断指针为 I6□□、I7□□、I8□□，低两位是定时时间，范围为 10～99ms。例如，I866 即为每隔 66ms 就执行该指针作为标号后面的中断程序，执行到 IRET 时返回主程序。

（3）计数器中断。FX2N 系列具有 6 点计数器中断，用于可编程控制器的高速计数器，根据当前值与设定值的关系确定是否执行相应的中断服务子程序。6 点计数器中断指针为 I010～I060，与高速计数器比较置位指令 HSCS 成对使用。

4.3　三菱 PLC 的基本指令

PLC 是在工程控制中最简单的计算机，所以能够迅速推广的优点之一就是编程简单。梯形图的编程虽然比较直观，但是指挥 PLC 运行的机器语言的中间过程便是基本指令。基本逻辑指令是 PLC 中最基础的编程语言，掌握了基本逻辑指令也就初步掌握了 PLC 的使用方法。而且在手头只有简易编程器时，必须将梯形图转换成助记符指令表后，才能写入可编程序控制器。

各种牌号 PLC 的梯形图编程的图形形式大同小异，其指令系统的内容也大致一样，但表现形式稍有不同。熟悉了三菱 PLC 的基本编程指令，举一反三，便有助于学习其他牌号的可编程序控制器。

下面以三菱 FX2N 为例介绍 PLC 的基本逻辑指令。三菱 FX2N 系列 PLC 共有 27 条基本逻辑指令，运用这些指令便能编制可编程序控制器控制系统的任何用户程序。

4.3.1　输入／输出指令和结束指令

1. LD（Load）取指令

常开触点或常闭触点与左母线连接指令，也可在分支开始处使用，与后述的块操作指令

ANB 或 ORB 配合使用。其操作的目标元件 (操作数)为 X、Y、M、T、C、S。

2. OUT（Out）输出指令

线圈驱动指令，用逻辑运算的结果去驱动一个指定的线圈，线圈必须与右母线相连（程序中右母线可以省略不画）。本指令可驱动输出继电器、辅助继电器、定时器、计数器、状态继电器和功能指令，但不能驱动输入继电器；其目标元件为 Y、M、T、C、S 和功能指令线圈 F;可并行输出，在梯形图中相当于线圈并联。注意输出线圈不能串联使用。对定时器、计数器的输出，除使用 OUT 指令外，还必须设置时间常数 K，或指定数据寄存器的地址，时间常数 K 要占用一步。

3. END（End）结束指令

程序结束并返回程序开始处。END 不针对任何元件；END 指令设置所在步序之前的程序 PLC 运行，后面的程序不执行，因此，END 指令还可以用来调试 PLC 程序。

【例 4-1】 把如图 4-11 所示的点动控制梯形图和指令表形式列出，并输入 PLC 进行运行。

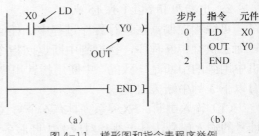

图 4-11 梯形图和指令表程序举例

 按照梯形图转换成指令表程序的方法，按自上而下、自左至右依次进行编程。

例题说明：

上面程序可用作电动机的点动控制。当按下按钮时，X0 接通，线圈 Y0 得电吸合，电机转动。当松开按钮时，按钮 X0 断开，线圈 Y0 断电复位，电机停转。程序的执行过程是:程序从第 0 步指令开始执行,扫描 PLC 的输入点的状态并存储到 PLC 的输入映像寄存器中，然后进行逻辑运算 (执行程序),将运算的结果存到输出映像寄存器中，最后统一输出，到最后一步指令 END 结束后,又返回到第 0 步程序处。执行过程可参考控制示意图（见图 4-12）和时序图（见图 4-13）。

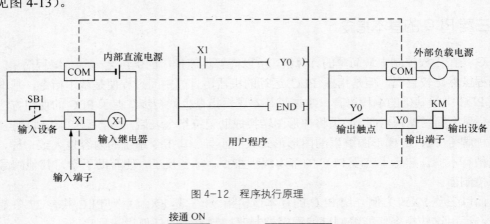

图 4-12 程序执行原理

图 4-13 时序图

4. LDI（Load Inverse）取反指令

常闭触点与母线连接指令，也可在分支开始处使用，与后述的块操作指令 ANB 或 ORB 配合使用。其操作的目标元件为 X、Y、M、T、C、S。指令用法参考程序（见图 4-14）和时序图（见图 4-15）。

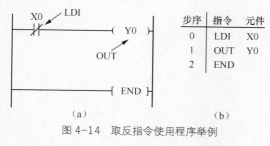

图 4-14　取反指令使用程序举例

图 4-15　取反指令使用时序图

4.3.2　触点串联指令和触点并联指令

1. AND（And）与指令

使继电器的常开触点与其他继电器的触点串联。串联接点的数量不限，重复使用指令的次数不限。操作的目标元件为 X、Y、M、T、C、S。

2. ANI（And Inverse）与非指令

使继电器的常闭触点与其他继电器的触点串联。它的使用与 AND 指令相同。

AND 和 ANI 指令的用法如图 4-16 所示。

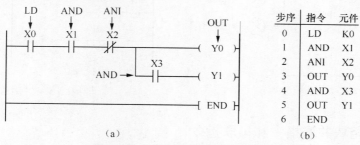

图 4-16　与指令和与非指令程序举例

3. OR（Or）或指令

并联单个常开触点，将 OR 指令后的操作元件从此位置一直并联到离此条指令最近的 LD 或 LDI 指令上，并联的数量不受限制。若要将两个以上的接点串联而成的电路块并联，要用到后述的 ORB 指令。

4. ORI（Or Inverse）或非指令

并联单个常闭触点，它的使用与 OR 指令相同。

OR 和 ORI 指令的用法如图 4-17 所示。

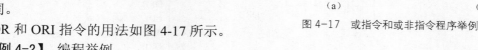

图 4-17　或指令和或非指令程序举例

【例 4-2】 编程举例。

（1）控制要求。

按下按钮 SB1 后，小灯 L1 亮，松开按钮，小灯灭。按下按钮 SB2 后，小灯 L2 长亮，按下按钮 SB3 后，小灯 L2 灭。

（2）方法与步骤。

列出 I/O 分配表和 I/O 外部接线图。

① I/O 分配表。

输入信号：SB1   X0

     SB2   X1

     SB3   X2

输出信号：L1   Y0

     L2   Y1

② I/O 外部接线图（见图 4-18）。

（3）分析并编制程序。

① 使 Y0 输出的信号：X0

② 使 Y1 输出的信号：X1

③ 使 Y1 停止输出的信号：X2

据此编制的梯形图程序和指令表程序如图 4-19 所示。

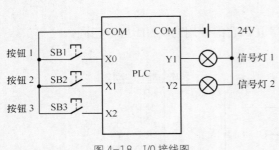

图 4-18 I/O 接线图

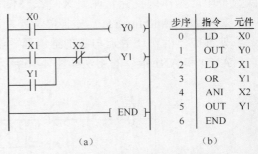

图 4-19 梯形图程序和指令表程序

4.3.3 电路块并联指令和串联指令

1. ORB（Or Block）电路块并联指令

并联的电路块的最小组合是由两个触点串联组成。分支的电路块开始是由 LD 或 LDI 指令引导，分支电路块的结尾用 ORB 指令。因此，ORB 指令不针对单个元件。ORB 指令的使用如图 4-20 所示。

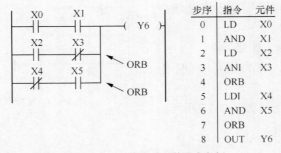

图 4-20 ORB 指令使用的程序举例

注意
① 对每一电路块使用 ORB 指令（参见图 4-20 中的助记符程序），则并联电路块无限制。

② ORB 指令也可以连续使用，但这样用时，重复使用 LD、LDI 指令的次数限制在 8 次以下。这一点要注意。

2. ANB（And Block）电路块串联指令

串联的电路块的最小组合是由两个触点并联组成。分支的电路块开始是由 LD 或 LDI 指令引导，分支电路块的结尾用 ANB 指令。因此，ANB 指令不针对单个元件。ANB 指令的使用如图 4-21 所示。

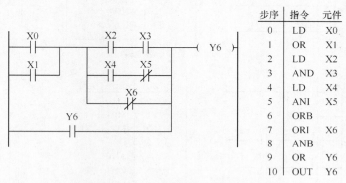

图 4-21　ANB 指令使用的程序举例

注意
① 串联电路块使用 ANB 指令（参见图 4-21 中的助记符程序），则 ANB 使用无限制。

② 虽然也可以连续使用 ANB 指令，但这样用时同 ORB 指令，重复使用 LD、LDI 指令的次数限制在 8 次以下。

4.3.4　栈操作指令

这组指令可将连接点先存储，因此可用于连接后面的电路。

PLC 中有 11 个存储运算中间结果的存储器，被称为栈存储器。

1. MPS（Push）进栈指令

使用一次 MPS 指令，该时刻的运算结果就进入栈的第一层。再次使用 MPS 指令时，当时的运算结果就进入栈的第一层，先进入的数据依次向栈的下一层进移。

2. MRD（Read）读栈指令

MRD 是最上层所存的最新数据的读出专用指令。栈内的数据不发生下压或上托。

3. MPP（Pop）出栈指令

使用 MPP 指令，各数据依次向上层托移。最上层的数据在读出后就从栈内消失。

这些指令都是没有操作元件号的指令。

① 简单一层栈编程如图 4-22 所示。

② 一层栈和 ANB、ORB 指令配合编程如图 4-23 所示。

③ 二层栈编程如图 4-24 所示。

④ 四层栈编程如图 4-25 所示。

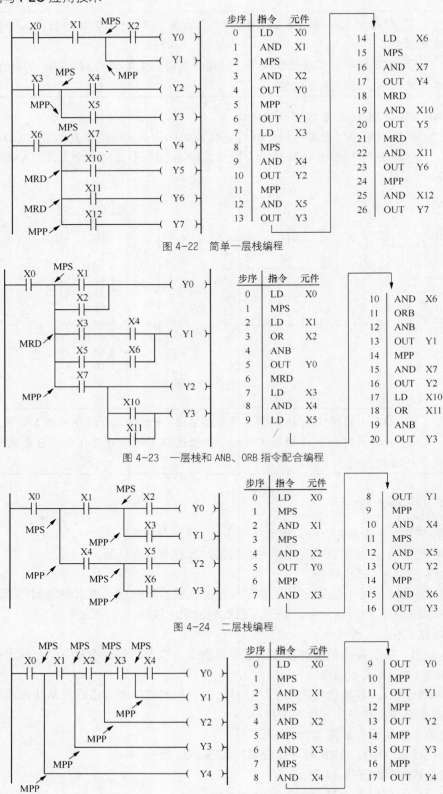

图 4-22 简单一层栈编程

图 4-23 一层栈和 ANB、ORB 指令配合编程

图 4-24 二层栈编程

图 4-25 四层栈编程

4.3.5　主控指令和主控复位指令

应注意的是，用编程软件生成梯形图程序后，如果在每个线圈的控制电路中都串入同样的触点，将占用很多存储单元，使用主控指令就可以解决这一问题。

1. MC（Master Control）主控开始指令

或称公共触点串联连接指令，用于表示主控区的开始。执行 MC 指令后，相当于将左母线移到主控触点的后面，另外开辟分支母线。主控触点是控制一组电路（子程序）的总开关。主控触点只有常开触点，与主控触点相连的普通常开或常闭触点，必须用 LD/LDI 指令。MC 指令的操作元件由两部分组成，一部分是 MC 使用的嵌套（MC 指令内再使用 MC 指令）层数（N0～N7），另一部分是具体操作元件（M 或 Y）。在没有嵌套结构的情况下，一般使用 N0 编程，N0 的使用次数没有限制。

2. MCR（Master Control Reset）主控复位指令

主控指令 MC 的复位指令，其作用是使分支母线回到原来的位置，它的操作元件只有 N0～N7，但一定要和 MC 指令中嵌套层数相一致。它与 MC 必须成对使用，也就是说 MC 指令之后一定要用 MCR 指令来返回母线。

使用 MC/MCR 指令的例子如图 4-26 所示。图中 X3 常开触点接通时，执行从 MC 到 MCR 的指令。所示梯形图中的主控触点及主控复位的表达形式为三菱公司 FXGP_WIN_C 编程软件所提供的画法。

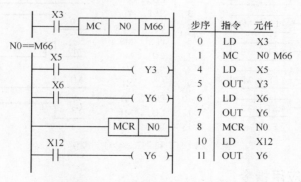

图 4-26　无嵌套时 MC/MCR 指令应用

4.3.6　脉冲输出指令

1. PLS（Pulse）上升沿微分脉冲输出指令

2. PLF（Pulse Fal）下降沿微分脉冲输出指令

PLS/PLF 指令的操作元件为 Y 或 M，特殊辅助继电器除外。当检测到输入信号的上升沿（对应于 PLS）或下降沿（对应于 PLF）时，被操作的元件产生一个脉宽为一个扫描周期的脉冲输出信号。PLS/PLF 指令只有在检测到触点的状态发生变化时才有效，如果触点一直是闭合或者断开，PLS 和 PLF 指令是无效的，即指令只对触发信号的上升沿和下降沿有效。PLS 和 PLF 指令无使用次数的限制。

PLS/PLF 指令使用的举例如图 4-27 所示。M0 仅在 X0 的常开触点由断开变为接通（即 X0 的上升沿）时的一个扫描周期内为 ON；M1 仅在 X0 的常开触点由接通变为断开（即 X0 的下降沿）时的一个扫描周期内为 ON。

图 4-27 PLS 和 PLF 指令的使用举例

4.3.7 置位与复位指令

1. SET（Set）置位指令

SET 指令能够操作的元件为 Y、M、S，使元件的状态为 ON 并保持。

2. RST（Reset）复位指令

RST 指令能够操作的元件为 Y、M、S、T、C，使位元件的状态为 OFF，使字元件数据接触器 D、变址寄存器 V 和 Z 的内容清零，还可以用来复位积算定时器和计数器。

对同一元件可多次使用 SET 和 RST 指令，前后顺序根据用户需要可随意放置，但最后执行的一条指令才有效，SET 和 RST 指令的使用如图 4-28 所示。

图 4-28 SET 和 RST 指令使用举例

4.3.8 脉冲沿应用指令

1. LDP（取）脉冲上升沿应用指令

2. ANP（与）脉冲上升沿应用指令

3. ORP（或）脉冲上升沿应用指令

被检测触点的中间有一个向上的箭头，对应的输出触点仅在指定位元件的上升沿（即由 OFF 变为 ON）时接通一个扫描周期。

4. LDF（取）脉冲下降沿应用指令

5. ANF（与）脉冲下降沿应用指令

6. ORF（或）脉冲下降沿应用指令

被检测触点的中间有一个向下的箭头，对应的输出触点仅在指定位元件的下降沿（即由 ON 变为 OFF）时接通一个扫描周期。

上述指令的操作元件为 X、Y、M、S、T、C。指令的使用如图 4-29 所示，在 X0 上升沿或 X1 下降沿，Y0 接通一个扫描周期，M6 接通情况下，T9 由 OFF→ON 时 M0 接通一个周期。

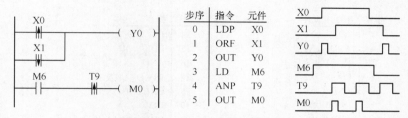

图 4-29 边沿检测触点指令应用举例

4.3.9 取反指令和空操作指令

1. INV（Inverse）取反指令

INV 指令的功能是将该指令处的逻辑运算结果取反。表现形式是在梯形图的横档线中用一条 45°的短斜线表示 INV 指令。它将执行该指令之前的逻辑运算结果取反，即运算结果如为逻辑 0 将它变为逻辑 1，运算结果如为逻辑 1 将它变为逻辑 0。

INV 指令使用举例如图 4-30 所示，如果 X0 和 X1 同时为 ON，INV 指令之前的逻辑运算结果为 ON，INV 指令对 ON 取反，则 Y0 为 OFF；如果 X0 和 X1 不同时为 ON，INV 指令之前的逻辑运算结果为 OFF，INV 指令对 OFF 取反，则 Y0 为 ON。

步序	指令	元件
0	LD	X0
1	AND	X1
2	INV	
3	OUT	Y0

图 4-30 INV 指令使用举例

需要注意一点，编写 INV 取反指令，需前面有输入量，INV 不能直接与母线相连，也不能像 OR、ORI、ORP、ORF 指令单独并联使用。在含有较复杂电路编程时，如有块"与"（ANB）、块"或"（ORB）电路中，INV 取反指令功能，是仅对以 LD、LDI、LDP、LDF 开始到其本身（INV）之前的运算结果取"反"。如图 4-31 所示，在用 ORB、ANB 指令编写程序时，INV 取反指令是把各自的 INV 指令位置前所遇到的 LD（或 LDI、LDP、LDF）开始的程序作为 INV 取"反"的对象。

2. NOP（Non Processing）空操作指令

NOP 指令的作用是指定某步序的内容为空。灵活运用 NOP 指令可以起到短接触点和删除触点的作用，具体用法如图 4-32 和图 4-33 所示。

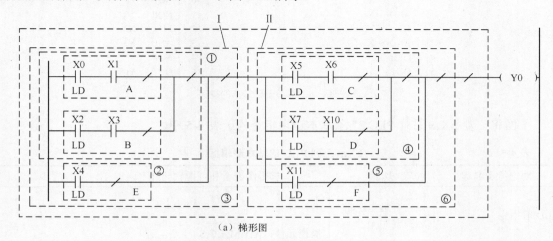

（a）梯形图

图 4-31 INV 指令编程范围

步序	指令	元件
0	LD	X0 ⎫ A 块
1	AND	X1 ⎭
2	INV A 块取反	
3	LD	X2 ⎫ B 块
4	AND	X3 ⎭
5	INV B 块取反	
6	ORB $\overline{A}+\overline{B}$	
7	INV	
8	LDI	X4 E 块
9	INV	
10	ORB ① 和 ② 相或	
11	INV	
12	LD	X5 ⎫ C 块
13	ANI	X6 ⎭

步序	指令	元件
14	INV C 块取反	
15	LDI	X7 ⎫ D 块
16	AND	X10 ⎭
17	INV D 块取反	
18	ORB $\overline{C}+\overline{D}$	
19	INV	
20	LD	X11 F 块
21	INV	
22	ORB ④ + ⑤	
23	ANB	
24	INV Ⅰ、Ⅱ 块相与再取反	
25	OUT	Y0

（b）指令表

图 4-31 INV 指令编程范围（续）

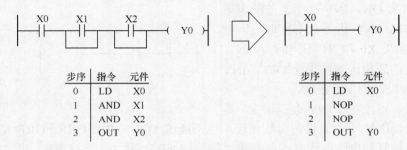

步序	指令	元件
0	LD	X0
1	AND	X1
2	AND	X2
3	OUT	Y0

步序	指令	元件
0	LD	X0
1	NOP	
2	NOP	
3	OUT	Y0

图 4-32 NOP 指令短接触点的举例

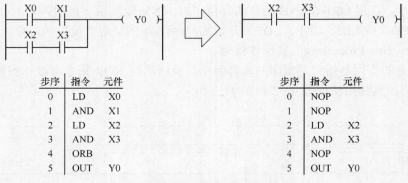

步序	指令	元件
0	LD	X0
1	AND	X1
2	LD	X2
3	AND	X3
4	ORB	
5	OUT	Y0

步序	指令	元件
0	NOP	
1	NOP	
2	LD	X2
3	AND	X3
4	NOP	
5	OUT	Y0

图 4-33 NOP 指令删除触点的举例

下面将三菱 FX2N 系列 PLC 27 条基本逻辑指令列于表 4-5 中。

表 4-5   **FX2N 系列 PLC 的基本逻辑指令**

助记符及名称	功能	梯形图表示和可用软元件	程序步数
LD 取指令	以常开触点逻辑运算开始	操作元件：X,Y,M,T,C,S	1

续表

助记符及名称	功能	梯形图表示和可用软元件	程序步数
LDI 取反指令	以常开触点逻辑运算开始	操作元件：X,Y,M,T,C,S	1
OUT 驱动指令	驱动线圈	操作元件：X,Y,M,T,C,S	Y,M:1,特 M:2,T:3,C:3～5
AND 与指令	串联常开触点	操作元件：Y,M,T,C,S	1
ANI 非指令	串联常闭触点	操作元件：X,Y,M,S,T,C,S	1
OR 或指令	并联常开触点	操作元件：X,Y,M,S,T,C,S	1
ORI 或非指令	并联常闭触点	操作元件：X,Y,M,S,T,C,S	1
ORB 电路块并联指令	并联电路块	无操作元件	1
ANB 电路块串联指令	串联电路块	无操作元件	1
LDP（取）脉冲上升沿指令	上升沿脉冲逻辑运算开始	操作元件：X,Y,M,S,T,C,S	2
LDF（取）脉冲下降沿指令	下降沿脉冲逻辑运算开始	操作元件：X,Y,M,S,T,C,S	2
ANP（与）脉冲上升沿指令	串联脉冲上升沿	操作元件：X,Y,M,S,T,C,S	2

续表

助记符及名称	功能	梯形图表示和可用软元件	程序步数
ANF（与）脉冲下降沿指令	串联脉冲下降沿	⊢⊢⊣ ⊣↓⊢ ─(Y0)⊣ 操作元件：X,Y,M,S,T,C,S	2
ORP（或）脉冲上升沿指令	并联脉冲上升沿	⊢⊢⊣ ─(Y0)⊣ ⊢↑⊢ 操作元件：X,Y,M,S,T,C,S	2
ORF（或）脉冲下降沿指令	并联脉冲下降沿	⊢⊢⊣ ─(Y0)⊣ ⊢↓⊢ 操作元件：X,Y,M,S,T,C,S	2
MC 主控开始指令	主控开始	⊢⊢⊣ ─(MC N0 Y 或 M)⊣	3
MCR 主控复位指令	主控结束	N0 Y 或 M（不允许使用特 M） ⊢⊢⊣ ─(MCR N0)⊣	2
MPS 进栈指令	进栈	MPS ⊢⊢⊣ ─(Y0)⊣	1
MRD 读栈指令	读栈	MRD ⊢⊣ ─(Y1)⊣	1
MPP 出栈指令	出栈	MPP ⊢⊣ ─(Y2)⊣ 无操作元件	1
SET 置位指令	令元件自保持 ON	⊢⊢⊣ ─(SET M0)⊣ 操作元件：Y，M，S	Y，M：1 S，特 M：2
RST 复位指令	令元件复位或清除数据寄存器的内容	⊢⊢⊣ ─(RST M0)⊣ 操作元件：Y,M,S,C,D,V,Z,特 T,	Y，M：1；S,特 M,C,积 T：2;D,V,Z:3
PLS 上升沿微分指令	上升沿微分输出	⊢⊢⊣ ─(PLS M0)⊣ 操作元件：Y，M	2
PLF 下降沿微分指令	下降沿微分输出	⊢⊢⊣ ─(PLF M0)⊣ 操作元件：Y，M	2
INV 取反指令	逻辑运算结果取反	⊢⊢⊣ ─/─ ─(Y10)⊣ 无操作元件	1
NOP 空操作指令	指定某步序内容为空	无	1
END 结束指令	执行 END 前的程序	⊢⊢⊣ ─(END)⊣ 无操作元件	1

上面介绍了 FX2N 系列 PLC 的 27 条基本逻辑指令,利用这些指令可以编写出对应的梯形图的助记符指令表。由于指令表与梯形图比较起来较难阅读,其中的逻辑关系很难一眼看出,因此用计算机图形编程时一般使用梯形图语言,如果有必要再将其转换成指令表。总之,助记符指令表程序的编写其实就是对梯形图程序的一种转换,编程软件能够自动进行上述转换。

4.4　三菱 PLC 的指令应用

熟悉了 PLC 的基本编程指令之后,还需要知道常用的编程技巧,下面先介绍一些。

4.4.1　常用的 PLC 编程技巧

1. 对一些常用电路的处理

PLC 的特点之一是编程方便,易学易懂。对原来从事继电器控制技术的工程技术人员来说,很快就能掌握。PLC 的梯形图设计类似于继电逻辑设计,但又有着它本身的规则和技巧,在梯形图设计和程序编制中应注意以下两点。

① 对一些较复杂的串并联电路,为了简化程序,减少编程指令,有效地节省一些用户程序区域,一般来说有两个基本原则。

在并联触点的电路中,串联触点多的支路排在上面,这样可以减少指令条数,如图 4-34(a)所示。

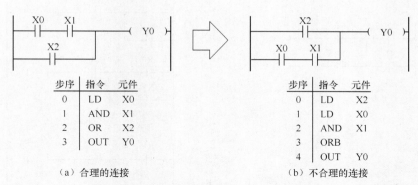

图 4-34　串联触点多的支路排在上面

在串联触点的电路中,并联触点多的电路排在左边,这样也可以减少指令条数,如图 4-35(a)所示。

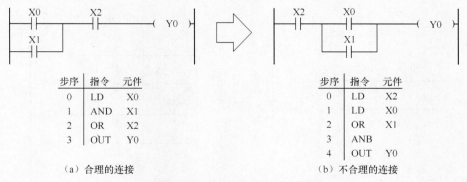

图 4-35　并联触点多的电路排在左边

根据上述两条原则，综合举例如图 4-36 所示。

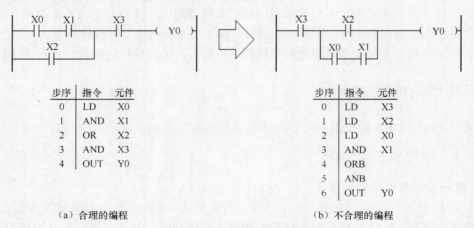

步序	指令	元件
0	LD	X0
1	AND	X1
2	OR	X2
3	AND	X3
4	OUT	Y0

步序	指令	元件
0	LD	X3
1	LD	X2
2	LD	X0
3	AND	X1
4	ORB	
5	ANB	
6	OUT	Y0

（a）合理的编程　　　　　　　　　　　　　（b）不合理的编程

图 4-36　复杂串并联电路的编程

② 在继电接触器控制线路中，有些连接是可以实现的，如图 4-37（a）、（c）、（e）所示，但在 PLC 中用现有指令对其直接编程，是不可能或者是比较麻烦的，需要做一些改动，将其变换成图 4-37（b）、（d）、（f）所示等效电路，才能进行编程。

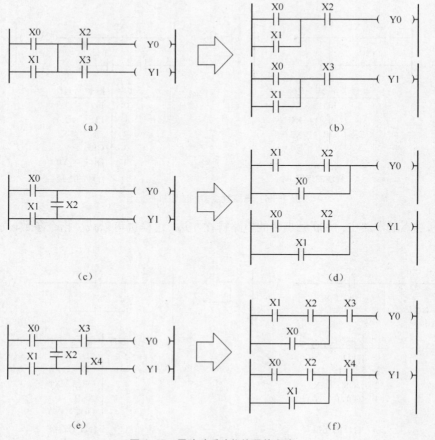

图 4-37　需改动后才能编程的电路

2．移位寄存器的使用

（1）移位寄存器的串联。

移位寄存器以 8 位为一组，当 8 位不够用时，可以将两组或两组以上串联起来，组成 16 位或更多的移位寄存器。图 4-38 所示是将 100 和 110 两组串联组成 16 位移位寄存器。

串联连接的规则如下。

① 画梯形图时，基本移位寄存器画在下面，需要串联的往上加；整理语句表编写的顺序必须按自上而下、从左向右的原则编写，否则不能正常工作。

② 将第一组末位的输出（见图 4-38 中的 M107）接到第二组的输入。

③ 两组的移位信号是共同的。

（2）移位寄存器作顺序控制器用。

当需要顺序控制时，常从移位寄存器的相位上顺序输出控制信号，去控制相应的执行部件，如图 4-39 所示。移位脉冲信号可以由定时控制，也可以由工步结束信号等控制。

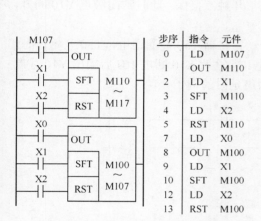

图 4-38　移位寄存器的串联应用

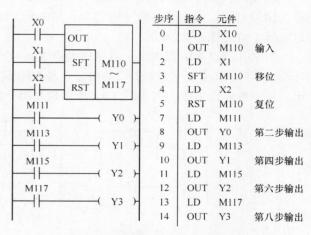

图 4-39　移位寄存器作顺序控制器使用

（3）环形移位寄存器。

将移位寄存器末位的输出信号作为本移位寄存器的输入信号，就构成了环形移位寄存器。移位寄存器最初的状态可以由 X0 设置，如图 4-40 所示。

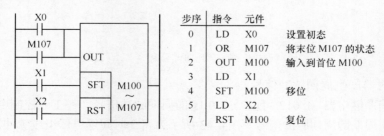

图 4-40　环形移位寄存器

3．定时器及计数器的应用实例

（1）定时器用作时间继电器。

PLC 提供的定时器是通电延时的，但采用不同的连接电路，则既可以起通电延时的作用，也可以起断电延时的作用。

① 通电延时：输入接通，延迟一段时间后输出才接通。如图 4-41 所示。图中，当输入继电器 X10 闭合时，启动定时器 T50，K200 表示定时器预置的延迟时间为 20s，定时器启动后，即以 0.1s 为单位开始递减，到预置的延时时间值减到 0，其动合触点 T50 闭合，输出继电器 Y1 得电。即输入 X10 接通 20s 后输出 Y1 才通电，使负载工作。

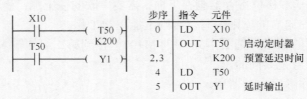

步序	指令	元件	
0	LD	X10	
1	OUT	T50	启动定时器
2,3		K200	预置延迟时间
4	LD	T50	
5	OUT	Y1	延时输出

图 4-41　通电延时

② 断电延时：输入断开，延迟一段时间后输出才断开。如图 4-42（a）所示，当常开触点 X10 接通时，输出继电器 Y10 得电，并由其 Y10 常开触点自保。此时常闭触点 Y10 断开，定时器 T50 线圈不能驱动。

当常开触点 X10 断开后，其常闭触点 X10 闭合，定时器 T50 线圈通电，T50 开始计时，计满 10s 后，其常闭触点断开，输出继电器 Y10 断电。即输入 X10 断电 10s 后输出 Y10 才断电，使负载停止工作。图 4-42（b）所示也是另一断电延时的例子。

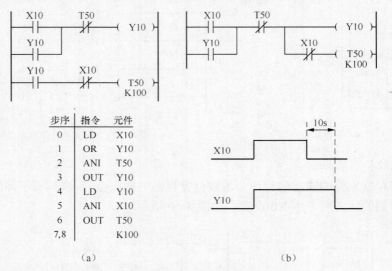

步序	指令	元件
0	LD	X10
1	OR	Y10
2	ANI	T50
3	OUT	Y10
4	LD	Y10
5	ANI	X10
6	OUT	T50
7,8		K100

（a）　　　　　　　　　　　　　　　（b）

图 4-42　断电延时

（2）用定时器产生周期脉冲信号。

采用特殊辅助继电器 M8012 可以产生 0.1s 的周期脉冲信号。在工业控制中，常需要一些不同脉宽、不同周期的周期脉冲信号。图 4-43 所示为两个时间继电器组成脉冲发生器的电路。

PLC 开始工作时，T40 得电，延时 t1 后，其常开触点闭合，T41 得电，输出继电器 Y5 得电动作，输出高电平。延时 t2 后，其常闭触点 T41 断开，定时器 T40 失电，其常开触点 T40 闭合断开，定时器 T41、输出继电器 Y5 失电，输出低水平。同时，常闭触点 T41 闭合，T40 又得电，延时 t1 后 T41 和 Y5 又得电，又输出高电平。如此周而复始，从输出继电器 Y5 可获得周期脉冲信号输出。调整预置时间 t1、t2 可获得不同脉宽、不同频率的周期脉冲信号。

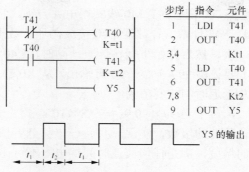

步序	指令	元件
1	LDI	T41
2	OUT	T40
3,4		Kt1
5	LD	T40
6	OUT	T41
7,8		Kt2
9	OUT	Y5

图 4-43　周期脉冲信号发生器

（3）计数器作时间继电器使用。

计数器能够记录脉冲的次数，利用这一特点，可以将 PLC 内部的特殊继电器 M8012 作为计数器的输入信号。由于 M8012 输出脉冲的周期为 0.1s。因此，如图 4-44 所示，C0 计数器满 20 个脉冲共需时间为 2s，于是，方便地把计数器变成了时间继电器。

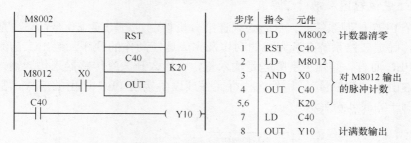

步序	指令	元件	
0	LD	M8002	计数器清零
1	RST	C40	
2	LD	M8012	
3	AND	X0	对 M8012 输出
4	OUT	C40	的脉冲计数
5,6		K20	
7	LD	C40	
8	OUT	Y10	计满数输出

图 4-44　计数器作时间继电器用

因为 FX2N 型 PLC 每位计数器的计数范围是 1～999，M8012 的脉冲周期是 0.1s，所以，利用此法，每位计数器可以实现 0.1～99.9s 的延时。

（4）实习长时间延时的方法。

图 4-45 所示为一种能实现长时间延时的梯形图。

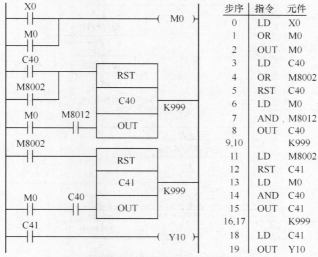

步序	指令	元件
0	LD	X0
1	OR	M0
2	OUT	M0
3	LD	C40
4	OR	M8002
5	RST	C40
6	LD	M0
7	AND	M8012
8	OUT	C40
9,10		K999
11	LD	M8002
12	RST	C41
13	LD	M0
14	AND	C40
15	OUT	C41
16,17		K999
18	LD	C41
19	OUT	Y10

图 4-45　长时间延时的实现

当输入继电器的动合触点 X0 闭合时，M0 线圈得电并自锁，它的另两组动合触点 Y0 闭合，启动计数器 C40 和 C41 开始计数。计数器 C40 接成循环计数形式，即每隔 99.9s 计数满后，C40 自己给自己复位一次，然后开始下一轮计数。同时，C40 的触点闭合信号又作为计数器 C41 的输入信号。C41 要计满 999 个数，Y0 有输出，从 X0 输入到 Y0 输出所需的时间，即为两级计数器串起来的总延迟时间，其值为

$$T=999\times99.9s\approx99.8\times10^3s$$

按照上述方法，增加计数器的级数，实现一月、一年甚至更长的延时，都是轻而易举的事。它的这种功能和延时的精度，都是任何其他时间继电器不可比拟的。

4.4.2　PLC 的编程方法与步骤

用 PLC 完成对生产过程的自动控制，可以采用图 4-46 所示的设计步骤进行。从图 4-46 看出，应用 PLC 的设计任务分为硬件和软件设计两部分。用中小型 PLC 编程时，通常采用梯形图和指令表程序，一般可按下面步骤进行。

1. 绘出工艺流程图和动作顺序表

设计一个 PLC 控制系统时，首先必须详细分析控制过程与要求，全面、清楚地掌握具体的控制任务，确定被控系统必须完成的动作及完成这些动作的顺序，绘出工艺流程图和动作顺序表。对 PLC 而言，必须了解哪些是输入量，用什么开关或传感器来传送输入信号；必须了解哪些是输出量（被控量），用什么执行元件或设备接收 PLC 送出的信号。常见的输入、输出类型的例子如表 4-6 所示。

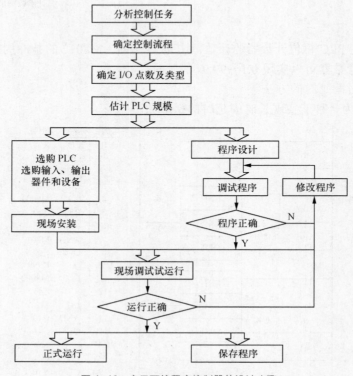

图 4-46　应用可编程序控制器的设计步骤

表 4-6　　　　　　　　　　　　　　　　常见的输入、输出类型

类　型		例　　　子
输 入	开关量	操作开关，行程开关，光电开关，继电器触点，按钮
	模拟量	流量、压力、温度等传感器信号
	中断	限位开关，事故信号，停电信号，紧急停止信号等
	脉冲量	串行信号，各种脉冲源
	字输入	计算机接口，键盘，其他数字设备
输 出	开关量	继电器，指示灯，接触器，电磁阀，制动器，离合器
	模拟量	晶闸管触发信号、流量、压力、温度等记录仪表，比例调节阀
	字输出	数字显示管，计算机接口，CRT 接口，打印机接口

2. 选择 PLC

首先应估计需要的 PLC 规模，选择功能和容量满足要求的 PLC。

（1）PLC 规模的估算。

为完成预定的控制任务所需要的 PLC 的规模，主要取决于设备对输入、输出点的需求量和控制过程的难易程度。估算 PLC 需要的各种类型的输入、输出点数，并据此估算用户的存储容量，是系统设计中的重要环节。

① 输入、输出点的估算。为了准确地统计被控设备对输入、输出点的总需求量，可以把被控设备的信号源一一列出，并认真分析输入、输出点的信号类型。

在一般情况下，PLC 对开关量的处理要比对模拟量的处理简单、方便得多，也可靠得多。因此，在工艺允许的情况下，常常把相应的模拟量与一个或多个门槛值进行比较，使模拟量变为一个或多个开关量，再进行处理、控制。例如，温度的高低是一个连续的变化量，而在实际工作中，常常把它变成几个开关量进行控制。假设一个空调机，其控温范围是 20℃～25℃，一般可以在 20℃设置一个开关 S1，在 25℃时设置一个开关 S2，当室温降低到 20℃时 S1 接通，S2 断开，启动加热设备，使室温升高；当室温升高到 25℃时，S2 接通，S1 断开，停止升温。这样，对 PLC 来说，只需提供两个开关量输入点就够了，不必再用模拟量输入。

除了大量的开关量输入、输出点外，其他类型输入、输出点也要分别进行统计，PLC 与计算机、打字机、CRT 显示器等设备连接，需要用专用接口，也应一起列出来。

考虑到在实际安装、调试和应用中，还可能会发现一些估算中未预见到的因素，要根据实际情况增加一些输入、输出信号。因此，要按估算数再增加 15％～20％的输入、输出点数，以备将来调整、扩充使用。

② 存储容量的估算。小型 PLC 的用户存储器是固定的，不能随意扩充选择。因此，选购 PLC 时，要注意它的用户存储器容量是否够用。

用户程序占用内存的多少与多种因素有关。例如，输入、输出点的数量和类型，输入、输出量之间关系的复杂程度，需要进行运算的次数，处理量的多少，程序结构的优劣等，都与内存容量有关。因此，在用户程序编写、调试好以前，很难估算出 PLC 所应配置的内存容量。一般只能根据输入、输出的点数及其类型、控制的繁简程度加以估算。一般粗略的估计方法是如下：

$$（输入点数＋输出点数）×（10～12）＝指令语句数$$

在按上述数据估算后，通常再增加 15％～20％的备用量，作为选择 PLC 内存容量的依据。

（2）PLC 的选择。

PLC 产品的种类、型号很多，它们的功能、价格、使用条件各不相同。选用时，除输入、输出点数外，一般应考虑以下几方面的问题。

① PLC 的功能。PLC 的功能要与所完成的任务相适应，这是最基本的。如果所选的功能不强，满足不了控制任务的要求，也无法顺利地组成合适的控制系统。

一般机械设备的单机自动控制多属简单的顺序控制，只要选用具有逻辑运算、定时器、计数器等基本功能的小型 PLC 就可以了。

如果控制任务比较复杂，包含了数值计算、模拟信号处理等内容，就必须选用具有数值计算功能、模数和数模转换功能的中型 PLC。

对过程控制来说，还必须考虑 PLC 的速度。PLC 采用顺序扫描方式工作，它不可能可靠地接收持续时间小于扫描周期的信号。

例如，要检测传送带上产品的数量，如图 4-47 所示。若产品的有效检测宽度为 2.5cm，传送速度为 50m/min，则产品通过检测点的时间间隔为

$$T = \frac{2.5\text{cm}}{50\text{m / min}} = \frac{0.025\text{m}}{50\text{m / 60s}} = 30\text{ms}$$

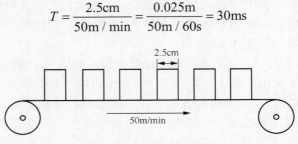

图 4-47　产品检测示意图

为了确保不漏检传送带上的产品，PLC 的扫描周期必须小于 30ms，但不是所有 PLC 都能满足这一要求的。在某些要求高速响应的场合，可以考虑扩充高速计数模块和中断处理模块等。

② 输入接口模块。PLC 的输入直接与被控设备的一些输出量相连。因此，除按前述估算结果考虑输入点数外，还要选好传感器等。考虑输入点的参数，主要是它们的工作电压和工作电流。

输入点的工作电压、工作电流的范围应与被控设备的输出值（包括传感器等的输出）相适应，最好不经过转换就能直接相连。

如果 PLC 的安装位置距被控设备较远，现场的电磁干扰又较强，就应尽量选择工作电压较高，上、下门槛值差值较大的输入接口模块，以减少长线传输的影响，提高抗干扰能力。

③ 输出接口模块。输出模块接口的任务，是将 PLC 的内部输出信号变换成可以驱动执行机构的控制信号。除考虑输出点数外，在选择时通常还要注意下面两个问题。

a．输出离开模块允许的工作电压、电流应大于负载的额定工作电压、电流。对于灯丝负载、电容性负载、电动机负载等，要注意启动冲击电流的影响，留有较大的余量。

b．对于感性负载，则应注意在断开瞬间，可能产生很高的反向感性电动势。为避免这种感应电动势击穿元器件或干扰 PLC 主机的正常工作，应采取必要的抑制措施。

另外，还要考虑其可靠性、价格、可扩充性、软件开发的难易、是否便于维修等问题。

3．编制 I/O 分配对照表

一般在工业现场，各输入接口和输出设备都有各自的代号，PLC 内的 I/O 继电器也有编

号。为使程序设计、现场调试和查找故障方便，要编制一个已确定下来的现场 I/O 信号的代号和分配到 PLC 内与其相连的 I/O 继电器号或器件号的对照表，简称 I/O 分配表。还要确定定时器和计数器等的数量。这些都是硬件设计和绘制梯形图的主要依据。

在上述两步完成之后，软、硬件设计工作就完成平行进行了。因为可编程序控制器所配备的硬件是标准化和序列化的，它不需要根据控制要求重新搞结构设计，在选购好 PLC 和 I/O 接口模块等硬件后，要熟悉和掌握它们的性能和使用方法，然后就可直接进行系统安装。硬件系统安装后，还要用试验程序检查其功能，以备调试软件。

4. 绘出 PLC 与现场器件的实际连接图（安装图）

绘出实际连接图是必要的，因为不同的输入信号经输入接口连接到 PLC 的输入端，这些输入信号使输入等效继电器通电还是断电呢？知道它们的关系对设计梯形图而言是至关重要的。否则，有可能把逻辑关系搞反，导致控制系统出错。这时需借助实际连接图来理清关系。另外，对照实际连接图来设计梯形图时，思路会更清晰，不仅可加快设计速度，而且不易出错。注意，绘 PLC 的实际连接图时，还要绘出控制系统的主电路。

5. 绘出梯形图

根据工艺流程，结合输入、输出编号对照表和实际连接图，绘出梯形图。此时，除应遵守梯形图的编程规则和方法外，这里再着重强调两点。

① 设计梯形图与设计继电器—接触器控制线路图的方法相类似。若控制系统比较复杂，则可以采用"化整为零"的方法，待一个个控制功能的梯形图设计出来后，再"积零为整"，完善相互关系。对旧设备的改造，还可参照原有的继电器—接触器控制电路图。

② PLC 的运行是以扫描的工作方式进行的，它与继电器—接触器控制线路的工作不同，一定要遵照自上而下的顺序来编制梯形图，否则就会出错。程序顺序不同，其结果是不一样的。如图 4-48 所示，其中图（a）和图（b）的梯形图对于继电器控制线路来说，运行结果是一样的；但对 PLC 而言，运行结果截然不同。这一点从它们的波形图上可以清楚地看出来。

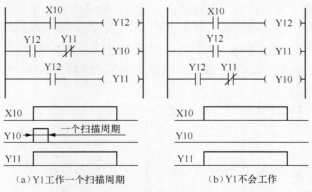

（a）Y1工作一个扫描周期　　　　（b）Y1不会工作

图 4-48　程序的排列顺序问题

6. 按照梯形图编写指令程序

依据所选用的 PLC 所规定的指令系统，将梯形图的图形符号编写成可用编程送入 PLC 的代码。通常采用助记符指令表形式编写。

7. 将指令程序通过编程器送入 PLC

通过编程器将上列用户程序的指令表语句逐句写入 PLC 的 RAM 中。注意，不同型号的 PLC 要选用与其相对应的专用程序。

8. 进行系统模拟调试和完善程序

在现场调试之前，先进行模拟调试，以检查程序设计和程序输入是否正确。模拟调试就是用开关组成的模拟输入器模拟现场输入信号来进行调试,输出动作情况通过指示灯来观察。模拟调试主要是让程序运行起来，按照工艺和控制系统要求，人为地给出输入信号，观察程序的执行情况和相应的输出动作是否正确，如有问题可及时进行修改，然后再进行调试，修改程序，直到完全正确为止。

9. 进行硬件系统的安装

在模拟调试程序的同时，进行硬件系统的安装连线。

10. 对整个系统进行现场调试和试运行

若在现场调试中又发现程序有问题，则还要返回到步骤 8，对程序进行修改，直至完全满足控制要求。

11. 正式投入使用

硬件和软件系统均满足要求后，即可正式投入使用。

12. 保存程序

将调试通过的用户程序保存起来，通常将内容通过打印机打出，作为技术文件使用或存档备用。如果此用户程序是反复使用的，则将调试过的程序写入 EPROM 或者 EEPROM 组件中存放。

4.4.3　三相异步电动机正、反转控制电路的 PLC 改造

传统的继电器控制系统中分主电路和控制电路两部分，主电路是直接带大功率负载的通断，而可编程序控制器的输出继电器触点容量有限，需要通过交流接触器来通断大功率负载，因此，可编程序控制器只能替换控制电路，可以对传统继电控制线路学习运用 PLC 来替代。下面例举几个具体改造项目。

三相异步电动机正、反转控制，是通过正、反向接触器改变定子绕组的相序。其中有一个很重要的问题就是必须保证任何时候、任何条件下，正、反向接触器都不能同时接通，否则将造成三相电源相间瞬时短路。为此，在图 4-49 中采用正、反转按钮互锁，将两个接触器 KM1 和 KM2 的常闭触点也组成互锁。这样双重互锁就能够保证接触器 KM1 和 KM2 不会同时接通。

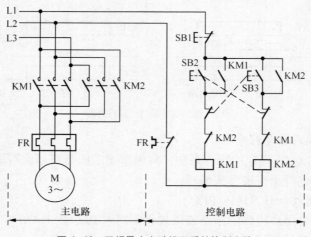

图 4-49　三相异步电动机正反转控制电路

运用可编程序控制器改造传统继电器线路的步骤如下。

① 设置输入/输出端口分配表（为了选择合适的 PLC 容量）如表 4-7 所示。

表 4-7　　　　　　　　　　　　　**输入/输出端口分配表**

输入端口（I）	输出端口（O）
X1——SB1（停止按钮）	Y1——KM1（正转接触器）
X2——SB2（正转按钮）	Y2——KM2（反转接触器）
X3——SB3（反转按钮）	
X4——FR（过载保护）	
X5，X6——备用	Y3，Y4——备用

② 绘制 PLC 的输入/输出（I/O）接线图（见图 4-50）。

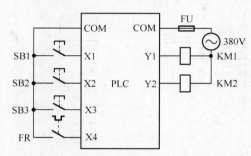

图 4-50　PLC 的输入 / 输出（I/O）接线图

③ 编制梯形图程序（见图 4-51（a））。

④ 编写指令表助记符程序（见图 4-51（b））。

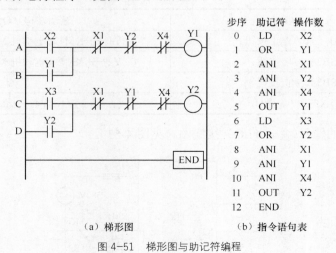

（a）梯形图　　　　　　（b）指令语句表

图 4-51　梯形图与助记符编程

4.4.4　两台电动机顺序启动逆序停止控制的 PLC 实现

两台电动机顺序启动逆序停止是生产线经常采用的控制线路，如图 4-52 所示，电动机 M1 启动后，由时间继电器 KT1 设定的延长时间到了，才能启动电动机 M2 工作；而停止时必须先按下停止按钮 SB3,将电动机 M2 停止后,由时间继电器 KT2 设定延长的时间来控制电动机 M1 的停止。

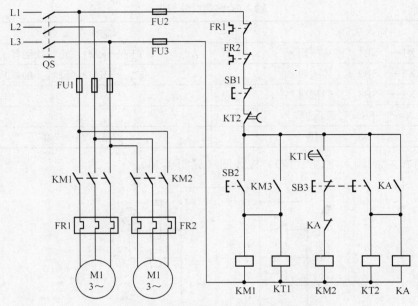

图 4-52　两台电动机顺序启动逆序停止控制线路

怎样用 PLC 来实现呢?下面来具体介绍,还是按照 PLC 改造的步骤进行。

① 设置输/入输出端口分配表,如表 4-8 所示。

表 4-8　　　　　　　　　　　　　　输入/输出端口分配表

输入端口（I）	输出端口（O）
X1——SB1（紧急停止按钮）	Y1——KM1（电动机 M1 接触器）
X2——SB2（正转按钮）	Y2——KM2（电动机 M2 接触器）
X3——SB3（停止按钮）	
X4，X5——备用	Y3，Y4——备用

② 绘制 PLC 的输入/输出（I/O）接线图（见图 4-53）。

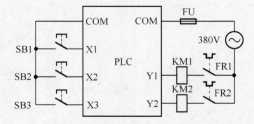

图 4-53　PLC 的输入/输出（I/O）接线图

③ 编制梯形图程序（见图 4-54（a））。
④ 编写指令表助记符程序（见图 4-54（b））。

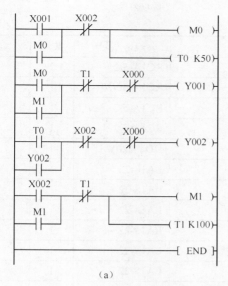

步序	指令	元件		步序	指令	元件
0	LD	X001		13	ANI	X002
1	OR	M0		14	ANI	X000
2	ANI	X002		15	OUT	Y002
3	OUT	M0		16	LD	X002
4	OUT	T0		17	OR	M1
5,6		K50		18	ANI	T1
7	LD	M0		19	OUT	M1
8	OR	M1		20	OUT	T1
9	ANI	T1		21,22		K100
10	ANI	X000		23	END	
11	LD	T0				
12	OR	Y002				

（a）　　　　　　　　　　　　　　　　　　（b）

图 4-54　梯形图与助记符编程

4.4.5　磨床的 PLC 改造

对 M7120 平面磨床电气控制线路进行分析，PLC 改造后需要完成开门断电功能，主轴电动机的正、反转控制功能，刀架的快速移动功能，冷却泵电动机的控制功能。然后根据 M7120 平面磨床的控制电路设置输入、输出端口，绘制 PLC 的 I/O 接线图，编制梯形图和助记符（指令表），编译通过后，利用 PLC 软件进行实验仿真。由于 PLC 极高的可靠性及丰富的指令集，易于掌握，便捷的操作，丰富的内置集成功能，能够使 M7120 平面磨床在完成原有的功能外，还具有安装简便、稳定性好、易于维修、扩展能力强等特点。

M7120 平面磨床电气控制线路所需要的元件清单如表 4-9 所示。

表 4-9　　　　　　　　　　　　　　　　　　元件清单

序号	符号	名称	规格型号	数量	备注
1	KM1	液压泵电动机交流接触	CJX1-10 10A，220V	1	
2	KM2	砂轮电动机交流接触器	CJX1-20 20A，220V	1	
3	KM3	冷却电动机交流接触器	CJX1-5 5A，220V	1	
4	KM4	电动机交流接触器	CJX1-5 5A，220V	1	
5	FR1	液压泵电动机热继电器	FR16-5/3D	1	
6	FR2	砂轮电动机热电器	FR16-16/3D	1	
7	FR3	冷却电动机热继电器	FR16-0.72/3D	1	
8	FR4	砂轮升降电动机热继电器	FR16-3.5/3D	1	
9	FU1	主电源熔断器	RC1A-60/35	3	

序号	符号	名称	规格型号	数量	备注
10	FU2	电磁吸盘熔断器	RC1A-5/2	2	
11	FU3	PLC 熔断器	RC1A-30/20	1	
12	FU4	指示灯熔断器	RC1A-5/2	1	
13	FU5	照明灯熔断器	RC1A-5/2	1	
14	KV	欠电压继电器	DDY-220V	1	
15	SB1	停止按钮	LA18-22	1	红色
16	SB2	液压泵停止按钮	LA18-22	1	红色
17	SB3	液压泵启动按钮	LA18-22	1	绿色
18	SB4	砂轮、冷却停止按钮	LA18-22	1	红色
19	SB5	砂轮、冷却的启动按钮	LA18-22	1	绿色
20	SB6	砂轮上升按钮	LA18-22	1	黑色
21	SB7	砂轮下降按钮	LA18-22	1	黑色
22	SB8	吸盘停止按钮	LA18-22	1	黑色
23	SB9	吸盘通磁按钮	LA18-22	1	绿色
24	SB10	吸盘退磁按钮	LA18-22	1	黑色
25	EL	LED 指示灯	6VB/AC9mA	5	绿色
26	HL	LED 照明灯	24VAC/350mA	1	
27	YH	电磁吸盘	HDXP/127V 1.45A	1	
28	C	电容	5mf	1	
29	R	电阻	220 欧姆 1kW	1	
30	VC	整流器	2CZH11C	1	

（1）根据 M7120 平面磨床电气控制线路设置输入/输出端口如表 4-10 所示。

表 4-10 输入/输出端口分配表

输入（INPUT）			输出（OUTPUT）		
功能	电路元件	PLC 地址	功能	电路元件	PLC 地址
砂轮启动按钮	SB1	X1	砂轮电动机 M1 控制	KM1	Y0
砂轮停止按钮	SB2	X2	液压泵电动机 M3 控制	KM2	Y1
液压泵启动按钮	SB3	X3	冷却泵电动机 M2 控制	KM3	Y2
冷却泵停止按钮	SB4	X4	电磁吸盘充磁控制	KM4	Y3
冷却泵启动按钮	SB5	X5	电磁洗盘退磁控制	KM5	Y4
冷却泵停止按钮	SB6	X6	照明灯	EL	Y5
电磁吸盘充磁按钮	SB7	X7			
电磁吸盘退磁按钮	SB8	X10			
照明灯控制	SA	X11			
欠电流继电器 KA 输入	KA	X0			

（2）设计 PLC 的外部接线图（见图 4-55）。

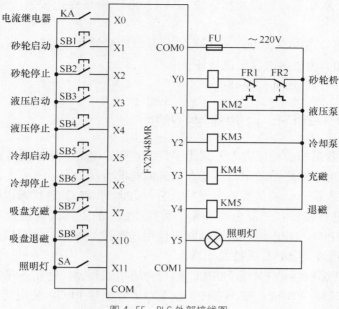

图 4-55 PLC 外部接线图

（3）编制梯形图（见图 4-56）。

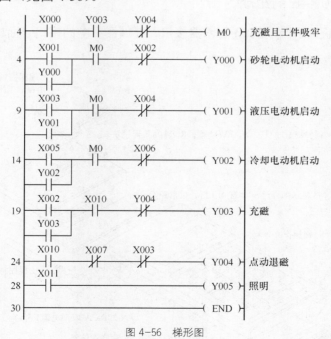

图 4-56 梯形图

从梯形图中我们可以看出，在总开关闭合的情况下（KA 得电常开闭合）：

① 按下 SB7（X007）时，Y003 得电自锁并充磁；

② M0 得电，电磁吸盘充磁且工件吸牢，M0 常开闭合；

③ 此时按下 SB1（X001）砂轮启动按钮或 SB3（X003）液压启动按钮，继电器 Y000、

Y001 得电开始工作；

　　④ 按下 SB2（X002）砂轮停止按钮或 SB4（X004）液压停止按钮，继电器 Y000、Y001
失电停止工作；

　　⑤ SB5（X005）、SB6（X006）分别为冷却泵电动机的启停控制按钮；

　　⑥ SB8（X010）为电磁吸盘退磁按钮；

　　⑦ SA（X011）为照明灯控制开关。

4.5　三菱 PLC FX-20P-E 手持编程器的使用

　　可编程序控制器最初的程序输入是采用手持编程器，使用手持编程器输入 PLC 程序，对
初学者也能够更好地帮助熟悉助记符（指令表）编程的方法。

　　手持编程器是人机对话的重要外围设备，它一方面对 PLC 进行编程，另一方面又能对
PLC 的工作状态进行监控。三菱公司 FX2N 系列 PLC 的手持式编程设备有 FX-10P-E 和
FX-20P-E（简称 HPP）。HPP 编程器可以联机使用（在线）编程，也可以脱机（离线）方式
编程。下面主要介绍 FX-20P-E 手持编程器。

　　FX-20P-E 手持编程器是 FX 系列 PLC 的一种通用编程器，适用于早期的 FX2、FX2C、
FX0、FX0N 以及 FX2N、FX2NC、FX1S、FX1N、FX3UC 等型号 PLC，使用转换器还可以用于早
期的 F1 和 F2 系列 PLC。

4.5.1　FX–20P–E 的组成

　　该编程器由液晶显示器、ROM 写入器接口、存储器卡盒的接口、面板键盘等部分组成，
如图 4-57 所示。

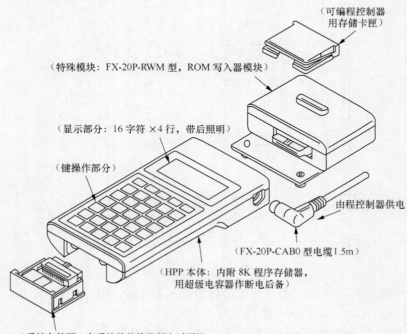

（可编程控制器
用存储卡匣）

（特殊模块：FX-20P-RWM 型，ROM 写入器模块）

（显示部分：16 字符 ×4 行，带后照明）

（键操作部分）

由程控制器供电

（FX-20P-CAB0 型电缆1.5m）

（HPP 本体：内附 8K 程序存储器，
用超级电容器作断电后备）

（系统存储匣：在系统软件修改版本时更换）

图 4-57　FX2N 简易编程器的组成

　　根据PLC主机的型号选用相应型号的连接电缆。根据不同编程方式需要还可以选用ROM写入器、存储卡盒等其他模块。

　　图 4-58 所示为 FX-20P-E 编程器的操作面板示意图。

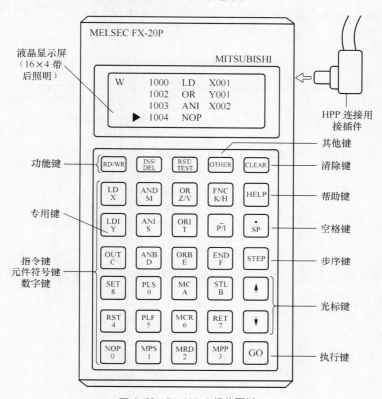

图 4-58　FX-20P-E 操作面板

编程器的面板有 35 个键，各键的作用说明如下。

- 功能键 RD/WR ：读出/写入。

　　　　　　INS/DEL ：插入/删除。

　　　　　　MIN/TEST ：监视/测试。

　　各功能键都是复用键，交替起作用，按第 1 次选择左边表示的功能，再按第 2 次时则选择右边表示的功能。

- 执行键 GO ：用于指令的确认、执行、画面显示和检索。

- 清除键 CLEAR ：按执行键之前按此键，则清除键入的数据。该键也可以用于清除显示屏上的错误信息或回复原来的画面。

- 其他键 OTHER ：在任何情况下按下此键将显示方式项目菜单。安装 ROM 写入模块时，在脱机方式项目菜单上进行项目的选择。

- 帮助键 HELP ：显示功能指令一览表。在监视时进行十进制和十六进制的转换。

- 空格键 SP ：在输入时，用该键指定元件号和常数。

- 步序键 STEP ：设定步序号。

- 光标键 ↑ ↓ ：用该键移动光标和提示符，指定当前元件的前一个或后一个元件，进行滚动。

● 指令、元件符号及数字键共 24 个，都是双功能复用键，用于程序输入、读出和监视。上、下功能根据当前所执行的操作自动进行切换，其中 Z/V、K/H、P/I 又是交替起作用，反复按键时互相交替切换。

FX-20P-E 编程器的液晶显示屏很小，能同时显示 4 行，每行 16 个字符并带有后照明。在编程操作时，显示屏上的画面如图 4-59 所示。

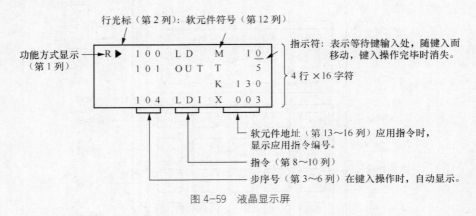

图 4-59　液晶显示屏

液晶显示屏左上角的黑三角提示符是功能方式说明，下面分别给以介绍。

R（Read）：读出。

W（Write）：写入。

I（Insert）：插入。

D（Delete）：删除。

M（Monitor）：监视。

T（Test）：测试。

4.5.2　FX-20P-E 编程器的联机操作

FX-20P-E 编程器本身不带电源，是由 PLC 主机供电的。所以在编程前用专用电缆将编程器与 PLC 主机进行连接。

FX-20P-E 编程器和 PLC 直接连接，其编程器对 PLC 用户程序存储器进行直接操作。在写入程序时，如果 PLC 没有装 EEPROM 卡盒时，程序就写入 PLC 内部的 RAM；如果装有 EEPROM 卡盒时，则程序就写入程序卡盒。

1. 编程器的操作过程

当与 PLC 连接好后，接通 PLC 电源，在编程器显示屏上显示如图 4-60 所示的第 1 个画面，2s 后转入第 2 个画面，根据光标的指示选择联机或脱机方式，然后再进行功能选择。

编程：编程前先清零，即将 PLC 内部用户程序全部清除（在指定范围内成批写入 NOP 指令），然后用键盘编程。

监控：监视元件动作和控制状态，对指定元件强制 ON/OFF 及修改常数。

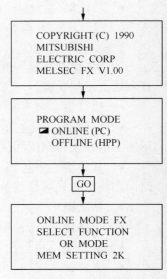

图 4-60　方式选择图

2. 联机编程常用的操作方法

（1）程序的写入。

在程序写入之前，要将 PLC 内用户存储器的原有程序全部清除。清零操作如图 4-61 所示。清零框图中每一个框表示按一次对应键。清零后即可进行程序写入操作。

[RD/WR] → [RD/WR] → [NOP] → [A] → [GO] → [GO]

图 4-61　程序清零操作

基本指令（包括步进指令）的写入分 3 种情况，其操作方法如下。

① [写入功能] → [指令] → [GO]：只有指令助记符指令。

② [写入功能] → [指令] → [元件符号] → [元件号] → [GO]：有指令和一个操作元件的指令。

③ [写入功能] → [指令] → [元件符号] → [元件号] → [SP] → [元件符号] → [元件号]：有指令和两个操作元件的指令。

例如，要将下列梯形图程序如图 4-62 所示通过编程器写入 PLC 中，可进行如下键操作。

[写入功能] → [LD] → [X] → [0] → [GO] → [ANI] → [X] → [1] → [GO] → [OUT] → [Y] → [0] → [GO]

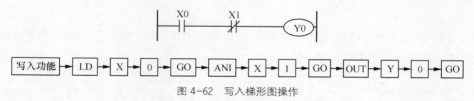

图 4-62　写入梯形图操作

这时，FX-20P-E 显示屏将显示如图 4-63 所示的画面。

W	0	LD	X	000
	1	ANI	X	001
	2	OUT	Y	000
▲	3	NOP		

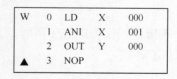

图 4-63　FXZN 显示屏

（2）功能指令的写入。

写入功能指令时，按[FNC]键后再输入功能指令号。有两种操作方法：一是在已知功能指令编号时，在按[FNC]键后直接键入编号；二是在不知道功能指令编号时按[FNC]键后，再按[HELP]键，在画面上显示功能指令的大分类项目，接着显示各项目内的指令符号一览表，用户可据此输入指令。

例如，写入功能指令（D）MOV（P）D0 D2，其操作方法如图 4-64 所示。

[写入功能] → [FNC] → [D] → [1] → [2] → [P] → [SP] → [D] → [0] → [SP] → [D] → [2] → [GO]

①：[FNC]　②：[D]　③：[1] → [2]　④：[P]　⑤：[SP] → [D] → [0] → [SP] → [D] → [2]　⑥：[GO]

图 4-64　写入功能指令操作

① 按[FNC]键。

② 指定 32 位指令时，在键入指令后按 D 键。

③ 键入指令号。

④ 在制定脉冲指令时，键入指令号后按 P 键。

⑤ 在写入元件时，按 SP 键，再一次键入元件符号和元件号。

⑥ 按 GO 键，指令写入完毕。

例如，键入下列所示梯形图程序的键操作与显示屏如图 4-65 所示。

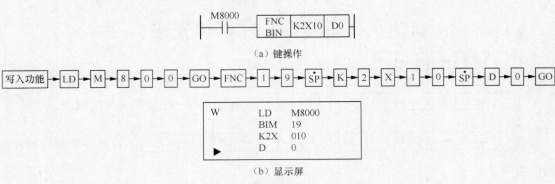

（a）键操作

（b）显示屏

图 4-65　键入程序操作

（3）元件的写入。

在基本指令和功能指令输入中，往往要涉及元件的写入。例如，要写入功能指令 MOV K1X10ZD1，其操作方法如图 4-66 所示。

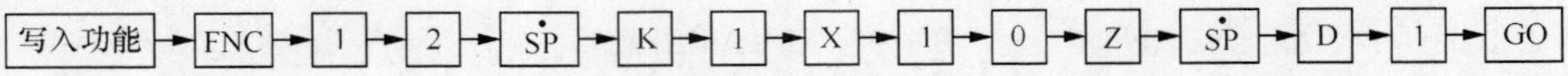

图 4-66　元件写入操作

（4）标号的输入。

在程序中 P（指针）、I（中断指针）作为标号使用时，其输入方法和指令相同，即按 P 或 I 键后再键入标号编号，最后按 GO 键。

（5）程序读出。

把已写入到 PLC 的程序读出进行检查是十分必要的，有步序号、指令、元件及指针 4 种方式。在联机方式且 PLC 处于运行状态，只能根据步序号读出。在脱机方式中，无论 PLC 处于何种状态，4 种方式均可采用。

（6）程序修改。

键入到 PLC 中的程序，有时需要改写，有时需要删除，有时还要插入一些程序。

（7）程序改写。

例如，输入指令 OUT C0 K10 确认前（未按 GO 键前），欲将 K10 改为 D9，其操作如图 4-67 所示。

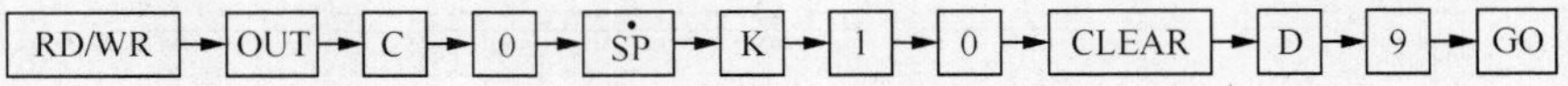

图 4-67　将 K10 改为 D9 的操作

若指令输入确认后（GO 键已按），则应按如图 4-68 所示的方法操作。

RD/WR → OUT → C → 0 → S̊P → K → 1 → 0 → GO → ↑ → D → 9 → GO

图 4-68 操作示意图

修改操作中，光标移动到欲修改的 K10 上。

指定步序指令改写是这样操作的：例如，在 100 步上写入指令 OUT C20 K123，其操作如图 4-69 所示。

[读出第 50 步] → RD/WR → OUT → C → 2 → 0 → S̊P → K → 1 → 2 → 3 → GO

图 4-69 指定步序指令改写操作

如需要改写读出步数附近指令或只需修改指令中的某一部分，则可将光标直接移动到指定修改处，键入新内容再确认即可。

（8）程序删除。

删除程序分为逐条删除、指定范围删除和 NOP 式成批删除 3 种方式。

① 逐条删除时先读出程序，用光标指定删除程序部分。例如，要删除 100 步的 ANI 指令，其操作如图 4-70 所示。

[读出第 100 步] → INS → DEL → [光标指向 100 步] → GO

图 4-70 逐条删除

② 指定范围删除的基本操作如图 4-71 所示。

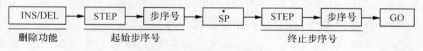

INS/DEL → STEP → 步序号 → S̊P → STEP → 步序号 → GO

删除功能　　　起始步序号　　　　　　　　终止步序号

图 4-71 指定范围删除操作

③ NOP 成批删除时，键操作如图 4-72 所示。

INS → DEL → NOP → GO

图 4-72 NOP 成批删除键操作

（9）程序插入。

插入程序操作是根据步序号读出程序，在指定的位置上插入指令或指针。例如，在 100 步前插入指令 AND M5 的键操作如图 4-73 所示。

[读出第 100 步程序] → INS → AND → M → 5 → GO

图 4-73 插入指令操作

插入指令以后的步序号自动下移。

4.5.3 监视/测试操作

监视功能是通过显示屏监视和确认在联机方式下 PLC 的动作和控制状态，包括元件的监视、导通检查和动作状态的监视等内容。测试功能是编程器对 PLC 位元件的触点和线圈进行强制 ON/OFF 以及常数修改，包括强制 ON/OFF，修改 T、C、D、Z、V 的当前值和 T、C

的设定值，文件寄存器的写入等内容。

监视/测试的基本操作步骤如下：

准备→启动系统→设定联机方式→监视/测试操作。

前三步与编程操作相同。各种监视、测试操作的具体步骤如下。

① 元件监视。所谓元件监视是指监视指定元件的 ON/OFF 状态、设定值及当前值。例如，监视 T100 和 C99 的键操作如图 4-74 所示。

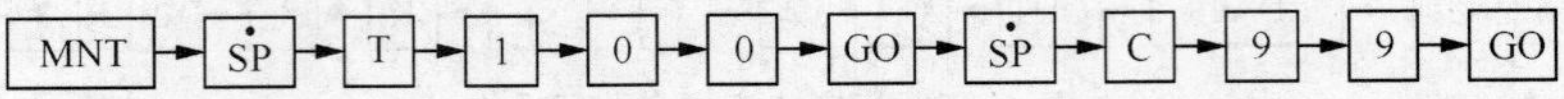

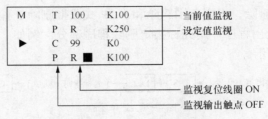

图 4-74　监视操作

此时，显示屏上的显示如图 4-75 所示。根据有无■标记，监视输出触点和复位线圈的 ON/OFF 状态。

图 4-75　显示屏上将显示的内容

② 导通检查。根据步序号或指令读出程序，监视元件触点的导通及线圈动作，例如，读出第 126 步程序并作导通检查，其操作如图 4-76 所示。

读出以 126 步为首的 4 行指令，由显示在元件左侧的■标记监视触点的导通和线圈的动作状态，并可利用光标键作滚动检查。此时显示屏的显示如图 4-77 所示。

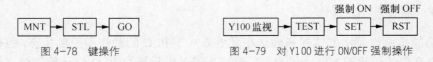

图 4-76　读出第 126 步程序并作为导通检查操作

图 4-77　显示屏显示内容

③ 动作状态监视。利用步进指令监视 S 的动作状态（元件号从小到大，最多为 8 点）。其操作如图 4-78 所示。

可监视 S 状态的范围为 S0～S899。当 M8049 为 ON 时，可监视 S900～S999。若 M8049 为 OFF，状态监视无效。

④ 元件强制 ON/OFF。进行元件的强制 ON/OFF 的监视。例如，对 Y100 进行 ON/OFF 强制操作的键操作如图 4-79 所示。

图 4-78　键操作

图 4-79　对 Y100 进行 ON/OFF 强制操作

利用监视功能，对 Y100 元件进行监视。然后按 TEST（测试）键。若此时被监视元件为

OFF 状态，则按 SET，强制 ON；若此时 Y100 元件为 ON 状态，则按 RST 键，强制 Y100 处于 OFF 状态。

⑤ 修改 T、C、D、V、Z 的当前值。先进行元件监视后，再进入测试功能，修改 T、C、D、Z、V 的当前值。将 32 位计数器的设定值寄存器（D1,D0）的当前值 K1234 修改为 K10，其操作如图 4-80 所示。

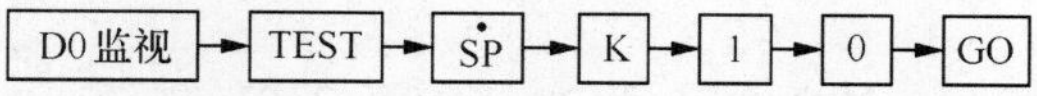

$$\boxed{D0\ 监视} \to \boxed{TEST} \to \boxed{\dot{SP}} \to \boxed{K} \to \boxed{1} \to \boxed{0} \to \boxed{GO}$$

图 4-80　修改寄存器当前值

⑥ 修改 T、C 设定值。元件监视或导通检查后，转到测试功能，可修改 T、C 的设定值，其操作如图 4-81 所示。

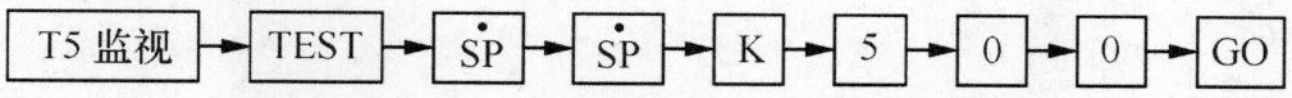

$$\boxed{T5\ 监视} \to \boxed{TEST} \to \boxed{\dot{SP}} \to \boxed{\dot{SP}} \to \boxed{K} \to \boxed{5} \to \boxed{0} \to \boxed{0} \to \boxed{GO}$$

图 4-81　对 T5 的设定值进行修改操作

利用监视功能对 T5 进行监视。按 TEST 键后再按一下 SP 键，则提示符出现在当前值的显示位置上。再按一下 SP 键，提示符移到设定值的显示位置上。键入新的设定值 K500 后，按 GO 键设定值修改完毕。

以上是 FX-20P-E 简易编程器监视/测试的几种常用操作方法。其他操作如方式切换、程序出错检查、储蓄卡盒传送、参数设定（缺省值、存储器容量、锁存范围、文件寄存器设定、关键字等级等）、蜂鸣器音量调节等不再进一步介绍，使用时可查相关手册。

4.5.4　FX-20P-E 编程器的脱机操作

在联机方式中，所编程序是存放在 PLC 内部的 RAM 区中，同时也完整地保存在编程器内部的 RAM 区中。脱机方式是指对编程器内部存储器的存取方式，在此方式下所编程序仅存放在编程器内部的 RAM 区中，由其内部超级电容器进行充电保持（充电 1h 可保持 3 天以上）。在需要时，可用编程器方式菜单的传送功能，通过适当的键操作，成批将编好的程序和参数传送到 PLC 内部的 RAM 区或装在 PLC 的存储器卡盒，也可以传送至 ROM 写入器。脱机操作方式可以方便地将实验室里生成并经模拟调试的程序，传送给安装在生产现场 PLC。脱机编程方式与 PLC 状态无关。但程序和参数的传送与 PLC 状态有关。图 4-82 所示为程序和参数的传送过程。

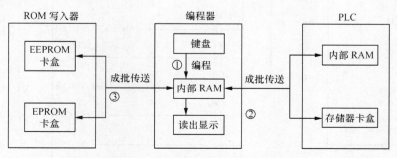

图 4-82　程序传送

图中，①表示脱机编程过程，在其编程器内部 RAM 上进行，与 PLC 侧存储器及 PLC 状态无关；②表示与 PLC 之间的成批传送；③表示与 ROM 写入器之间的成批传送。

脱机方式下的编程操作与联机方式下的操作相同。其他操作步骤也和联机方式类似，即准备→启动系统→设定脱机方式→方式菜单选择→具体操作。其中准备、启动系统的过程与联机方式相同。这里要特别指出的是，脱机方式下工作，最终还要在联机方式下完成。

4.5.5 实训内容与步骤

1. 接线

按图 4-83（a）所示接线，电源端 L 和 N 接交流 220V 电源。

2. 程序准备

① 将编程器与主机连接。

② 拨动主机上的 RUN/STOP 开关，使主机处于"STOP"状态。

③ 接通主机电源。

3. 编程操作

① 程序清零。程序清零后，显示屏上显示全为"NOP"指令，表明内部用户存储器的程序已经被清除。

② 程序写入。每输入一条指令，必须按确认键输入才有效。显示屏显示步序号、指令和元件号等。

③ 程序读出。将写入的程序按步序号、软元件、指令等几种方法读出。

④ 程序修改。用插入、删除、写入等方法修改程序。

4. 用 FX-20P-E 编程器输入程序，并监控程序运行

① 输入如图 4-83（b）、（c）所示的程序。

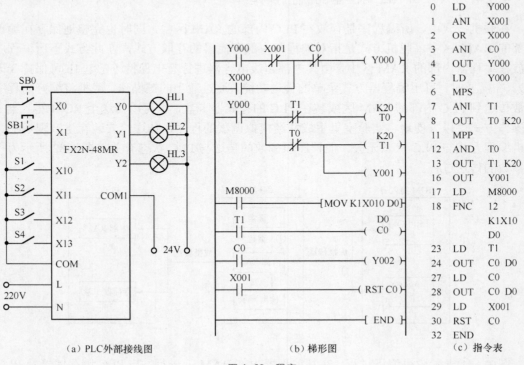

（a）PLC外部接线图   （b）梯形图   （c）指令表

图 4-83 程序

② 接通主机的 RUN 开关，主机面板上 RUN 指示灯亮，表明程序已经运行。如果程序

出现错误，主机面板上的"PROG-E"指示灯闪烁。此时应中止运行，并检查和修改错误。

③ 在不同输入状态下观察和记录运行中的输入/输出点指示灯状态的变化。

④ 进行元件监控、导通检查和强制 ON/OFF 操作。

⑤ 修改 T、C、D 的当前值和设定值。

4.6 学习用 GX Developer 编程软件及在线仿真

随着可编程控制器应用的广泛深入，组成的系统越来越大，其编程也越来越复杂。需要借助计算机（笔记本电脑）编程，并且能够进行仿真调试。

4.6.1 任务目标

了解 GX Developer 编程软件的操作界面和主要功能。

熟悉 GX Developer 编程软件的使用方法，包括写入和编辑程序的方法以及用编程软件对 PLC 的运行进行监视的方法。

能掌握 GX Developer 仿真功能，会使用仿真功能对程序进行软件调试。

4.6.2 可编程控制器编程软件简介

GX Developer 是三菱通用性较强的编程软件，它能够完成 Q 系列、QnA 系列、A 系列和 FX 系列 PLC 梯形图、指令表、SFC 等的编辑。该编程软件能够将编辑的程序转换成 GPPQ、GPPA 格式的文档，当选择 FX 系列时，还能将程序存储为 FXGP(DOS)、FXGP(WIN)格式的文档，以实现与 FX-GP/WIN-C 软件的文件互相转换。该编程软件能够将 Excel、Word 等软件编程的说明性文字、数据，通过复制、粘贴等简单操作导入程序中，使软件的使用、程序的编辑更加便捷。

这里主要就 GX Developer 编程软件和 FX 专用编程软件的操作使用不同进行简单说明。

1. 软件适用范围不同

FX-GP/WIN-C 编程软件为 FX 系列专用编程软件，而 GX Developer 编程软件适用于 Q 系列、QnA 系列、A 系列、FX 系列所有类型的可编程控制器。这里要注意的是，使用 FX-GP/WIN-C 编程软件编辑的程序是能够在 GX Developer 编程软件中打开，但是使用 GX Developer 编程软件编辑的程序并不能都在 FX-GP/WIN-C 编程软件中打开。

2. 操作运行不同

① 步进梯形图命令的表示方法不同。

② GX Developer 编程软件中新增了监视功能，包括回路监视、软元件同时监视，软元件登录监视功能。

③ GX Developer 编程软件中新增了诊断功能，如可编程控制器 CPU 诊断、网络诊断等。

④ FX-GP/WIN-C 编程软件在顺控程序中没有 END 指令，程序照样可以运行，但是 GX Developer 在程序中强制插入 END 命令，否则不能运行。

3. 系统配置

运行 GX Developer 软件的计算机的最低配置如下。

CPU：80486 及以上。

内存：8MB 或更高（推荐 16MB 以上）。

分辨率：800×600 像素，16 色或更高分辨率。

操作系统：Windows 9x/Windows 2000 或更高版本的操作系统。

采用 FX-232AWC 型 RS-232C/RS-422 转换器（便携式）或 FX-232AW 型 RS-232C/RS-422 转换器（内置式），以及其他指定的转换器。

采用 FX-422CAB 型 RS-422 缆线或 FX-422CAB 缆线，以及其他指定的缆线。

4.6.3 GX Developer 编程软件应用

1. 操作界面

图 4-84 所示为 GX Developer 编程软件的操作界面，该操作界面由下拉菜单、工具条、编程区、工程数据列表、状态条等部分组成。这里需要特别注意的是，在 FX-GP/WIN-C 编程软件中称编辑的程序为文件，而在 GX Developer 编程软件中则称为工程。

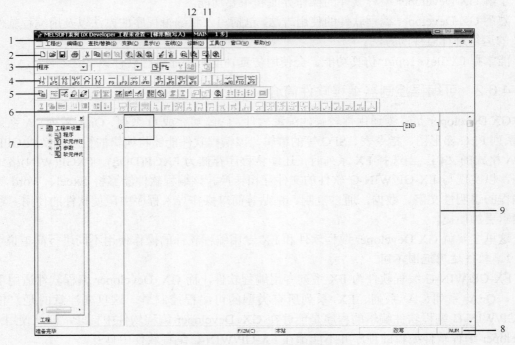

图 4-84 GX Developer 编程软件操作界面

与 FX-GP/WIN-C 编程软件的操作界面相比，该软件取消了功能图、功能键，并将这部分内容合并，作为梯形图标记工具条；新增加了工程参数列表、数据切换工具条、注释工具条等。这样直观的操作界面使操作更加简便。

图 4-84 中引线所指的名称、内容说明如表 4-11 所示。

表 4-11　　　　　　　　　　　　　　　　　　菜单功能

序号	名称	内容
1	下拉菜单	包含工程、编辑、查找/替换、交换、显示、在线、诊断、工具、窗口和帮助，共 10 个菜单
2	标准工具条	由工程菜单、编辑菜单、查找/替换菜单、在线菜单和工具菜单常用的功能组成，如工程建立、保存、打印；程序的剪切、复制、粘贴；元件或指令的查找、替换；程序的读入、写出；编程元件的监视、测试等

续表

序号	名称	内容
3	数据切换工具条	可在程序、参数、注释和编程元件内存这 4 项中切换
4	梯形图标记工具条	包含梯形图编辑所需要使用的常开触点、常闭触点、应用指令等
5	程序工具条	可进行梯形图模式、指令表模式的转换；进行读出模式、写入模式、监视模式、监视写入模式的转换
6	SFC 工具条	可对 SFC 程序进行块变换、块信息设置、排序、块监视操作
7	工程参数列表	显示程序、编程元件注释、参数、编程元件内存等内容，可实现这些项目数据的设定
8	状态栏	提示当前的操作；显示 PLC 类型以及当前操作状态等
9	操作编辑区	完成程序的编辑、修改、监控等的区域
10	SFC 符号工具条	包含 SFC 程序编辑所需要使用的步、块启动步、结束步、选择合并、平行合并等功能
11	编程元件内存工具条	进行编程元件的内存设置
12	注释工具条	可进行注释范围设置或对公共/各程序的注释进行设置

2. GX Developer 编程软件的启动与退出

启动 GX Developer 编程软件，可用鼠标双击桌面上的相应快捷图标，也可以依次单击【开始】→【所有程序】→【MELSOFT 应用程序】→【GX Developer】。图 4-85 所示为打开的 GX Developer 编程界面窗口。

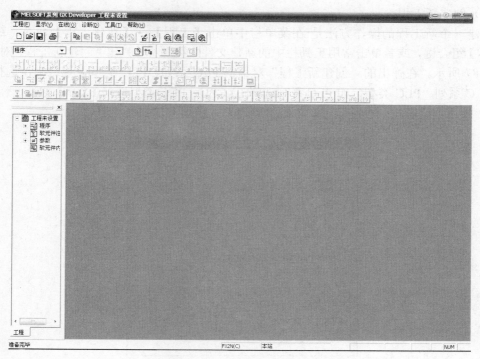

图 4-85　GX Developer 编程界面窗口

单击【工程】菜单下的【GX Developer 关闭】命令，即可退出 GX Developer 系统，如图 4-86 所示。

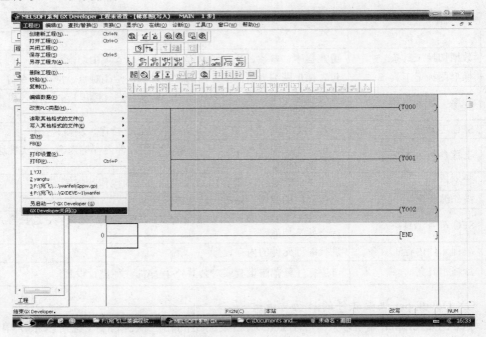

图 4-86 退出 GX Developer

3. 文件管理

（1）创建新工程。

创建一个新工程的操作方法是:在菜单栏中单击【工程】→【新建工程】命令，或者按【Ctrl+N】组合键，或者单击常用工具栏中的新建文件快捷图标，弹出"创建新工程"对话框，如图 4-87 所示。在弹出的"创建新工程"对话框 PLC 系列、PLC 类型设置栏中，选择工程用的 PLC 系列、PLC 类型，如 PLC 系列选择 FXCPU，PLC 类型选择 FX2N（C）。然后单击"确定"按钮，或者按回车键即可。单击"取消"按钮则不建立新工程。

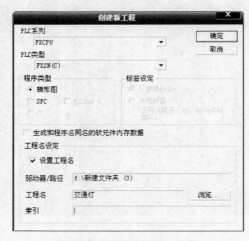

图 4-87 "创建新工程"对话框

"创建新工程"对话框下部的"设置工程名"区域用于设置工程名称。

　　设置工程名称的操作方法是：选中"设置工程名"复选框，然后在规定的位置，设置驱动器/路径（用于存放工程文件的字文件夹）、工程名和索引。

　　（2）打开工程。

　　打开工程的操作方法是：在菜单栏中单击【工程】→【打开工程】命令或者按【Ctrl+O】组合键，或者单击常用工具栏中的"打开"快捷图标，弹出"打开工程"对话框，如图 4-88 所示。

　　在"打开工程"对话框中，选择工程项目所在的驱动器、工程存放的文件夹、工程名称，选中工程名称后，单击"打开"按钮即可。

　　（3）工程的保存、关闭和删除。

　　① 保存当前工程。在菜单栏中单击【工程】→【保存】命令或者按【Ctrl+S】组合键，或者单击常用工具栏中的"保存"快捷图标即可。

　　如果是一次保存，会显示"另存工程为"对话框，如图 4-89 所示。选择工程存放的驱动器、文件夹，填写工程名、索引，再单击"保存"按钮。

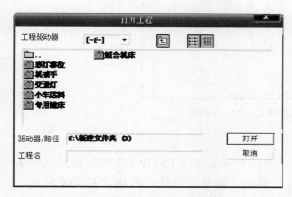

图 4-88　"打开工程"对话框

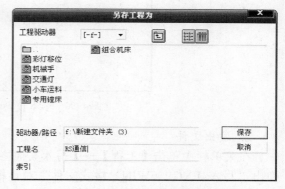

图 4-89　"另存工程为"对话框

　　② 关闭当前工程。在菜单栏中单击【工程】→【关闭工程】命令，在退出确认对话框中单击"是"按钮，退出工程；单击"否"按钮，返回编辑窗口。

　　③ 删除工程。在菜单栏中单击【工程】→【删除工程】命令，弹出"删除工程"对话框。单击欲删除文件的文件名，按回车键或单击"删除"按钮。或者双击欲删除的文件名，弹出删除确认对话框，单击"是"按钮，确认删除工程；单击"否"，返回上一对话框；单击"取消"按钮，不继续删除操作。

4.6.4　输入/输出其他格式的文件

1. 输入文件

　　在菜单栏中单击【工程】→【读取其他格式文件】→【读取 FXGP(WIN)格式文件】，弹出"读取 FXGP（WIN）格式文件"对话框，如图 4-90 所示，单击"浏览"按钮，弹出"打开系统名、机器名"对话框，在"系统名"文本框输入路径名，在"机器名"文本框输入程序文件名，当指定的程序文件处于根目录时，请将系统名称文本框置为空，选择 FXGP（WIN）格式文件所在的驱动器/路径、程序文件名，单击"确定"按钮，返回"读取 FXGP（WIN）格式文件"输入对话框。在对话框下部读取源数据选择页面，选择"程序文件"选项中，通过选中需要读取的数据名前的复选框来显示相应的数据。在"程序（MAIN）"前的复选框中单击，出现红色对勾后，再单击"开始"按钮，读取 FXGP（WIN）格式文件，读取完毕，单击"确定"按钮确认完成。在单击"执行"按钮，梯形图显示在主窗口中。

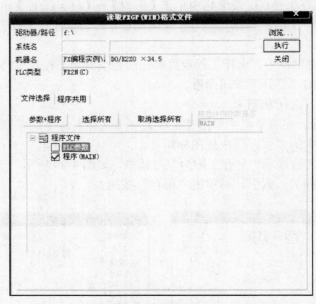

图 4-90 "读取 FXGP(WIN)格式文件"对话框

2. 输出文件

在菜单栏中单击【工程】→【写入其他格式文件】→【写入 FXGP（WIN）格式文件】，弹出"写入 FXGP（WIN）格式文件"对话框，单击"浏览"按钮，弹出"打开系统名、机器名"对话框，在"系统名"文本框输入路径名，在"机器名"文本框输入程序文件名，当指定的程序文件处于根目录时，请将系统名称文本框置为空，选择写入 FXGP（WIN）格式文件所在的驱动器/路径、程序文件名，单击"确定"按钮，返回"写入 FXGP（WIN）格式文件"对话框。在对话框下部读取源数据选择页面，选择"程序文件"选项卡，通过选中需要读取的数据名前的复选框来显示相应的数据。在"参数+程序（MAIN）"前的复选框中单击，出现红色对勾后，再单击"开始"按钮，写入 FXGP（WIN）格式文件，写入完毕，单击"确定"按钮确认完成。

4.6.5 梯形图编程

1. 触点、线圈输入

触点、线圈符号、特殊功能线圈、连接导线的输入和程序的清除，通过单击工具栏的触点、线圈等命令按钮，在输入标记对话框输入元件符号、地址号，再单击"确认"按钮来实现，如图 4-91 所示。

图 4-91 梯形图输入对话框

2．编辑操作

梯形图单元块的剪切、复制、粘贴、行插入、行删除等操作，通过执行【编辑】菜单栏中的相应命令实现，如图 4-92 所示。

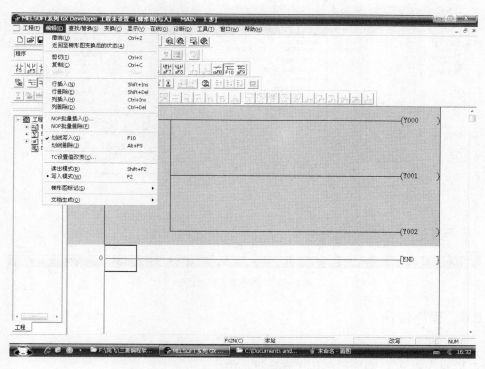

图 4-92　编辑菜单

3．梯形图的变换

将创建的梯形图变换后才能传输到 PLC 中，其操作方法是：在菜单栏中单击【变换】→【变换】命令或按【F4】键。

在梯形图中输入的指令或程序只有经过变换并置入指令表后才有效。在变换过程中显示梯形图变换信息，如果在未完成变换的情况下关闭梯形图窗口，程序提示"含有未变换梯形图，放弃为变换梯形图吗？"单击"是"按钮，新创建的梯形图被删除，单击"否"按钮，回到梯形图编辑窗口。

4．查找

在菜单栏中单击【查找/替换】，再选择要查找的软元件、指令、步号、字符串和触点线圈，从相应的对话框中选择对象和查找方向，进行相关元件接点、线圈和指令的查找，元件类型和编号的改变。元件的替换，可以通过执行【查找】菜单栏实现。

5．指令表编辑

在菜单栏中单击【显示】→【列表显示】可实现指令表状态下的编辑；通过单击【显示】→【列表显示】或【梯形图显示】,可实现指令列表程序与梯形图程序之间的转换。

6．程序检查

在菜单栏中单击【工具】→【程序检查】选项，在弹出的"程序检查"对话框中选择相应的检查内容，如图 4-93 所示，然后单击"执行"按钮，实现对程序的检查。

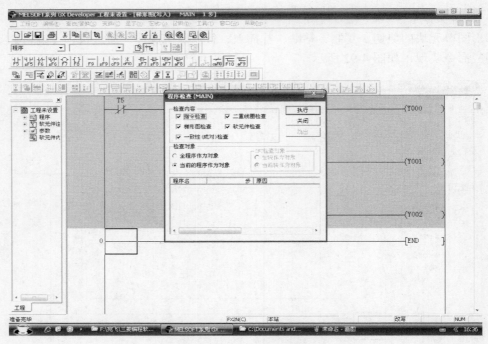

图 4-93 "程序检查"对话框

4.6.6　程序传送

1. 传送功能

PLC 读取：将 PLC 中的程序传送到计算机中。

PLC 写入：将计算机中的程序传送到 PLC 中。

PLC 校验：将在计算机与 PLC 中的程序进行比较校验。

2. 操作方法

在菜单栏中单击【在线】→【PLC 读取】、【PLC 写入】、【PLC 校验】菜单命令完成相应的操作。

当选择【PLC 写入】时，在"PLC 写入"对话框的文件选择标签内，程序选择主程序（MAIN），然后单击程序标签，单击"执行"按钮即可将程序写入 PLC。

3. 传送程序应注意的问题

① 计算机的 RS232C 端口及 PLC 之间必须用指定的电缆及转换器连接。

② 执行完【PLC 读取】后，计算机的程序将丢失，原有的程序将被读入的程序所替代，PLC 模式改变成被设定的模式。

③ 在执行【PLC 写入】时，PLC 应停止运行，程序必须在 RAM 或 EEPROM 内存保护关断的情况下写出，然后进行校验。

4.6.7　程序监控

1. 梯形图监控

依次单击【在线】→【监视】→【监视开始（全画面）】，弹出梯形图监视窗口，如图 4-94 所示。

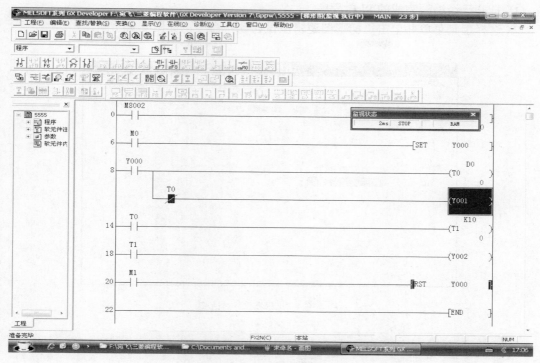

图 4-94 梯形图监视窗口

开始进行程序监控后，窗口中触点为蓝色表示触点闭合；线圈括号为蓝色，表示线圈得电；定时器、计数器设定值显示在其上部，当前值显示在其下部。

停止监控，可以依次单击【在线】→【监视】→【监视停止（全画面）】即可。

2．元件测控

① 强制元件 ON/OFF。依次单击【在线】→【调试】→【软元件测试】，弹出软元件测试对话框。在位软元件的软元件输入框中输入元件的符号或地址号，然后单击强制 ON 或强制 OFF 命令按钮，分别强制该元件为 ON 或 OFF。

② 当前值监视切换。依次单击【在线】→【监视】→【当前值监视切换（十进制）】菜单命令，字元件当前值以十进制显示数值。

单击【在线】→【监视】→【当前值监视切换（十六进制）】菜单命令，字元件当前值以十六进制显示数值。

3．远程操作

在菜单栏中单击【在线】→【远程操作】命令，弹出"远程操作"对话框，如图 4-95 所示。单击"操作"选项的下拉文本框，选择"RUN"或"STOP"选项，再单击"执行"命令按钮，根据提示进行相关操作就可以控制 PLC 的运行和停止。

4．GX Developer 仿真

在 GX Developer 软件中增加了 PLC 程序的离线调试功能，即仿真功能。通过该软件可以实现在没有 PLC 的情况下照样运行 PLC 程序，并实现程序的在线监控和时序图的仿真功能。功能：在不连接 PLC 的情况下，实现程序的离线调试和状态监控。

使用方法如下。

① 打开已经编写完成的 PLC 程序。

② 选择工具菜单并单击"梯形图逻辑测试起动"命令，如图 4-96 所示。

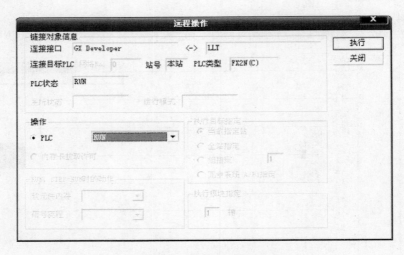

图 4-95 "远程操作"对话框

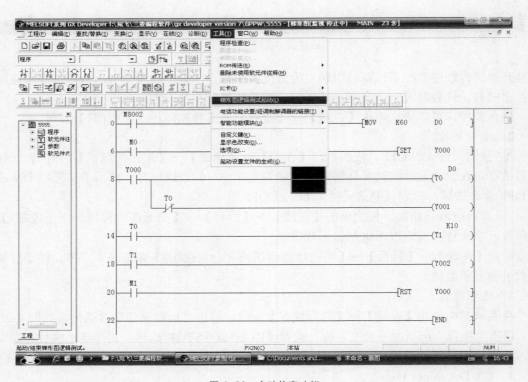

图 4-96 启动仿真功能

③ 等几秒后会出现如图 4-97 所示画面，此时 PLC 程序进入运行状态，单击【菜单启动】→【继电器内存监视】命令。

④ 此时，出现如图 4-98 所示画面，单击时序图中的"启动"命令。

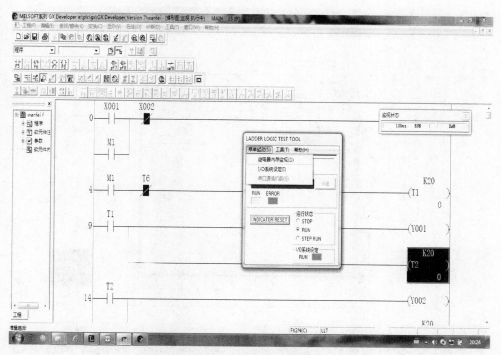

图 4-97　继电器内部监视

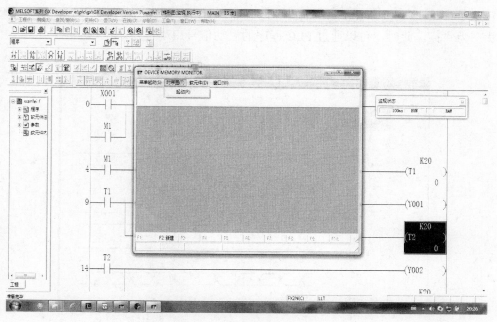

图 4-98　仿真功能说明

⑤ 等出现如图 4-99 所示画面时，单击监视菜单中的"开始/停止"命令或直接按【F3】键开始时序图监视。

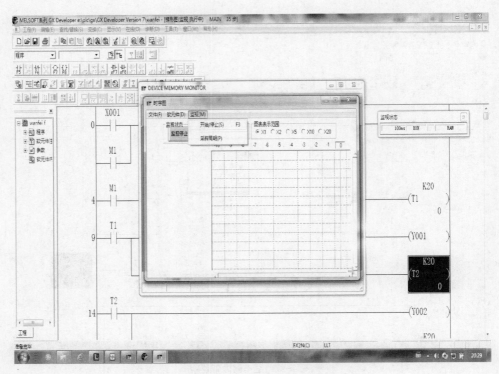

图 4-99　时序图监视操作

⑥ 此时，出现如图 4-100 所示的时序图画面，编程元件若为黄颜色，则说明该编程元件当前状态为"1"，此时，可以通过 PLC 程序的启动信号启动程序。

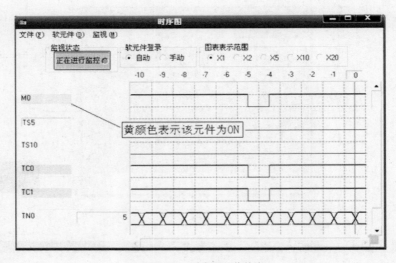

图 4-100　时序图工作状态

⑦ 图 4-101 所示为程序运行时的状态，若要停止运行，只要再次单击【监视】→【开始/停止】或按【F3】键即可。

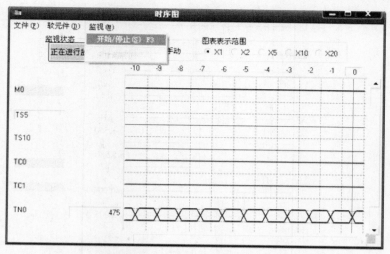

图 4-101 时序图停止监控操作

4.6.8 思考与练习

仿真软件编程实例

交通信号灯控制要求如图 4-102 所示，按照时序图给定的时间进行编程。

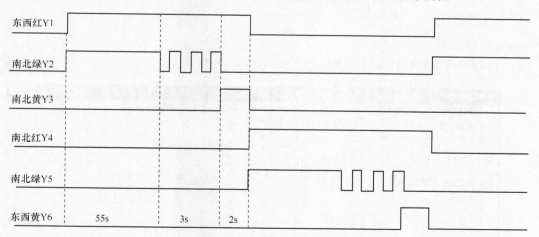

图 4-102 交通灯控制时序图

程序如下：

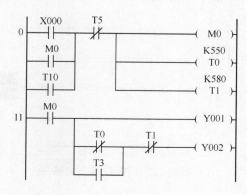

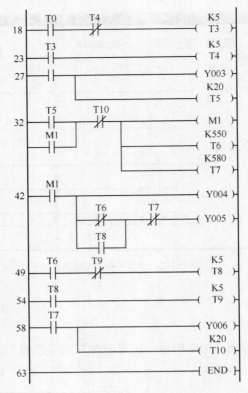

仿真步骤如下。

① 将程序用编程软件编辑出来经过转换后如图 4-103 所示。

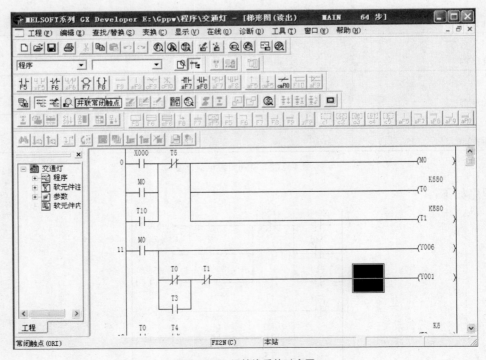

图 4-103　经转换后的时序图

② 选择【工具】→【梯形图逻辑测试起动】命令,如图 4-104 所示。

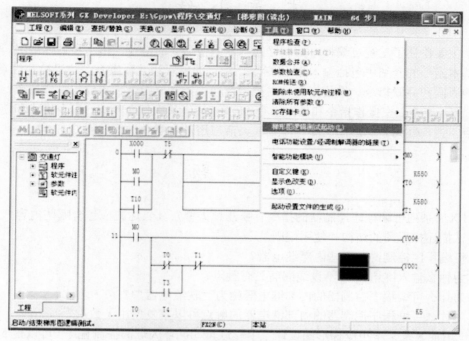

图 4-104 逻辑测试启动示意图

③ 等几秒后 PLC 程序进入运行状态,单击菜单启动中的"继电器内存监视"命令。

④ 单击时序图中的"启动"命令。

⑤ 在出现时序图画面时,单击【监视】→【开始/停止】命令或直接按【F3】键开始时序图监视。

⑥ 此时,出现时序图画面,编程元件若为黄颜色,则说明该编程元件当前状态为"1",此时可以通过 PLC 程序的启动信号启动程序。

⑦ 时序图如图 4-105 所示

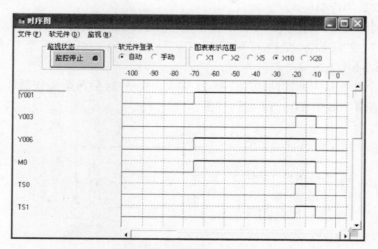

图 4-105 逻辑测试示意图

本 章 小 结

本章主要论述了三菱可编程序控制器的基本编程指令的格式、作用和具体用法。

在基本指令的介绍中包括输入/输出指令、触点的串联和并联指令、边沿检测触点指令、电路块的串联和并联指令、堆栈指令、主控指令和主控复位指令、置位与复位指令、脉冲输出指令、取反指令、空操作指令和结束指令 11 类指令。其中指令功能、指令格式和使用方面需要重点掌握，并结合梯形图的编程规则，灵活应用基本指令进行编程。

习　　题

1．FX2N 系列可编程序控制器的指令有哪几种类型？其表达式应包含哪些内容？

2．试描述梯形图的结构和使用规则。

3．可编程序控制器有哪些内部继电器？

4．为什么输入继电器 X 不设线圈而只有触点？

5．为什么可编程序控制器的内部继电器称为"软继电器"？

6．为什么可编程序控制器的内部继电器的触点可以重复使用无数次？

7．试用前 8 条基本指令梯形图设计一个彩灯自动循环闪烁的控制程序（可以是 5 个灯或 7 个灯一组）。

① 从第 1 个灯开始顺序隔 2s 点亮一个灯，全亮 5s 后全灭，以后从左向右再作循环。

② 从第 1 个灯开始顺序隔 2s 只点亮一个灯（其他灯灭），从左向右作循环。

③ 隔一个灯的第 2 个灯点亮 2s，从左向右作循环（即从 1,3-2,4-3,5-4,6-5,7）。

④ 从中间向两边顺序隔 2s 点亮，全亮 5s 后全灭，再作循环。

⑤ 全亮 7 个灯后从左向右顺序隔 2s 只熄灭一个灯作循环。

⑥ 全亮 7 个灯后从左向右顺序隔 2s 只熄灭两个灯作循环（即从 1,2-2,3-3,4-4,5-5,6…）。

⑦ 从第 1 个灯开始顺序隔 2s 点亮一个灯，全亮 5s 后再从左向右逐次隔 2s 熄灭一个灯，直至全灭 5s，以后再作循环。

⑧ 连续两个灯点亮 2s，从左向右作循环（即从 1,2-2,3-3,4-4,5-5,6…）。

⑨ 全亮 7 个灯后从左向右顺序隔 2s 只熄灭隔一灯的两个灯作循环（即从 1,3-2,4-3,5-4,6-5,7-6,1-7,2…）。

⑩ 全亮 7 个灯后从中间向两边顺序隔 2s 熄灭，全灭 5s 后再全亮作循环。

8．试画出图 4-106 中 Y0、Y1 的时序图。

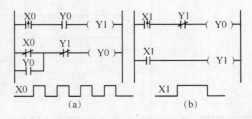

图 4-106　第 8 题图

9. 写出图 4-107 所示的梯形图对应的指令表。

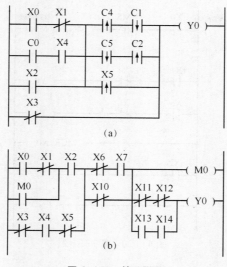

(a)

(b)

图 4-107 第 9 题图

10. 写出图 4-108 所示的梯形图对应的助记符指令表。

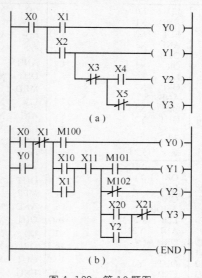

(a)

(b)

图 4-108 第 10 题图

11. 画出图 4-109 中 M0 的波形图，交换上下两行电路的位置，M0 的波形图有什么变化？为什么？

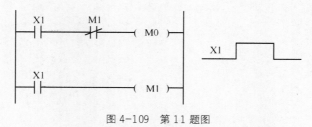

图 4-109 第 11 题图

12. 写出图 4-110 所示的梯形图对应的指令表。

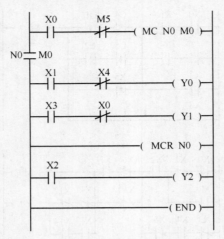

图 4-110 第 12 题图

13. 画出图 4-111 指令对应的梯形图。

步序	指令	元件
0	LD	X0
1	AND	X1
2	LDI	X2
3	ANI	X3
4	ORB	
5	OR	X4
6	LD	X6
7	ORI	X7
8	ANB	
9	OR	X5
10	OUT	Y2

(a)

步序	指令	元件
0	LD	M4
1	ORI	T10
2	LDI	X5
3	ORP	M20
5	ANDF	Y1
7	LDF	C3
9	ANI	Y24
10	ORB	
11	ANB	
12	OUT	Y0
13	END	

(b)

步序	指令	元件
0	LD	X0
1	MPS	
2	LD	X1
3	OR	X2
4	ANB	
5	OUT	Y0
6	MRD	
7	LD	X3
8	ANI	X4
9	LDI	X5
10	AND	X6
11	ORB	
12	ANB	
13	OUT	Y1
14	MPP	
15	AND	Y7
16	OUT	Y2
17	LD	X10
18	ORI	X11
19	OUT	Y3
20	END	

(c)

图 4-111 第 13 题图

第 **5** 章 三菱 PLC 的步进编程指令

【本章学习目标】

1. 了解可编程序控制器的步进指令应用原理。
2. 掌握步进功能图、步进梯形图和助记符编程的方法。
3. 学会将步进顺序功能图转换为梯形图的方法。
4. 了解步进程序的循环执行、分支和汇合的方法。

【教学目标】

1. 知识目标：了解可编程序控制器步进程序的工作原理，了解可编程序控制器的步进功能图、步进梯形图和指令表之间的相互转换关系。

2. 能力目标：通过可编程序控制器步进指令的演示，初步形成对可编程序控制器步进程序的感性认识，培养学生的学习兴趣。

【教学重点】

可编程序控制器步进指令的编程特点。

【教学难点】

可编程序控制器不同的循环执行、分支和汇合的方法。

【教学方法】

PLC 的步进功能图、步进梯形图和指令表的演示效果。

通过上一章的学习，读者已经了解到，用基本逻辑指令能够实现顺序控制。在实际的应用中不难发现，用基本逻辑指令实现较复杂的顺序控制，其梯形图比较复杂，而且不太直观。PLC 制造商为了方便用户的应用，开发出步进顺控指令，使复杂的顺序控制程序能够方便地实现。本章将介绍步进顺控指令的编程方法及应用实例。

5.1 状态转移图（SFC 图）

我们来看小车往复运动的顺序控制例子：如图 5-1（a）所示，小车在初始状态时停止在中间位置，限位开关 X0 为 ON。按下启动按钮 X3，小车按图示顺序往复运动，按下停止按钮 X4，小车停在初始位置。需注意的是，所有的限位开关以及按钮开关以常开触点接入 PLC 接线端。我们用基本逻辑指令编程，实现小车往复运动的控制，其梯形图如图 5-1（b）所示。

上面讨论过小车往复运动的顺序控制，其控制过程可以描述为初始状态、右行状态、左行状态。从初始状态到运行状态的转换由启动信号控制。有了启动信号，小车就进入右行状态。当右行到右限位后，小车转入左行状态，当左行到左限位后，小车又转入右行状态。其过程用图 5-2 来描述。

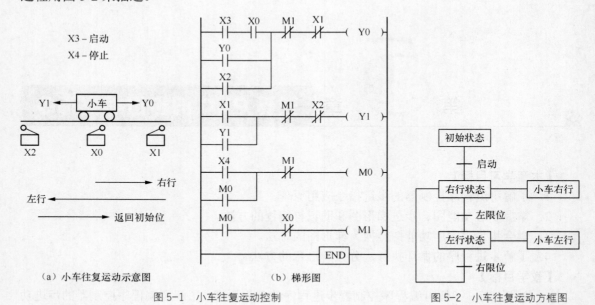

（a）小车往复运动示意图　　　　　　　　（b）梯形图

图 5-1　小车往复运动控制　　　　　　　　　　图 5-2　小车往复运动方框图

从以上具体例子不难看出，一个顺序控制过程可以分为若干个状态。状态与状态之间由转换分隔，相邻的状态具有不同的动作，当相邻两状态之间的转换条件得到满足时，就实现状态的转换，即上一个状态的动作结束而下一个状态的动作开始。描述这一过程的方框图称为状态转移图（SFC），也称步进功能图。状态转移图具有直观、简单的特点，是设计 PLC 顺序控制程序的一种有力工具。

在 PLC 中，每个状态用 PLC 中的状态软元件（状态继电器）表示。FX2N 系列 PLC 内部的状态继电器的分类、编号、数量及功能说明如表 5-1 所示。

表 5-1　　　　　　　　　　　　FX2N 系列 PLC 状态继电器一览表

类别	状态继电器号	数量（点）	功能说明
初始化状态继电器	S0～S9	10	初始化
返回状态继电器	S10～S19	10	用 IST 指令时原点回归用
普通型状态继电器	S20～S499	480	用在 SFC 的中间状态
掉电保持型状态继电器	S500～S899	400	具有停电记忆功能，停电后再启动，可以继续执行
诊断、报警用状态继电器	S900～S999	100	用于故障诊断或报警

另外，需要说明的有如下几点。

① 状态继电器的编号要在指定的类别范围内选用。

② 各状态继电器的触点在 PLC 内部可自由使用，使用次数不限。

③ 在不用状态转移图（或称步进顺空指令）编程时，状态继电器可作为辅助继电器在程序中使用。

④ 通过改变参数设置，可改变一般状态继电器和掉电保持状态继电器的地址号分配。

这里用 S0 表示小车运行的初始状态，S20、S21 分别表示小车的右行与左行状态。启动、初始位置、右限位、左限位信号由 PLC 的 X3、X0、X1、X2 输入端输入；右行、左行由 PLC 的 Y0、Y1 端输出，小车往复运动的状态转移图如图 5-3 所示。状态转移图中方框内是状态元件号，状态之间用有向线段连接。其中从上到下、从左到右的箭头可以省去不画，有向线段上的垂直短线和它旁边标注的文字符号或逻辑表达式表示状态转移条件。旁边的线圈表示输出信号。图 5-3 中小车在初始位置状态器 S0 有效时，按下启动按钮 X3，状态就由 S0 转换到 S20，输出 Y0 接通，小车右行。当转换条件 X1 接通，状态由 S20 转换到 S21，这时 Y0 断开，Y1 接通，小车左行。小车左行到左限位，X2 接通，状态由 S21 转换到 S20，又进入下一个循环。

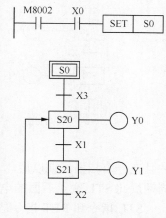

图 5-3　小车往复运动的状态转移图

5.2　步进顺控指令及编程

5.2.1　步进顺控指令

1. 指令格式

步进顺控指令助记符及功能如表 5-2 所示。

表 5-2　　　　　　　　　　　　步进顺控指令助记符及功能表

助记符、名称	功能	回路表示和可用软元件	程序步长
步进开始（STL）	步进梯形图开始	STL ──┤├──┤├──○── S0～S899	1 步
步进结束（RET）	步进梯形图结束	──── RET ────	1 步

2. 指令说明

STL：步进开始指令，其梯形图符号为 ─┤├─，操作元件为状态继电器 S0～S899。

RET：步进结束指令，其梯形图符号为 ─ RET ─，表示状态（S）流程的结束，用于返回主程序（左母线）的指令。

3. 步进指令使用说明

图 5-4 所示为步进指令的使用说明。图 5-4（a）所示为 SFC 图，称为步进功能图。每个状态器有 3 个功能：驱动有关负载、指定转换目标和指定转移条件。如图 5-4（a）中，状态 S20 驱动输出 Y0，其转移条件为 X1，当 X1 的常开触点闭合时，状态 S20 向 S21 转换。图 5-4（b）所示为相应的梯形图，图 5-4（c）所示为对应的指令表。

STL 触点与左母线相连，与 STL 相连的起始触点要用 LD、LDI 指令。使用 STL 指令后，相当于母线右移到 STL 触点右侧，一直到出现下一条 STL 指令或者出现 RET 指令为止。RET 指令使右移后的母线回到原来的母线。使用 STL 指令使新的状态置位，前一状态自动复位。

STL 触点接通后，与此相连的电路动作。当 STL 触点断开时，与此相连的电路不动作，

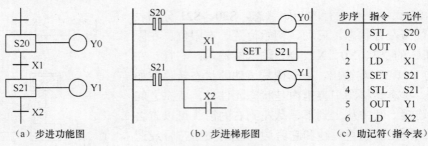

（a）步进功能图   （b）步进梯形图   （c）助记符（指令表）

图 5-4 步进指令使用说明

并且在一个扫描周期以后，不再执行指令（跳转状态），即若步进触点 S20 断开，一个扫描
周期后此 STL 触点后面的电路不执行，直接跳转到下一逻辑执行。

STL 指令和 RET 指令是一对指令。在一系列步进指令 STL 后，加上 RET 指令，表明步
进指令的结束，LD 触点返回原来的主母线，如图 5-5 所示。也就是说，当执行完步进程序后
需要回到主母线进行其他程序之前，必须使用 EET 指令关闭步进指令；而如图 5-3 所示，在
连续执行不同的步进程序中间，可以省略使用 EET 指令，因为后一步进指令执行时，就自然
关闭了前面的步进程序。

定时器线圈可在不同状态之间对同一软元件编程。但是，在相邻状态中则不能编程，如
图 5-6 所示。如果在相邻状态下编程，则状态转移时，定时器线圈不断开，当前不能复位。

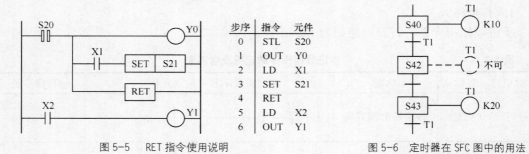

图 5-5 RET 指令使用说明   图 5-6 定时器在 SFC 图中的用法

在状态图编程时，不能从 STL 指令内母线中直接使用 MPS/SRD/MPP 指令。只有在 LD
或 LDI 指令后用 MPS/SRD/MPP 指令编制程序，如图 5-7 所示。

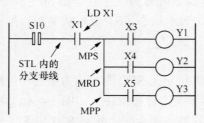

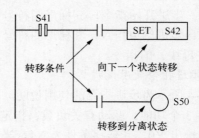

图 5-7 MPS/SRD/MPP 指令的位置   图 5-8 状态的转移方法

在状态转移图中，OUT 指令与 SET 指令对于 STL 指令后的状态（S）具有同样的功能，都
将自动复位转移源。但使用 OUT 指令时，在 SFC 图中用于向分离的状态转换，如图 5-8 所示。

在中断程序与子程序内，不能使用 STL 指令。在 STL 指令内不禁止使用跳转指令，但
其动作复杂，一般不要使用。表 5-3 所示为可在状态内处理的指令一览表。

表 5-3 可在状态内处理的指令一览表

状态		指　　令		
		LD/LDI/LDP/LDF,AND/ANI/ANDP/ ANDF/,OR/ORI/ORF,INV,OUT,SET/ RST,PLS/PLF	ANB/ORB MPS/MRD/MPP	MC/MCR
初始状态/一般状态		可使用	可使用	不可使用
分支、汇合 状态	输出处理	可使用	可使用	不可使用
	转移处理	可使用	不可使用	不可使用

5.2.2　状态转移图与步进梯形图的转换

顺控程序可以用状态转移图（SFC 图）表示，也可以用步进梯形图（STL 图）表示或指令表形式表示，其实质内容是一样的，三者之间可以相互转换。图 5-9 所示为同一控制程序的 SFC 图、STL 图和指令表。利用个人计算机和专用的编程软件可进行 SFC 图编程，在计算机上编好的 SFC 图程序通过接口以指令的形式传送给可编程序控制器的程序存储器中，由 PLC 运行此程序实现控制。也可以将 SFC 图人工转化为步进梯形图，再写成指令表，由简易编程器送到 PLC 程序存储器中。

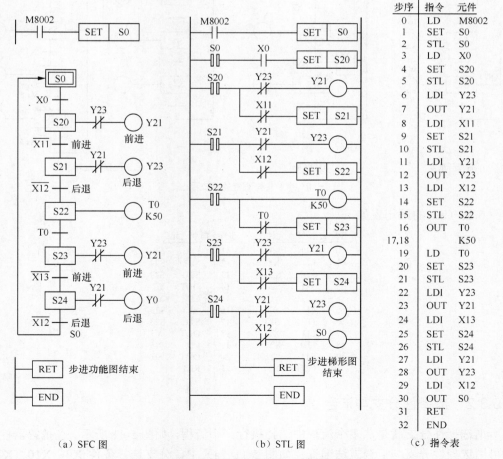

（a）SFC 图　　　　　　　　　　（b）STL 图　　　　　　　　　（c）指令表

图 5-9　同一控制程序的 SFC 图、STL 图和指令表

5.3 状态转移图流程的形式

在不同的顺序控制中，其 SFC 图的流程形式有所不同，大致归纳为单流程、选择性分支与汇合、并行分支与汇合、分支与汇合的组合。

5.3.1 单流程

图 5.10（a）所示的 SFC 图为单流程重复形式，整个流程中没有分支，动作不断重复循环。带跳转与重复的单流程如图 5.10（b）、（c）所示，跳转与重复等的分离状态用 OUT 指令编程。

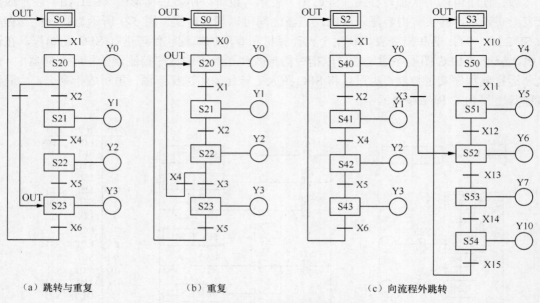

（a）跳转与重复　　　　　　（b）重复　　　　　　（c）向流程外跳转

图 5-10　带跳转与重复的单流程 SFC 图

图 5.10（a）的语句表如下：

步序	指令	元件	步序	指令	元件
0	STL	S0	11	LD	X4
1	LD	X1	12	SET	S22
2	SET	S20	13	STL	S22
3	STL	S20	14	OUT	Y2
4	OUT	Y0	15	LD	X5
5	LD	X7	16	SET	S23
6	OUT	S23	17	STL	S23
7	LD	X2	18	OUT	Y3
8	SET	S21	19	LD	X5
9	STL	S21	20	OUT	S0
10	OUT	Y1	21	RET	

5.3.2 选择性分支与汇合

所谓选择性分支就是从多个流程中选择执行一个流程，如图 5-11 所示。在抢答器控制程序中可用选择性分支与汇合方法编程。如图 5-11（a）中，分支选择条件 X0、X10、X20 不能同时接通。在状态器 S20 时，根据 X0、X10 和 X20 的状态决定执行哪一条分支。如一旦 X0 接通，动作状态就向 S21 转移，S20 复位置 0。因此，即使以后 X10 或 X20 动作，S31 或 S41 也不会被驱动。汇合状态 S50 可由 S22、S32、S42 中任意一个驱动。图 5-12（a）所示为对应于图 5-11 的步进梯形图。

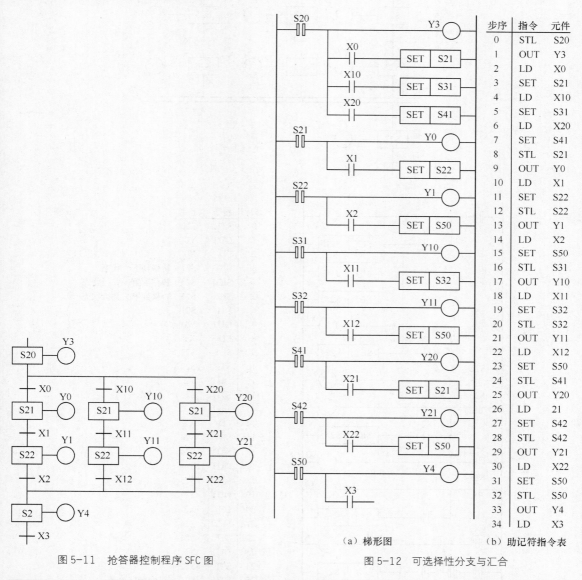

图 5-11　抢答器控制程序 SFC 图

（a）梯形图　　（b）助记符指令表

图 5-12　可选择性分支与汇合

在分支与汇合的转移处理程序中，不能用 MPS、MRD、MPP、ANB、ORB 指令。此外，即使负载驱动回路也不能直接在 STL 指令后面使用 MPS 指令。

5.3.3　并行分支与汇合

所谓并行分支就是多个流程可同时执行的分支，如图 5-13 所示。在自动化生产线的控制程序中可用到并行分支与汇合程序。

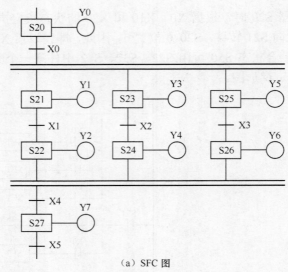

（a）SFC 图

步序	指令	元件
0	STL	S20
1	OUT	Y0
2	LD	X0
3	SET	S21－转移到下一状态
4	SET	S23－转移到第一并行状态
5	SET	S25－转移到第二并行状态
6	STL	S21
7	OUT	Y1
8	LD	X1
9	SET	S22
10	STL	S22
11	OUT	Y2
12	STL	S23
13	OUT	Y3
14	LD	X2
15	SET	S24
16	STL	S24
17	OUT	Y4
18	STL	S25
19	OUT	Y5
20	LD	X3
21	SET	S26
22	STL	S26
23	OUT	Y6
24	STL	S22
25	STL	S24
26	STL	S26
27	LD	X4
28	SET	S27
29	STL	S27
30	OUT	Y7
31	LD	X5

24-26 汇合转移处理

（b）梯形图　　　　　　（c）助记符指令表

图 5-13　并行分支与汇合

图 5-13（a）所示为选择性分支与汇合的 SFC 图，图 5-13（b）所示为对应的梯形图，图 5-13（c）所示为对应的指令程序编程。

 并行的分支应限制在 8 路以下。

5.3.4　分支与汇合的组合

图 5-14 所示的 SFC 图为分支与汇合的组合形式，它们的特点是从汇合转移到分支线时直接连接，而没有中间状态。对于这样的情况，一般在汇合线转移部分支线的直接连接之间插入一个空状态，如图 5-15 所示。

图 5-16 所示的 SFC 图为选择性分支与汇合中嵌套选择性分支与汇合状态图，可以将这种形式的 SFC 图改写为没有嵌套的选择性分支与汇合，如图 5-17 所示。

图 5-18 所示为选择性分支与汇合中有并行分支与汇合的 SFC 图。

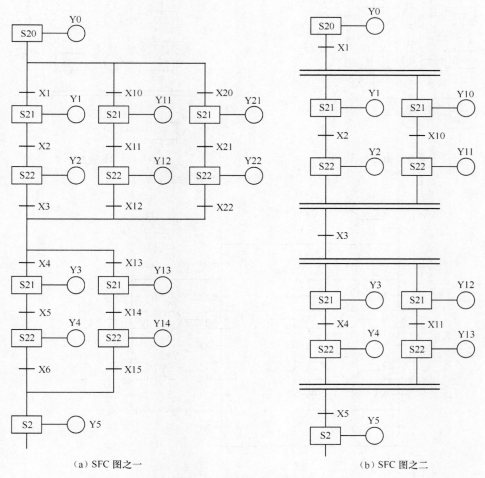

（a）SFC 图之一　　　　　　　　　　　（b）SFC 图之二

图 5-14　分支与汇合的组合

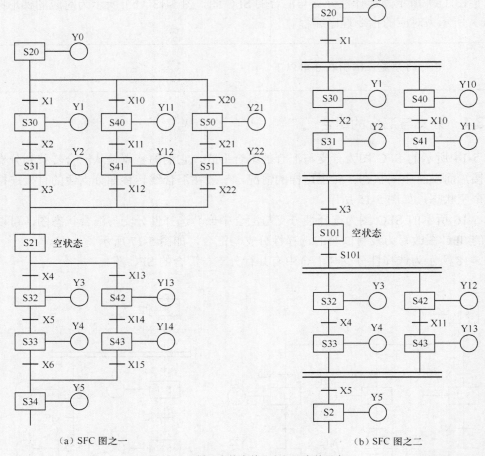

（a）SFC 图之一　　　　　　　（b）SFC 图之二

图 5-15　插入空状态的分支与汇合的组合

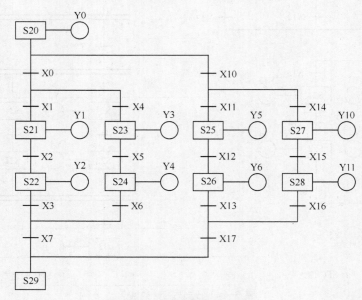

图 5-16　嵌套选择性分支与汇合

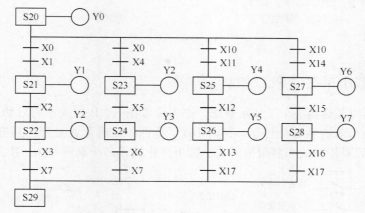

图 5-17 选择性分支与汇合

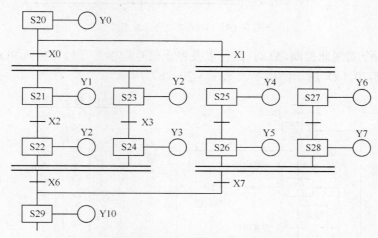

图 5-18 选择性与并行性分支的组合

其指令表程序如下：

步序	指令	元件	步序	指令	元件
0	STL	S20	22	LD	X4
1	OUT	Y0	23	SET	S26
2	LD	X0	24	STL	S26
3	SET	S21	25	OUT	Y5
4	SET	S23	26	STL	S27
5	LD	X1	27	OUT	Y6
6	SET	S25	28	LD	X5
7	SET	S27	29	SET	S28
8	STL	S21	30	STL	S28
9	OUT	Y1	31	OUT	Y7
10	LD	X2	32	STL	S22
11	SET	S22	33	STL	S24
12	STL	S22	34	LD	X6
13	OUT	Y2	35	SET	S29
14	STL	S23	36	STL	S26
15	OUT	Y2	37	STL	S28
16	LD	X3	38	LD	X7
17	SET	S24	39	SET	S29
18	STL	S24	40	STL	S29
19	OUT	Y3	41	OUT	Y10
20	STL	S25	⋮		
21	OUT	Y4	⋮		

5.4 编程实例

5.4.1 送料小车工作 PLC 控制

图 5-19 所示为某送料小车工作示意图。小车可以在 A、B 之间正向启动（前进）和反向启动（后退）。小车前进至 B 处停车，延时 10s 后返回；后退至 A 处停车后立即返回。在 A、B 两处分别装有后限位开关和前限位开关。按下停止按钮，小车停在 A、B 之间任一位置。

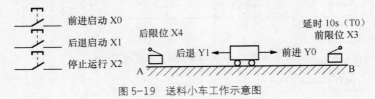

图 5-19 送料小车工作示意图

用步顺控指令实现此控制，启动、限位以及停止信号均以常开触点接入 PLC 的输入端子。其 SFC 图如图 5-20（a）所示，指令表如图 5-20（b）所示。

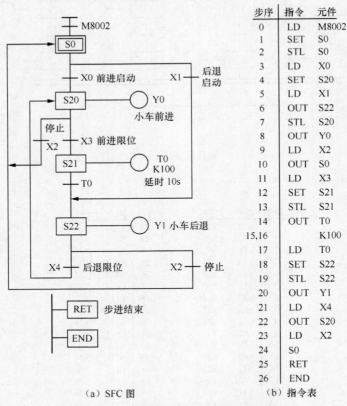

步序	指令	元件
0	LD	M8002
1	SET	S0
2	STL	S0
3	LD	X0
4	SET	S20
5	LD	X1
6	OUT	S22
7	STL	S20
8	OUT	Y0
9	LD	X2
10	OUT	S0
11	LD	X3
12	SET	S21
13	STL	S21
14	OUT	T0
15,16		K100
17	LD	T0
18	SET	S22
19	STL	S22
20	OUT	Y1
21	LD	X4
22	OUT	S20
23	LD	X2
24		S0
25	RET	
26	END	

（a）SFC 图　　　　（b）指令表

图 5-20 送料小车控制的 SFC 图和指令表

5.4.2 剪板机动作 PLC 控制

某自动剪板机动作示意图如图 5-21 所示。

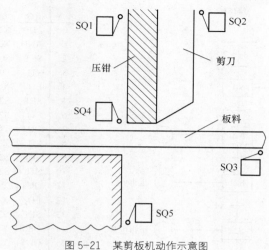

图 5-21　某剪板机动作示意图

该剪板机的送料由电动机驱动，送料电动机由接触器 KM 控制；压钳的下行和复位由液压电磁阀 YV1 和 YV3 控制；剪刀的下行剪切和复位由液压电磁阀 YV2 和 YV4 控制。SQ1~SQ5 为限位开关。

控制要求：当压钳和剪刀在原位（即压钳在上限位 SQ1 处，剪刀在上限位 SQ2 处），按下启动按钮后，电动机送料，板料右行，至 SQ3 处停→压钳下行→至 SQ4 处将板料压紧、剪刀下行剪板→板料剪断落至 SQ5 处，压钳和剪刀上行复位，至 SQ1、SQ2 处回到原位，等待下次再启动。剪板机执行元件状态如表 5-4 所示，I/O 设备及 I/O 点编号的分配如表 5-5 所示。

表 5-4　　　　　　　　　　　　　　剪板机执行元件状态表

动作	执行元件				
	KM	YV1	YV2	YV3	YV4
送料	1	0	0	0	0
压钳下行	0	1	0	0	0
压钳压紧，剪刀剪切	0	1	1	0	0
压钳复位，剪刀复位	0	0	0	1	1

表 5-5　　　　　　　　　　　　　　剪板机 I/O 设备及 I/O 点编号

输入设备		输入点编号	输出设备	输出设备	输出点编号
限位开关	SQ1	X1	电磁阀	YV1	Y1
	SQ2	X2		YV2	Y2
	SQ3	X3		YV3	Y3
	SQ4	X4		YV4	Y4
	SQ5	X5			
启动按钮		X0	电动机接触器 KM		Y0

根据表 5-4 所示的动作状态及控制要求编制的 SFC 图如图 5-22（a）所示，其指令表如图 5-22（b）所示。

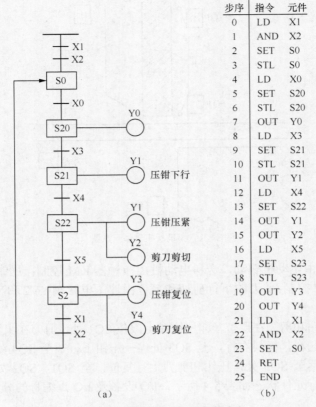

步序	指令	元件
0	LD	X1
1	AND	X2
2	SET	S0
3	STL	S0
4	LD	X0
5	SET	S20
6	STL	S20
7	OUT	Y0
8	LD	X3
9	SET	S21
10	STL	S21
11	OUT	Y1
12	LD	X4
13	SET	S22
14	OUT	Y1
15	OUT	Y2
16	LD	X5
17	SET	S23
18	STL	S23
19	OUT	Y3
20	OUT	Y4
21	LD	X1
22	AND	X2
23	SET	S0
24	RET	
25	END	

(a)   (b)

图 5-22　某剪板机 SFC 图和指令表

5.4.3　液体混合装置控制系统

液体混合装置示意图如图 5-23 所示，上限位、下限位和中限位液位传感器被液体淹没时为 ON。阀 A、阀 B 和阀 C 为电磁阀，线圈通电时打开，线圈断电时关闭。开始时容器是空的，各阀门均关闭，各传感器均为 OFF。按下启动按钮（X3）后，打开阀 A，液体 A 流入容器，中限位开关变为 ON 时，关闭阀 A，打开阀 B，液体 B 流入容器。当液面到达 A 流入容器，中限位上限位开关时，关闭阀 B，电动机 M 开始运行，搅动液体，6s 后停止搅动。打开阀 C，放出混合液，当液面降至下限位开关之后再过 2s，容器放空，关闭阀 C，打开阀 A，又开始下一周期的操作。

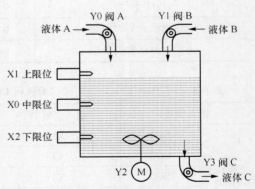

图 5-23　液体混合装置

按下停止（X4）按钮，在当前工作周期的操作结束后，才停止操作（停在初始状态）。

该系统的顺序控制过程为初始状态→进液体 A→进液体 B→搅拌→放混合液，我们用 S0 表示初始状态，S20、S21、S22、S23 状态器分别表示进液体 A、进液体 B、搅拌、放混合液 4 个状态。按控制要求，其 SFC 图如图 5-24（a）所示，梯形图如图 5-24（b）所示。

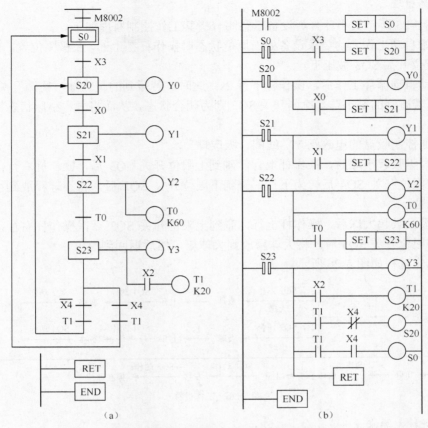

图 5-24 液体混合装置控制系统的状态图与梯形图

5.4.4 大小球分类选择传送控制

大小球分类传送设备示意图如图 5-25 所示。电动机驱动操作杆带动吸盘上下移动，完成取球和放球动作。通过行程开关 SQ2 通断状态判别大小球，由电动机驱动操作杆左右移动，将大小球送往指定位置，从而完成大小球分拣的工作过程。

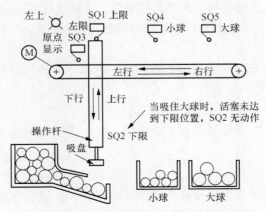

图 5-25 大小球分类传送设备示意图

1. 控制原理

依据图 5-25 所示大小球分类设备示意图分析其工作控制原理如下。

① 开始自动工作之前要求设备处于原位状态时操作杆在上部，左极限位置、上限位开关 SQ1 和左限位开关 SQ3 被压下。

② 启动自动循环工作后，操作杆下行 2s。此时，若碰到的是大球，检测开关 SQ2 仍为断开状态，若碰到的是小球，检测开关 SQ2 则为闭合状态，从而将大、小球状态转换成开关检测信号。

③ 接通控制吸盘的电磁阀 YV 线圈，吸取球。

④ 当吸盘吸起小球后，操作杆上行，碰到上限位开关 SQ3 后，操作杆右行；碰到小球存放位置右限位开关 SQ4 后转为下行，碰到下限位开关 SQ2 后，将小球释放到小球箱，然后返回到原位。

⑤ 当吸盘吸起大球后，操作杆上行，碰到上限位开关 SQ3 后，操作杆右行；碰到大球存放位置右限位开关 SQ5 后，将大球释放到大球箱，然后返回到原位。

整个工作过程如图 5-26 所示。

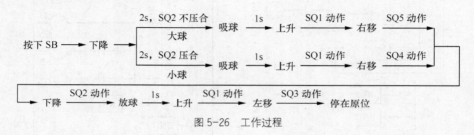

图 5-26　工作过程

2. 分析控制要求

根据步进状态编程的思想，首先将系统的工作过程进行分解，其流程如图 5-27 所示。

图 5-27 可转换成如图 5-28 所示的状态转移图。

图 5-28 所示为选择性分支状态转移图，它具有以下 3 个特点。

① 状态转移图有两个或两个以上分支。分支 A 为小球传送控制流程，分支 B 为大球传送控制流程。

② S21 为分支状态。S21 状态是分支流程的起点，称其为分支状态。

在分支状态 S21 下，系统根据不同的转移条件，选择执行不同的分支，但不能同时成立，只能有一个为 ON。若 X002 已动作，当 T1 动作时，执行分支 A；若 X002 未动作，T1 动作时，执行分支 B。

③ S25 为汇合状态。S25 状态是分支流程的汇合点，称其为汇合状态。汇合状态 S25 可以由 S24、S34 中的任一状态驱动。

3. 确定输入设备

系统的输入设备有 5 个行程开关和 1 个按钮，PLC 需用 6 个输入点分别和它们的常开触头相连。

4. 确定输出设备

系统由电动机 M1 拖动分拣臂左移或右移，电动机 M2 拖动分拣臂上升或下降，电磁铁 YV 吸、放球，原点到位由指示灯 HL 显示。由此确定，系统的输出设备有 4 个接触器、1 个电磁铁和 1 个指示灯，PLC 需用 6 个输出点分别驱动控制两台电动机正、反转的接触器线圈、电磁铁和指示灯。

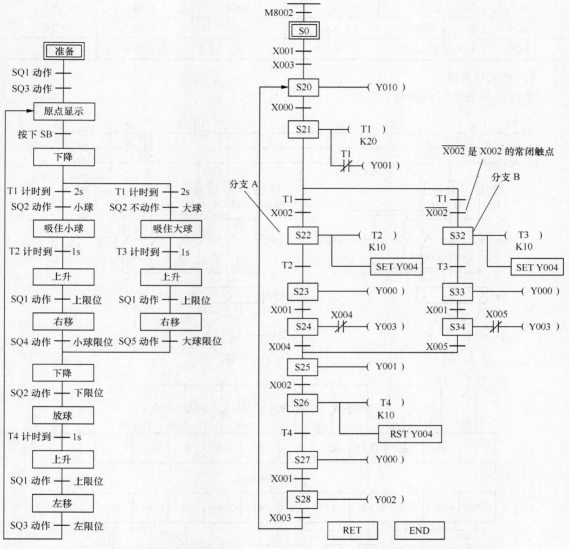

图 5-27 大小球分类传送控制系统工作流程图   图 5-28 大小球分类传送控制系统状态转移图

5. I/O 点分配

I/O 点分配如表 5-6 所示。

表 5-6   I/O 点分配表

输　　入			输　　出		
元件代号	功能	输入点	元件代号	功能	输出点
SB	系统启动	X0	KM1	上升	Y0
SQ1	上限位	X1	KM2	下降	Y1
SQ2	下限位	X2	KM3	左移	Y2

输　　入			输　　出		
SQ3	左限位	X3	KM4	右移	Y3
SQ4	小球限位	X4	YA	吸球	Y4
SQ5	大球限位	X5	HL	原点显示	Y10

6. 系统线路图

系统线路图如图 5-29 所示。

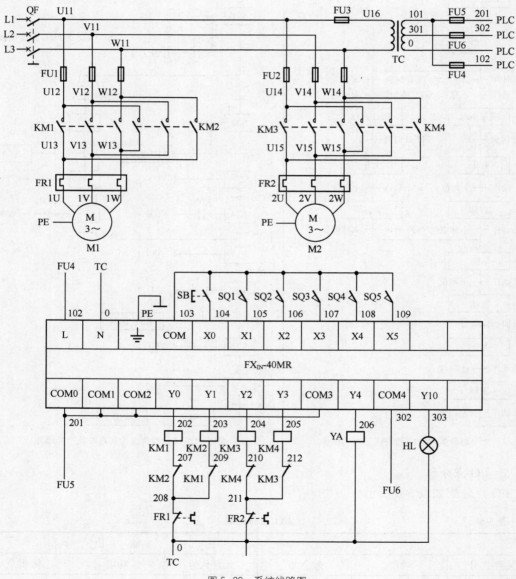

图 5-29　系统线路图

7. 程序设计

程序设计如图 5-30 所示。

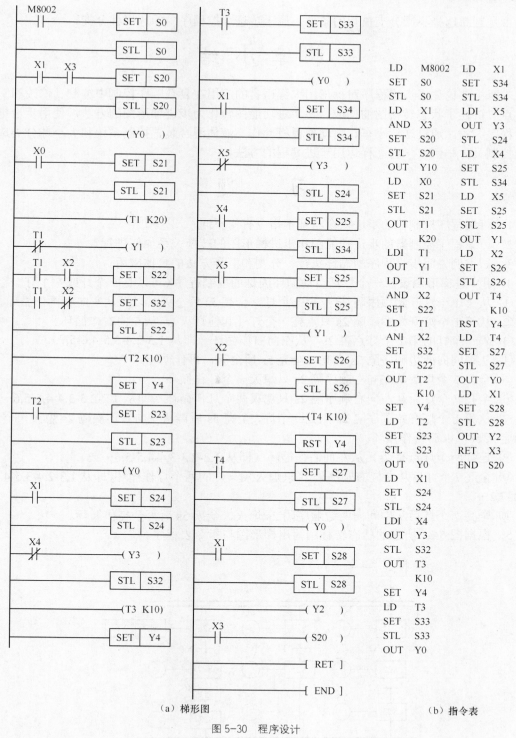

（a）梯形图　　　　　　　　　　　　　（b）指令表

图 5-30　程序设计

8. 程序说明

根据大小球分类传送装置的工作过程，以吸住的球的大小作为选择条件，可将工作流程分成两个分支，SQ2 压合时，系统执行小球分支，反之，系统执行大球分支。显然，SQ2 动作与否是判断选择不同分支执行的条件，属于步进顺控程序中的选择性分支。

本 章 小 结

本章主要论述了步进程序对梯形图编程语言的应用在复杂顺序控制中编制、修改和阅读的特点。讲述了状态转移图的构成，将步进功能图转化为步进梯形图的方法，使用步进指令进行程序编程。通过送料小车、自动剪板机动作、液体混合装置控制系统和大小球分类选择传送控制具体举例，学会怎样运用步进编程的方法。

习　　题

1．可编程序控制器的步进指令与基本指令有何不同？

2．可编程序控制器的步进功能图和步进梯形图的转换关系如何进行？

3．试举例说明步进程序的循环执行、分支和汇合方法的具体应用。

4．用步进梯形图设计一个彩灯自动循环闪烁的控制程序（可以是 5 个灯或 7 个灯一组）。

① 从第 1 个灯开始顺序隔 2s 点亮一个灯，全亮 5s 后全灭，以后从左向右再作循环。

② 从第 1 个灯开始顺序隔 2s 只点亮一个灯（其他灯灭），从左向右作循环。

③ 隔一个灯的第 2 个灯点亮 2s，从左向右作循环（即从 1,3-2,4-3,5-4,6-5,7）。

④ 从中间向两边顺序隔 2s 点亮，全亮 5s 后全灭，再作循环。

⑤ 全亮 7 个灯后从左向右顺序隔 2s 只熄灭一个灯作循环。

⑥ 全亮 7 个灯后从左向右顺序隔 2s 只熄灭两个灯作循环（即从 1,2-2,3-3,4-4,5-5,6…）。

⑦ 从第 1 个灯开始顺序隔 2s 点亮一个灯，全亮 5s 后再从左向右逐次隔 2s 熄灭一个灯，直至全灭 5s，以后再作循环。

⑧ 连续两个灯点亮 2s，从左向右作循环（即从 1,2-2,3-3,4-4,5-5,6…）。

⑨ 全亮 7 个灯后从左向右顺序隔 2s 只熄灭隔一灯的两个灯作循环（即从 1,3-2,4-3,5-4,6-5,7-6,1-7,2…）。

⑩ 全亮 7 个灯后从中间向两边顺序隔 2s 熄灭，全灭 5s 后再全亮作循环。

5．根据图 5-31 所示的状态转移图写出梯形图与指令表程序。

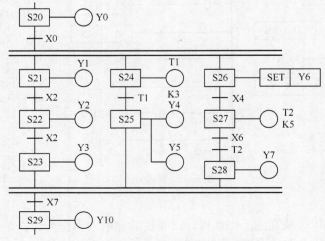

图 5-31　第 5 题 SFC 图

6. 根据图 5-32 所示的状态转移图写出其梯形图与指令表程序。

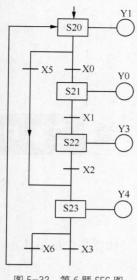

图 5-32　第 6 题 SFC 图

第 6 章　三菱 PLC 的功能编程指令

【本章学习目标】

1．熟悉功能指令的使用规则。

2．掌握常用程序流程控制与传送比较指令的用法。

3．掌握算术和逻辑运算指令的用法。

4．掌握循环位移指令的用法。

5．了解其他功能指令的用法。

【教学目标】

1．知识目标：了解功能指令的基本结构和工作原理，了解常用程序流程控制与传送比较指令的用法，以及各种功能指令的互相联系。

2．能力目标：通过功能指令的实践演示，初步形成对功能指令的感性认识，培养学生的学习兴趣。

【教学重点】

程序流程控制与传送比较指令及循环指令的灵活运用。

【教学难点】

循环位移指令的用法。

【教学方法】

实践操作和多举例子，相互交流讨论法。

可编程序控制器除了具有基本逻辑指令和步进指令外，还具有许多功能指令，如 FX0N 系列具有 20 条基本指令，51 条功能指令；而 FX2N 系列具有 27 条基本逻辑指令和 298 条功能指令。所以，不同系列的可编程序控制器，其功能指令相差很多。功能指令实际上是执行一个个功能不同的子程序的调用，它既能简化程序设计，又能完成复杂的数据处理、数值运算，实现高难度控制。

6.1　功能指令的表示方式

FX 系列可编程序控制器的功能指令采用梯形图和指令助计符相结合的表达方式，如图 6-1 所示。

指令助记符采用英文名称或其缩写，稍具英语知识的人都能够马上识别其意义，所以功能指令的表达方式具有简单易懂

图 6-1　功能指令的基本形式

的特点。指令助记符前面有 D 表示该功能指令处理 32 位操作数，因为数据寄存器为 16 位，这时相邻的两个元件组成元件对，为避免出现错误，这种情况下尽可能使用偶数为首地址的操作数，表示低 16 位元件，而下一个元件即为高 16 位元件。没有 D 这个符号，表示该功能指令处理 16 位数据。指令助记符后面有 P 表示指令的执行条件由 OFF→ON 时指令执行一次，即该指令脉冲执行。如果助记符后面没有 P 这个符号，在执行条件为 ON 的每一个扫描周期该指令都要被执行，即该指令连续执行。

操作元件由 1～4 个操作数组成，用[S]表示源（Source）操作数，[D]表示目标（Destination）操作数。如果使用变址功能，则表示为[S·]、[D·]。用 m、n 表示常数作为[S·]和[D·]的补充说明，常数 K 表示十进制，H 表示十六进制。

操作元件分为字元件和位元件。处理数据的元件称为字元件，如 T、C、D 等。只有 ON/OFF 状态的元件称为位元件。每相邻的 4 个位元件组成一个单元，K*n* 加首位元件号表示 *n* 组单元。例如，K2M0 表示 M0～M7 组成的两个位元件组，M0 为数据的最低位；K4S10 表示由 S10～S25 组成的 16 位数据，S10 为最低位。为避免混乱，被组合的位元件的首位元件号建议采用以 0 结尾的元件，如 X0、X10、M0、S10 等。

下面以求平均值指令 MEAN 为例（编程格式见图 6-2）具体说明功能指令的基本格式。

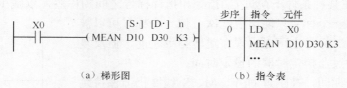

（a）梯形图　　　　　　　　（b）指令表

图 6-2　功能指令编程示例

1. 指令内容的解释

① 常开触点 X0 为程序执行的条件。

② MEAN 为求平均值的助记符。

③ D10、D30 和 K3 为操作数，其中 D10 为源操作数，D30 为目的操作数，K3 为常数。

2. 程序含义

当常开触点 X0 接通时，求出 D10 开始的连续 3 个元件的平均值，结果送到目标寄存器 D30。

3. 标识说明

源操作数用[S]表示，当操作数使用变址功能时，表示为[S·]，源操作数不止一个时，可用[S1·]、[S2·]表示。

目的操作数用[D]表示，当操作数使用变址功能时，表示为[D·]，源操作数不止一个时，可用[D1·]、[D2·]表示；K3 是取值个数，表示为 n 或 m，它们常用来表示常数，或作为源操作数和目标操作数的补充说明，需注释的项目较多时，可以采用 m1、m2 等方式表示。

每一条功能指令都有一个编号（如 MOV 的编号为 12），用手持编程器输入功能指令时，需先按 FNC 键，然后输入功能指令编号。图 6-3 所示为 SWOPC-FXGP/WIN-C 个人计算机编程软件中功能指令的表现形式。从图中可以看出，梯形图和指令表中体现不出功能指令的编号。在此软件的梯形图中，功能指令的助记符和操作元件写在一个方括号内，之间用空格隔开。为明了起见，本书仍用方框把助记符和每个操作数框住来表示功能指令（见图 6-4）。

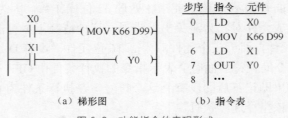

步序	指令	元件
0	LD	X0
1	MOV	K66 D99
6	LD	X1
7	OUT	Y0
8	...	

（a）梯形图　　　　　　（b）指令表

图 6-3　功能指令的表现形式

6.2　FX2N 系列可编程序控制器功能指令

6.2.1　程序流向控制功能指令（FNC00 ~ FNC09）

1. 条件跳转指令

条件跳转指令 CJ（Conditional Jump）（FNC00）的操作数为指针 P0~P127（可以变址修改），表示跳转目标，P63 表示跳转到 END 步，无须标记。该指令占 3 步，指针标号占 1 步。

CJ 指令用于在某种条件下跳过 CJ 指令和指针标号之间的程序，以减少扫描时间。

在程序中，同一个标号只能出现一次，但一个标号可以被两条跳转指令使用。标号也可以出现在跳转指令之前，但反复跳转的时间不能超过监控定时器的设定时间。

执行跳步指令期间，被跳过的 Y、M、S 线圈仍旧保持跳步前的状态，不论执行条件是否满足。若跳步前定时器、计时器正在计时、计数，则立即中断工作，直到跳转结束后再继续工作。但正在工作的 T63 和高速计时器不受跳步的影响，仍可继续工作。

在图 6-4 中，当自动/手动切换的转换开关 X0 为 ON 时，跳步指令 CJ P0 执行条件满足，程序跳到 P0 标号处，而跳步指令 CJ P1 条件不满足，程序不跳转，执行手动程序。反之，X0 为 OFF 时，执行自动程序。

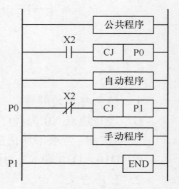

图 6-4　自动 / 手动的切换

2. 子程序相关指令

子程序调用指令 CALL（Subroutine Call）（FNC01）的操作数为指针标号 P0~P127（不包括 P63，允许变址修改），表示子程序的入口，该指令占 3 步，指针标号占 1 步。子程序返回指令 SRET（Subroutine Return）（FNC02）无操作数，占用一个程序步。

CALL 指令用于一定条件下调用并执行子程序。使用 SRET 指令回到原跳转点下一条指令继续执行主程序。子程序可以嵌套调用，最多嵌套 5 级。

图 6-5 中 X3 为 ON 时，CALL 指令使程序跳到标号 P9 处，子程序被执行，执行完 SRET 指令后返回到 106 步继续执行主程序。

子程序标号应该写在主程序结束指令 FEND 之后，且同一标号只能出现一次，CJ 指令用

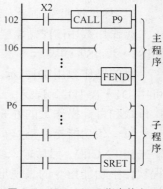

图 6-5　CALL、SRET 指令的应用

过的标号不能再用。CALL 指令必须和 FEND 指令、SRET 指令结合在一起使用。CALL 指令调用的子程序应放在 FEND 之后。

3. 中断相关指令

中断返回指令 IRET（Interruption Return）、允许中断指令 EI（Interruption Enable）、禁止中断指令 DI（Interruption Disable）的功能指令编号分别为 FNC03、FNC04 和 FNC05。它们均无操作数，分别占用一个程序步。

FX2N 系列可编程序控制器具有 6 个和 X0～X5 对应的中断输入点，中断指针为 I□0△，其中□=0～5，对应 X0～X5；△=0，下降沿中断；△=1，上升沿中断。

FX2N 系列有 3 点定时器中断，中断指针为 I6△△～I8△△，低两位是以 ms 为单位的定时时间。定时器中断用于高速处理或间隔一定时间执行的程序。

输入中断和定时中断的指针统一格式为 I□△△(□=0～8)，当特殊辅助继电器 M805□ 为 ON 时，禁止执行相应的中断。

FX2N 系列还有 6 点计数器中断，中断指针为 I0△0，其中△=1～6。计数器中断与高速计数器比较置位指令 HSCS 配合使用，由高速计数器当前值产生中断。特殊辅助继电器 M8059 为 ON 时，关闭所有的计时器中断。

EI 和 DI 之间的程序段为允许中断的区间，当程序执行到该区间时，如果出现中断信号，则停止执行主程序，转而去执行相应的中断子程序，执行到中断返回指令 IRET 时，返回原中断点，继续执行原来的主程序。表示中断服务程序首地址的中断指针应该编在 FEND 指令的后面。

在图 6-6 中，当程序执行到允许中断的区间时，如果 X10、X11 没有接通，而中断信号输入 X0 或 X3 接通，则转去处理相应的中断子程序 1 或 2。

同时发生多个中断信号，中断指针标号小的优先。如果有多个中断信号依次发出，则发生越早的优先级越高。中断程序中可实现 2 级嵌套。如果中断信号产生在禁止中断区，这个中断信号被储存，并在 EI 指令之后被执行。

4. 主程序结束指令 FEND

主程序结束指令 FEND（First End）（FNC06）无操作数，占一个程序步，表示主程序结束。程序执行到这条指令时进行输出处理、输入处理和监控定时器的刷新，全部完成后返回到程序的第 0 步。使用多条 FEND 指令时，中断程序应放在最后的 FEND 和 END 之间。

5. 监控定时器指令 WDT

监控定时器指令 WDT（Watch Dog Tinmer）（FNC07）

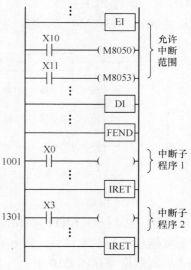

图 6-6　中断指令的应用

无操作数，占用一个程序步。监控定时器俗称看门狗，在执行 FEND 或 END 指令时，监控定时器被刷新。如果可编程序控制器从 0 步到 FEND 或 END 的执行时间小于它的设定时间，则正常工作；反之，可编程序控制器可能已偏离正常的程序执行时间，从而停止运行，CPU-E 发光二极管亮。监控定时器定时时间的缺省设定值为 200ms，如果想使扫描时间超过 200ms 的大程序能顺利通过，可以通过 M8002 的常开触点控制数据传送指令 MOV，将需要值写入特殊数据寄存器 D8000 来实现。

6. 循环指令

FOR（FNC08）为表示循环开始的指令，占 3 个程序步，操作数表示循环次数 N, N=1～32 767。

NEXT(FNC09)为循环结束的指令，占一个程序步，无操作数。

FOR 和 NEXT 之间的程序被反复执行，次数由 N 决定。执行完后，再执行 NEXT 指令后的程序。FOR 和 NEXT 指令必须成对使用，且 FOR 在前，NEXT 在后。NEXT 指令也不允许写在 END 和 FEND 指令之后。

FOR、NEXT 指令内允许嵌套使用，最多允许 5 级嵌套。图 6-7 中每执行一次程序 B，就要执行 8 次程序 A，A 程序一共要执行 48 次。

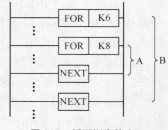

图 6-7　循环指令的应用

6.2.2　数据比较与传送指令

1. 比较指令

① 数据比较指令 CMP（Compare）（FNC10）将两个源操作数进行代数比较，并将结果送到指定的 3 个连续目标操作数中，目标操作数[D·]中存放的是目标操作数的首址。图 6-8 中 X3 为 OFF 时不进行比较，M0、M1、M2 的状态保持不变。X3 为 ON 时进行比较，由图 6-8 所示的比较结果决定 M0、M1、M2 的状态。

② 区间比较指令 ZCP（Zone Conpare）（FNC11）将一个源数据与数据区间进行比较，比较结果由 3 个连续目标位元件的状态表示，[D·]中存放位元件的首址。图 6-9 中的 X3 为 ON 时，执行 ZCP 指令，将 T3 的当前值与常数 100 和 120 相比较，由图 6-9 所示的比较结果决定 M2、M3、M4 的状态。

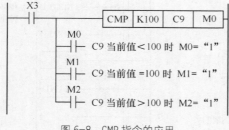

图 6-8　CMP 指令的应用

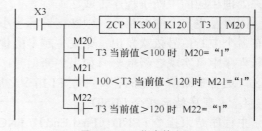

图 6-9　ZCP 指令的应用

2. 传送指令

① 传送指令 MOV（Move）的功能编号为 FNC12，它将源数据传送到制定目标。图 6-10 中 X3 为 ON 时，常数 100 被传送到数据寄存器 D10 中，并自动转换成二进制数。

② 移位传送指令 SMOV（Shift Move）的功能编号为 FNC13，它将 16 位二进制源数据自动转换成 4 位 BCD 码，然后由源数据的指定位传送到目标操作数的指定位，其他位不受移位指令的影响。图 6-11 中的 X3 为 ON 时，D1 中得 16 位二进制数被转换成 4 位 BCD 码，D1 右起的第 4 位开始的 2 位 BCD 码（4 位和 3 位）移到 D2 右起第 3 位和第 2 位，D2 中的第 1 位和第 4 位不受影响，然后 D2 中的 BCD 码自动转换成二进制码。

③ 取反传送指令 CML（Complement）的功能编号为 FNC14，它将源元件中的数据逐位

取反（1→0,0→1）并传送到指定目标元件。如果源数据为常数 K，该数据在指令执行时会自动转换成二进制数。图 6-12 中的 X3 接通时，D1 中的低 4 位取反后传送到 Y3、Y2、Y1、Y0 中。

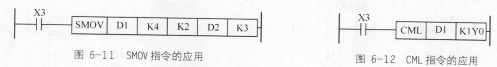

图 6-11　SMOV 指令的应用　　　　　　　图 6-12　CML 指令的应用

④ 块传送指令 BMOV（Block Move）的功能编号为 FNC15，它将源操作数指定的元件开始的 n 个数据组成的数据块传送到指定的目标。图 6-13 中的 X0 接通时，D6、D7、D8 中 3 个数据寄存器的内容对应传送到 D9、D10、D11 3 个目标数据寄存器中。

⑤ 多点传送指令 FMOV（Fill Move）的功能编号为 FNC16，它将源元件中的数据传送到指定范围的 n 个元件中，指令执行完毕后 n 个元件中的数据完全相同。图 6-14 中的 X0 接通时，将常数 0 传送到 D6 开始的 10 个数据寄存器（即 D6～D15）中。

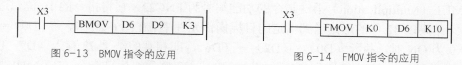

图 6-13　BMOV 指令的应用　　　　　　　图 6-14　FMOV 指令的应用

⑥ 数据交换指令 XCH（Exchange）的功能编号为 FNC17，它将两个目标元件中的数据进行交换。一般该命令采用脉冲执行方式，否则每个执行周期都要交换一次。图 6-15 中的 X0 接通前（D0）=30，（D5）=530。当 X0 接通 XCH 指令执行结束后，（D0）=530，（D5）=30。

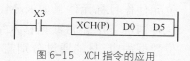

图 6-15　XCH 指令的应用

3．数据编号指令

① BCD（Binary Code to Decimal）变换指令的功能编号为 FNC18，它将源元件中的二进制数转换为 BCD 码并送到指定目标元件中。该指令用于将 PLC 中二进制数变换成 BCD 码输出以驱动 7 段显示。图 6-16 中，D10 为源数据寄存器，它里面存在的是二进制数。目标输出元件为两个 BCD 数，即 Y0～Y7，它们可以驱动相对应的 7 段译码显示器。

② BIN（Binary）变换指令的功能编号为 FNC19，它将源元件中的 BCD 码转换为二进制数并送到指定目标元件中。该指令用于将 PLC 接口 BCD 数字开关提供的设定值输入到 PLC 中。图 6-17 中，X0～X7 中的数据必须是 BCD 码，否则程序就会出错。X0 为 ON 指令执行完毕后，X0～X7 中的 BCD 码转换成二进制数并传送到源数据寄存器 D12 中。

图 6-16　BCD 指令的应用　　　　　　　图 6-17　BIN 指令的应用

6.2.3　运算功能指令

1．算术运算指令

① ADD（Addition）加法指令的功能编号为 FNC20，它将源元件中的二进制数相加，结果送到指定的目标元件。图 6-18 中，X0 为 ON 执行完指令后，所进行的操作可表示为（D0）+（D10）→（D12）。另外，源数据和目标数据可用相同的元件号。

② SUB（Subtraction）减法指令的功能编号为 FNC21，它将源元件中的二进制数相减，结果送到指定的目标元件。图 6-19 中，X0 为 ON 时执行（D0）-（D6）→（D8）。

图 6-18 ADD 指令的应用   图 6-19 SUB 指令的应用

加法和减法指令使用的数据的最高位是符号位（0 表示正，1 表示负），所以加减运算为代数运算。如果运算结果为 0，则零标志特殊辅助继电器 M8020 置 1；如果运算结果小于-32767（16 位运算）或者-2147483647（32 位运算），则进位标志特殊辅助继电器 M8022 置 1；浮点操作标志特殊辅助继电器 M8023 被 SET 指令驱动后，随后进行的加法运算或减法运算为浮点值之间运算。另外，浮点运算完毕后应用 RST 将 M8023 复位，且浮点运算必须为 32 位运算。

③ MUL（Multiplication）乘法指令的功能编号为 FNC22，它将指令的 16 位二进制源操作数相乘，结果以 32 位的形式送到指定的目标操作元件中。在图 6-20 中，若（D0）=9，（D2）=8，则 X0 为 ON 时，执行（D0）×（D2）→（D6），即相乘的结果 72 存入（D7，D6），乘积的低位字送到 D6，高位字送到 D7。如果执行的是 32 位乘法运算指令（D）MUL，则执行（D1，D0）×（D3，D2）→（D9，D8，D7，D6），运算结果为 64 位。32 位乘法运算中如用位元件作目标元件（如 KnM，n=1~8），则最多只能得到乘积的低 32 位，高 32 位丢失。在这种情况下应先将数据移入字元件再进行运算。用字元件作目标元件时不可能同时监视 64 位数据内容，只能通过分别监视运算结果的高 32 位和低 32 位并利用下式就算 64 位运算结果：

$$64 位运算结果=（高 32 位数据）×2^{32} + 低 32 位数据$$

④ DIV（Division）除法治疗的功能编号为 FNC23，它指定前边的源操作数为被除数，后边的源操作数为除数，运算后所得商送到指定的目标元件中，余数送到目标元件的下一个元件。图 6-21 中的 X3 为 ON 时，则执行（D1，D0）÷（D3，D2），其商是 32 位数据，被送到（D5，D4，）中，余数也是 32 位数据，被送到（D7，D6）中。

图 6-20 MUL 指令的应用   图 6-21 DIV 指令的应用

在 16 位乘除运算中，不能将变址寄存器 V 作为目标操作元件，在 32 位乘除运算中，变址寄存器 V 和 Z 都不能作为目标操作元件。

2. 加 1 指令和减 1 指令

① INC（Increment）加 1 指令的功能编号为 FNC24，它将指定的目标操作元件中的二进制数据自动加 1。

② DEC（Decrement）减 1 指令的功能编号为 FNC25，它将指定的目标操作元件中的二进制数据自动减 1。

由于加 1 指令和减 1 指令采用的是脉冲指令，X3（或 X4）每次由 OFF 变为 ON 时 D9（或 D10）中的数自动加（或减）1。反之，如图 6-22 所示，若用连续指令，X3（或 X4）为 ON 期间的每一个扫描周期 D9（或 D10）中的数都要自动加（或减）1。

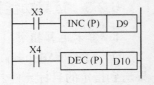

图 6-22 INC、DEC 指令的应用

在加 1 或减 1 的 16 位数据运算中, 到+32767 再加 1 就变为-32768, 再减 1 就变为+32767, 但标志特殊辅助继电器不会置位。32 位数据运算时, +2147483647 再加 1 就会变为-2147483648, 而-2147483648 再减 1 就变为+2147483647, 但标志特殊辅助继电器也不置位。

3. 字逻辑运算命令

字逻辑与指令 WAND、字逻辑或指令 WOR、字逻辑异或 (Exclusive Or) 指令 WXOR 的功能指令编号分别为 FNC26~FNC28, 它们各自将指定的两个源数据以位为单位做相应的逻辑运算, 结果存放到目标元件中。

4. 求补指令

求补指令 NEG 功能编号为 FNC29, 它将目标元件指定的数的每一位取反后该数再加 1, 结果存于同一元件。求补指令实际是绝对值不变的变号操作。

6.2.4 循环移位与移位功能指令

1. 循环移位指令

ROR (Rotation Right)、ROL (Rotation Left) 分别为右循环移位指令和左循环移位指令, 功能指令编号为 FNC30 和 FNC31。其功能是将目标元件的数据向右 (或向左) 循环移动 n 位, 最后一次移出的那一位同时存入仅为标志特殊辅助继电器 M8022。图 6-23 中的 X3 由 OFF 变为 ON 时, D6 中的数据向右循环移动 3 位, 最右边最后一次移出的是 1, 所以 M8022 被置 1。ROL 指令的应用与 ROR 指令类同, 仅仅是移动方向不同而已。

2. 进位的循环移位指令

RCR (Rotation Right Carry)、RCL (Rotation left with Carry) 分别为带进位的右、左循环移位指令, 功能指令编号为 FNC32 和 FNC33。其功能是将目标元件的数据连同 M8022 的数据一起向右 (或向左) 循环移动 n 位。RCR 指令的使用说明如图 6-24 所示。RCL 指令的应用与 RCR 指令相同, 亦仅仅移动方向不同而已。

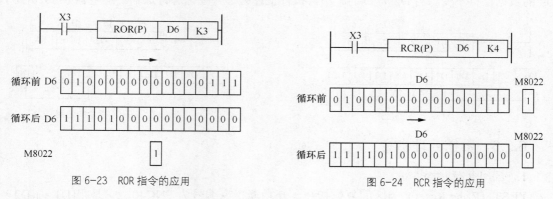

图 6-23　ROR 指令的应用　　　　　　　　图 6-24　RCR 指令的应用

3. 位移位指令

SFTR (Shift Right)、SFTL (Shift Right) 分别为位右移、位左移指令, 功能指令编号为 FNC34 和 FNC35。其功能是将位元件中的状态成组地向右或向左移动。位元件组的长度由 n1 指定, 目标元件[D·]可取 Y、M、S, 指定的是位元件组的首位。n2 指令的是移动的位数。源操作数[s·]可取 X、Y、M、S。图 6-25 中的 X3 由 OFF 变为 ON 时, M2~M0 的数据溢出, M5~M3→M2~M0, M8~M6→M5~M3, X2~X0→M8~M6。SFTL 指令的应用与 SFTR 指令类同, 亦仅仅移动方向不同而已。

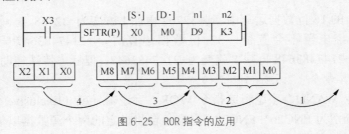

图 6-25 ROR 指令的应用

4. 字移位指令

WSFR（Word Shift Right）、WSFL（Word Shift Left）分别为字右移、字左移指令，功能指令编号为 FNC36 和 FNC37。它们的功能与位右移、位左移指令一样，所不同的是它们的源操作数可取 KnX、KnY、KnM、KnS、T、C 和 D，目标操作数可取 KnY、KnM、KnS、T、C 和 D。

5. FIFO 写入与读出指令

SFWR（Shift Register Write）、SFRD（Shift Register Read）分别为先进先出（First in First out，FIFO）写入、读出指令，功能指令编号为 FNC38 和 FNC39。它们的功能都是源操作数中的数据依次送到目标操作数，所不同的是写入指令 n 指定的是目标操作数的个数而读出指令 n 指定的是源操作数的个数。写入指令目标元件和读出指令源元件的首址元件数据反映了写入和读出的次数，只不过写入为加而读出为减。

图 6-26 中的 X3 第一次由于 OFF 变为 ON 时，源元件 D0 中数据写入 D3，同时 D2 置 1（D2 必须先被清 0）；第二次 X3 由 OFF 变为 ON 时 D0 中的数据写入 D4，D2 的数据变为 2 依此类推，源元件 D0 中的数据依次写入数据寄存器中，写入的次数存入 D2 中。D2 中的数达到 n-1 后不再执行上述处理，进行标志特殊辅助继电器 M8022 置 1。

图 6-27 中的 X3 第一次由 OFF 变为 ON 时，源元件 D3 中数据送到 D20，同时 D2 的值减 1，D4～D9 的数据向右移一个字。数据总是从源元件 D3 读出，而其余数据右移；此过程中 D9 的数据保持不变。当 D2 为 O 时，不再执行上述处理，零标志特殊辅助继电器 M8020 置 1。

图 6-26 SFWR 指令的应用

图 6-27 SFRD 指令的应用

6.2.5 数据处理指令

1. 区间复位指令

ZRST（Zone Reset）为区间复位指令，其功能指令编号为 FNC40，它是将[D1·][D2·]指令的元件号范围内的同一类元件成批复位。目标操作元件可取 T，C 和 D（字元件）或 Y，M 和 S（位元件）。[D1·][D2·]指定的元件必须为同一类元件，且[D1·]指定的元件号必须小于[D2·]指定的元件号。ZRST 指令其实可以说是 RST 指令的集成。在图 6-28 中，在第一个周期将字元件 C235～C255 成批复位。

图 6-28 BCD 指令的应用

2. 解码指令和编码指令

① DECO（Decode）为解码指令，其功能指令编号为 FNC41。它将目标元件的某一位置

"1"，其他位置 "0"，置 "1" 位的位置由源操作数[S1·]为首址的 n 位连续位元件或数据寄存器所示的十进制码决定。若[D1·]指定的是字元件 T，C，D，$n=1\sim4$。若[D1·]指定的是位元件 Y，M，S，$n=1\sim8$。

图 6-29（a）中 X3～X0 组成的 4 位（$n=4$）二进制数相当于十进制数 6，则以 M0 为首址的目标元件的第 6 位（M0 为第 0 位）M6 被置 1，其他被置 0。利用解码指令，还可以用数据寄存器中的数值来控制位元件的 ON/OFF。图 6-29（b）中 D200 的低 3 位（$n=3$）二进制数相当于十进制数 4，则以 M0 为首址的目标元件的第 4 位 M4 被置 1，其他位被置 0。

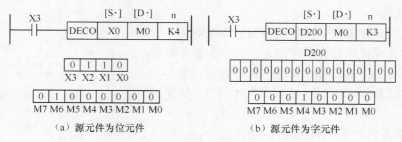

图 6-29　DECO 指令的应用

② ENCO（Encode）为编码指令，其功能指令编号为 FNC42，它把源元件中为 "1" 的最高位的位置转化为二进制数并送到目标元件的低 n 位中。当源元件是字元件 T，C，D，V 和 Z 时，应使 $n=1\sim4$，当源元件是位元件 X，Y，M 和 S 时，应使 $n=1\sim8$。目标元件可取 T，C，D，V 和 Z。图 6-30 的源元件中为 1 的位不只一个，只有最高位 M4 有效，位数 4 编码为二进制的 0100 并送到目标元件 D10 的低 4 位。

3. 求 ON 位总数的指令

SUM 为求置 ON 位总数的指令，其功能指令编号为 FNC43。它用于统计指定源文件（可取所有数据类型）中置 "1" 位的总数，并将结果存入指定的目标元件（可取 T，D，C，V，Z，KnY，KnM 和 KnS）。图 6-31 中的 X0 为 ON 时统计的 D3 中 ON 位的总数，并将其送到 D6 中。如果 D3 各位均为 "0"，则零标志特殊辅助继电器置 "1"。

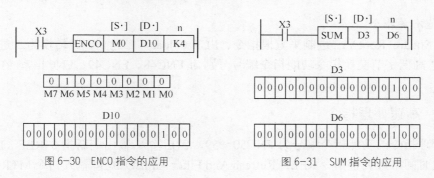

图 6-30　ENCO 指令的应用　　　　　图 6-31　SUM 指令的应用

4. ON 位判别指令

BON（Bit ON Check）为 ON 位判别指令，功能指令编号为 FNC44。它用于判断源元件第 n 位的状态，如果该位为 "1" 则目标位元件（可取 Y、M 和 S）置 "1"，反之置 "0"。n 表示相对源元件首址的偏移量，如 $n=0$ 判断第 1 位，$n=9$ 判断第 10 位。显然，16 位运算 $n=0\sim$ 15，32 位运算 $n=0\sim31$。图 6-32 中 X3 为 ON 时由于 D6 的第 9 位为 ON，则指令执行的结果

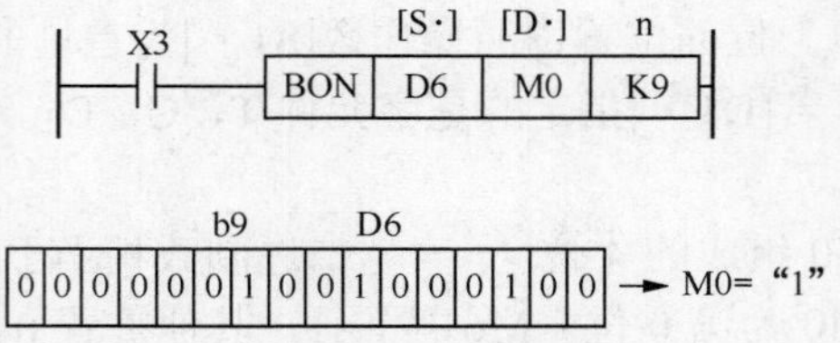

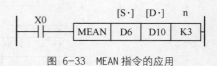

图 6-32 BON 指令的应用

为 M0 被置 ON。

5. 平均值指令

MEAN 为平均值指令，功能指令编号为 FNC45。它用于计算以指定源操作数为首址的 n 个连续源操作数的平均值，结果送到指定的目标元件，余数略去。图 6-33 中 X0 为 ON 时 D6、D7、D8 的代数和除以 3，结果送到 D10。

图 6-33 MEAN 指令的应用

6. 报警器置位和复位指令

① ANS（Annunciator Set）为报警器置位指令，功能指令编号为 FNC46，源操作数为 T0～T199（100ms 定时器），目标操作数为 S900～S999（报警用状态），$n=1$～32767。它用于启动定时器，时间到 $n*100ms$ 时指定目标元件状态置 ON。图 6-34 中 X0 为 ON 的时间超过 10ms，S900 置 "1"。S900 为 ON 后，若 X0 变为 OFF，定时器复位而 S900 仍保持为 ON。

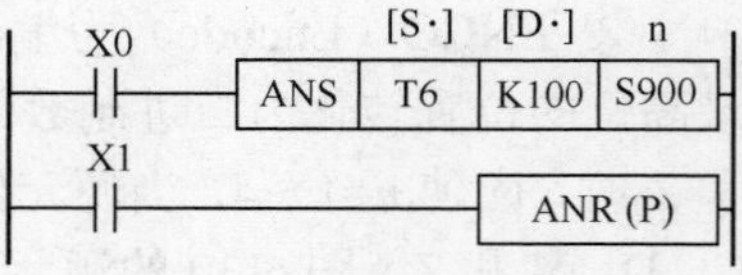

图 6-34 ANS、ANR 指令的应用

② ANR（Annunciator Set）为报警器复位指令，功能指令编号为 FNC47，无源操作数。它用于将 S900～S999 之间被置 ON 的报警器依次复位。图 6-34 中 X1 由 OFF 变为 ON 时，S900～S999 之间被置 "1" 的报警器复位。如果被置 "1" 的警报器超过 1 个，则元件号最低的那个报警器被复位。X1 再次闭合时，则下一个元件号最低的被置 "1" 的报警器被复位。

7. 其他有关指令

SQR（Square Root）二进制平方根指令、FLT（Float）二进制整数转换为二进制浮点指令和 SWAP 高低字节交换指令功能指令编号分别为 FNC48、FNC49、FNC147，在此就不介绍了。

6.2.6 高速处理指令

高速处理指令的功能指令编号为 FNC50～59，包括输入/输出刷新指令 REF（Refresh）、刷新和滤波时间常数调整指令 REEF（Refresh And Filter Adjust）、矩阵输入指令 MTR（Matrix）、高速计数器比较置位指令 HSCS（Set by High Speed Countre）、高速计数器比较复位指令 HSCR（Reret by High Counter）、高速计数器区间比较指令 HSZ（Zonecompare for High Speed Counter）、速度检测指令 SPD（Speed Detect）、脉冲输出指令 PLSY（Pulse Output）、脉宽调制指令 PWM（Pulse Width Modulation）、带加减速功能的脉冲输出指令 PLSR（Pulse R）。此处仅简单介绍其中常用的 4 条高速处理指令。

1. 高速计数器比较置位指令

高速计数器比较置位指令 HSCS 的功能指令编号为 FNC53，因高速计数器均为 32 位加/减计数器，故 HSCS 指令只有 32 位操作。它用于将指定的高速计数器当前值与源操作数[S1·]相比较，如果相等则将目标元件置"1"。 [S1·]可取所有的数据类型，[S2·]为高速计数器 C235～C255，[D·]可取 Y、M 和 S。图 6-35 中如果 X10 为 ON，并且 X7（C255 的置位输入端）也为 ON，C255 立即开始通过中断对 X3 输入的 A 相信号和 X4 输入的 B 相信号的动作计数，当 C255 的当前值由 149 变为 150 或由 151 变为 150 时，Y10 立即置"1"，不受扫描周期的影响；而 C255 的当前值达到 200 时，C255 对应的位存储单元的内容才被置"1"，其常开触点接通，常闭触点断开。

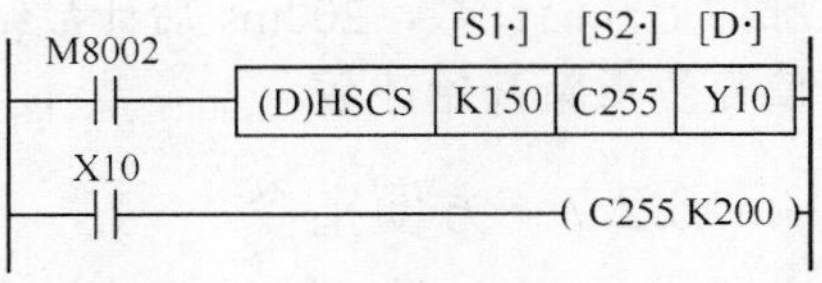

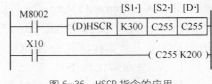

图 6-35　HSCS 指令的应用

2. 高速计数器比较复位指令

高速计数器比较复位指令 HSCR 的功能指令编号为 FNC54，同 HSCS 一样 HSCR 指令也只有 32 位操作。它用于将指定的高速计数器当前值与源操作数[S1·]相比较，如果相等则将目标元件置"0"。[D·]除可取 Y、M 和 S 外，还可取 C。图 6-36 中 C255 的当前值达到 200 时其输出触点接通，达到 300 时 C255 立即复位，其当前值变为 0，输出触点断开。

图 6-36　HSCR 指令的应用

3. 高速计数器区间比较指令

高速计数器区间比较指令 HSZ 的功能指令编号为 FNC55。它用于将指定的高速计数器的当前值与指定的数据区间进行比较，结果驱动以目标元件[D·]为首址的连续 3 个元件。其工作方式与 ZCP（FNC11）指令相同。

图 6-37 中 X11 对应的端口接一转换开关，开关处于断开位置（对应系统的停止）时 X11 为 OFF，Y11、Y12、Y13 和 C251 被复位。当转换开关接通，X11 为 ON 后，C251 可以通过中断对 X0 输入的 A 相信号和 X1 输入的 B 相信号的动作计数，C251 当前值<1000 时，Y11 为 ON，Y12、Y13 为 OFF；1000≤C251 当前值≤2000 时，Y12 为 ON，Y11、Y13 为 OFF；C251 当前值>2000 时，Y13 为 ON，Y11、Y12 为 OFF。由于 HSZ 计数、比较和目标的置位只在脉冲输入时通过中断进行，所以 X11 接通为 ON 到有计数脉冲输入期间，梯形图中如果只有 HSZ 指令而无 ZCP 指令，那么这个期间（显然 C251 当前值<1000）Y11 不会被置 ON。ZCP 指令的使用确保了 X11 为 ON 到最初计数脉冲来临之前 Y11 为 ON。

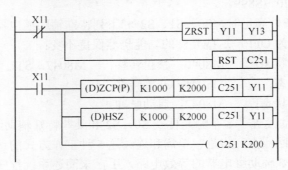

图 6-37　HSZ 指令的应用

4. 速度检测指令

速度检测指令 SPD 的功能指令编号为 FNC56。它用来检测在给定时间内从编码器输入的脉冲个数，从而反映了速度的大小。具体功能是在[S2·]设定的时间（单位为 ms）内，对 [S1·]（X0～X5）输入脉冲计数，指定时间内计数结果存入[D·]中，计数当前值、当前计数剩余时间分别存入[D·]的后两个连续元件。图 6-38 中 D7 对编码器从 X3 输入的脉冲上升沿计数，200ms 后计数结果送到 D6，D7 的当前值复位重新开始计数。

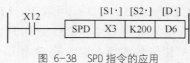

图 6-38 SPD 指令的应用

6.2.7 方便指令

方便指令的功能指令编号为 FNC60～69，包括状态初始化指令 IST（Initial State）、数据搜索指令 SER（Data Search）、绝对值式凸轮顺控指令 ABSD（Absolute Drum）、增量式凸轮顺控指令 INCD（Increment Drum）、示教定时器指令 TTMR（Teaching Timer）、特殊定时器指令 STMR（Special Timer）、交替输出指令 ALT（Alternate）、斜坡信号输出指令 RAMP、旋转工作台控制指令 ROTC、数据排序指令 SORT（sort）。此处仅简单介绍其中常用的 2 条方便指令。

1. 状态初始化指令

状态初始化指令 IST 的功能指令编号为 FNC60。它和 STL 指令一起使用，专门用来自动控制具有多种工作方式的控制系统的初始状态和设置有关特殊辅助继电器的状态。IST 指令在程序中只能使用一次，放在 STL 之前编程，它的使用大大简化了复杂顺序控制的设计工作。IST 指令的使用情况如图 6-39 所示。

图 6-39 IST 指令的应用

① IST 指令的源操作数可取 X、Y 和 M，用来指定与工作方式有关的首地址，它实际指定了从首址开始的 8 个连续号的同类元件具有以下意义：

X10：手动；　　　　　　　　X14：连续运行（全自动）；

X11：回原点；　　　　　　　X15：回原点启动；

X12：单步运行；　　　　　　X16：自动运行启动；

X13：单周运行（半自动）；　　X17：停止。

X10～X14 对应了系统的 5 种工作方式，每时每刻只能有一个为 ON，故外部接线图中对应的输入端口必须使用选择开关。

② IST 指令的目标操作数[D1·]和[D2·]用来指定在自动操作中用到的状态元件的最低和最高元件号，可取 S20～S899。

③ IST 指令执行条件满足时，S0、S1、S2 和下列特殊辅助继电器被自动设定为以下功能；若以后执行条件变为 OFF，这些元件的功能仍然保持不变；

S0：手动操作初始状态；　　　M8040：禁止转移；　　　M8047：STL 步进指令监控有效。

S1：回原点初始状态；　　　　M8041：开始转移；

S2：自动操作初始状态；　　　M8042：启动脉冲；

IST 指令的执行自动设置了 8 个源元件及 S0～S2 和某些特殊辅助继电器的特定功能，这就意味着系统的手动、回原点、步进、单周和连续这 5 种工作方式的切换是由系统程序自动完成的。下面从几个特殊辅助继电器的等效电路入手，来简述系统程序所规定的它们之间的逻辑关系。

● M8040 的等效电路

M8040 为禁止转移特殊辅助继电器，也就是说 M8040 为 ON 时，禁止步的活动状态的转移。因此，系统程序规定了在手动工作方式下（本例中，X10 为 ON）M8040 一直未 ON；在回原点或单周工作方式下（X11 为 ON 或 X13 为 ON），按一下停止按钮（X17 为 ON 一下）能启动 M8040 为 ON 并且自保，以保证当前步完成后系统状态不转移使其停止，但当按动回原点启动（X15 为 ON 一下）或按动自动运行启动（X16 为 ON 一下），系统产生的启动脉冲 M8042 就能解除 M8040 的自保使其为 OFF，从而允许状态转移，系统继续进行回原点或单周程序的剩余部分；在单步工作方式（X12 为 ON）下 M8020 一直未 ON，只有在当前步完成后按动启动按钮（X16）产生启动脉冲 M8042 才能使 M8040 为 OFF 一个扫描周期；在连续工作方式下（转换开关在 X14 处，运行后 X10～X13 任何一个都 OFF），STOP→RUN 时 M8040 依靠初始化脉冲 M8002 为 ON 并自保，启动时靠启动脉冲 M8042 来使其为 OFF，允许转换。

综上所述，M8040 和各种工作方式的逻辑关系可用图 6-40 所示的等效梯形图电路来表示。应该注意的是，此电路的功能是由系统程序自动完成的，切不可由用户输入，用户只需写入 IST 指令即可。

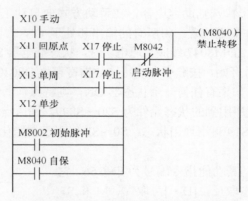

图 6-40　特殊辅助继电器 M8040 的等效电流

● M8041 的等效电路

M8041 为开始转移特殊辅助继电器，是自动操作程序（包括单步、单周和连续）的初始状态 S2 到下一状态的转换条件之一。在手动或回原点工作方式时 M8041 不起任何作用。在连续工作方式下（X14 为 ON），按动启动按钮（X16 为 ON）M8041 变为 ON 并自保，按动停止按钮（X17 为 ON）解除自保，保证了连续工作方式的正常运行。在单周或单步工作方式，系统在初始状态向下一步转移，必须再按一下启动按钮，使 M8041 为 ON（但不自保），系统进行下一步的工作。M8041 的功能可用图 6-41 所示的等效梯形图电路来表示，同 M8041 一样，也不必用户输入。

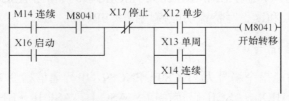

图 6-41　特殊辅助继电器 M8041 的等效电流

- M8042 的等效电路

M8042 为启动脉冲特殊辅助继电器。在非手动工作方式下，不论按回原点启动还是按自动操作启动（单步、单周或连续），M8042 都接通一个扫描周期，用于使 M8040 禁止转移特殊辅助继电器为 OFF。图 6-42 所示为特殊辅助继电器 M8042 功能的等效电路图，同样用户不可输入。

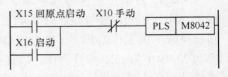

图 6-42　特殊辅助继电器 M8042 的等效电流

- 与 IST 指令相关的其他特殊辅助继电器

上述 M8040～M8042 特殊辅助继电器的功能是由 IST 指令自动控制的，和 IST 指令有关的特殊辅助继电器还有一类是由用户程序控制的，如 M8043～M8047。

M8043 是回原点完成特殊辅助继电器，在系统返回原点时通过用户程序用 SET 指令将其置位。如果选择开关在回原点完成之前（即 M8043 置"1"之前）改变运行方式，则由于 IST 的作用，所有的输出将变为 OFF。

M8044 是原点条件特殊辅助继电器，在系统满足原点条件时为 ON。

M8044 是禁止全部输出特殊辅助继电器，在手动方式向自动工作方式（单步、单周或连续）切换时，如果系统不在原点位置，将所有的输出和处于 ON 的状态复位。M8047 是 STL 监控有效特殊辅助继电器，在 M8047 线圈"通电"时，状态继电器 S0～S899 中正在动作的状态继电器的元件号从最低号开始，按顺序存入特殊数据寄存器 D8040～D8047 中，最多可监控 8 个状态器对应的元件号。如果有任何一个状态器 ON，则特殊辅助继电器 M8046 将位 ON。IST 指令指定在自动操作程序用到的状态元件为 S20～S899，回原点程序则必须用 S10～S19。如果不用 IST 指令，S10～S19 可用通用状态，S0～S2 仍用于初始化，S3～S9 可自由使用。

2. 交替输出指令

ALT 为交替输出指令，其功能指令编号为 FNC66，它的功能是把目标元件的状态取反，[D·] 可取 Y、M 和 S，只有 16 位运算。

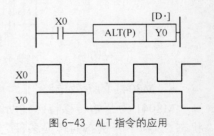

图 6-43 中的 X0 由 OFF 变为 ON 时，Y0 的状态就改变一次。使用 ALT 指令可以实现单按钮控制负载的运行与停止，从而节省一个输入点数。

图 6-43　ALT 指令的应用

6.2.8　外部 I/O 设备指令

外部 I/O 设备指令的功能指令编号为 FNC70～FNC79，包括 10 键输入指令 TKY（Ten Key）、16 键输入指令 HKY（Hex Decimal Key）、数字开关指令 DSW（Digital Switch）、七段译码指令 SEGD（Seven Segment Decoder）、带锁存的七段显示指令 SEGL（Seven Seg-ment with Latch）、方向开关指令 ARWS（Arrow Switch）、ASCII 码转换指令 ASC（ASCII Code）、ASCII 码打印指令 PR（Print）和读、写特殊功能模块指令 FROM、TO。

6.2.9　外部设备指令

外部设备指令的功能指令编号为 FNC80～FNC89，串行通信指令 RS（RS232C）、八进制数据传送指令 PRUN、HEX→ASCII 码转换指令 ASCⅠ、ASCⅡ→HEX 转换指令 HEX、校验码指令 CCD（Check Code）、读模拟量功能扩展板指令（Varible Resistor Read）、模拟量功能扩展板开关设定指令 VRSC（Varible Resistor Scale）、回路运算指令 PID。

6.2.10　浮点数运算指令

浮点数运算指令包括二进制浮点数比较指令 ECMP、二进制浮点数区间比较指令 EZCP、二进制浮点数转换为十进制浮点数指令 EBCD、十进制浮点数转换为二进制浮点数指令 EBIN、二进制浮点数转换为二进制整数指令 INT、二进制浮点数的四则运算指令（EADD、ESUB、EMUL、EDIV）、二进制浮点数的开平方根与三角函数运算指令。

6.2.11　时钟运算与格雷码变换指令

时钟运算与格雷码编号指令包括时钟数据比较指令 TCMP（Time Compare）、时钟数据区间比较指令 TZCP（Time Zone Compare）、时钟数据加法指令 TADD（Time Addition）、时钟数据减法指令 TSUB（Time Subtraction）、时钟数据读出指令 TRD（Time Read）、时钟数据写入指令 TWR（Time Write）和格雷码变换指令 GRY（Gray Code）。

本 章 小 结

本章主要介绍了三菱 FX2N 系列 PLC 的功能指令使用规则和一些常用功能指令的用法，重点阐述了程序流控制传送比较指令、算术和逻辑运算指令和循环位移指令。这些功能指令是学习 PLC 功能指令的基础，必须熟练掌握。

功能指令使用规则对功能指令使用具有指导作用，因此，需要掌握它的基本格式。

在功能指令的介绍中，讲解了程序流控制与传送比较指令 MOV、CMP 等的功能和示例，算术和逻辑运算在指令 ADD、SUB 等的功能和示例，循环移位指令右移位 R0R、左移位 ROL 等的功能和示例，数据处理指令 ZRST、DECO 等的功能和示例，部分高速处理和方便指令的功能和示例。在部分节中安排了几个综合应用实例。期望通过对综合应用实例的学习，读者能够熟悉这些功能指令的含义，并能进一步加深理解，掌握其用法。

习　　题

1. 什么是功能指令？它有什么用途？
2. MOV 指令能不能向 T、C 的当前值寄存器传送数据？
3. 编码指令 ENCO 被驱动后，当源数据中只有 b0 位为 1 时，则目标数据应是什么？
4. 设计一个计时报警闹钟，要求精确到秒（注意 PLC 运动时应不受停电的影响）。
5. 设计一个密码（6 位）开机的程序（X0～X11 表示 0～9 的输入）。要求密码正确时按开机键即开机；密码错误时有 3 次重新输入机会，如 3 次均不正确则立即报警。

第 7 章 西门子 S7-200PLC

【本章学习目标】

1. 了解西门子 S7-200PLC 的结构和工作原理。

2. 了解西门子 S7-200PLC 的基本编程指令。

3. 比较西门子 S7-200PLC 与三菱 PLC 编程的特点。

4. 学会使用西门子 S7-200PLC 的实践编程。

【教学目标】

1. 知识目标：了解西门子 S7-200PLC 的基本结构和工作原理，了解西门子 S7-200PLC 的基本编程指令，以及比较与三菱 PLC 基本指令的编程特点。

2. 能力目标：通过西门子 S7-200PLC 的编程演示，初步形成对西门子 S7-200PLC 的感性认识，培养学生的学习兴趣。

【教学重点】

西门子 S7-200PLC 的基本结构和工作原理。

【教学难点】

西门子 S7-200PLC 的熟练编程功能。

【教学方法】

实践西门子 S7-200PLC 的编程方法，进行互动教学。

SIMATIC S7 系列 PLC 是德国西门子公司于 1995 年陆续推出的，它是在 S5 系列的基础上开发的一种高性能 PLC 系列。该系列有小型的 S7-200 系列、中小型的 S7-300 系列和高性能的 S7-400 系列 PLC。SIMATIC S7 系列 PLC 均采用模块化、无风扇的结构，易于用户掌握，各种单独的模块之间可进行广泛组合以利于扩展。其应用领域包括专用机床、纺织机械、包装机械、通用机械工程应用、控制系统、机床、楼宇自动化、电器制造工业及相关产业。多种性能递增的 CPU 和带有许多方便功能的 I/O 扩展模块及功能模块，使用户可以完全根据实际应用而选择。

西门子公司的 S7-200 PLC 是一种叠装式结构的小型 PLC。它的指令丰富、功能强大、可靠性高、适应性好、结构紧凑、便于扩展、性能价格比高。

S7-200 PLC 包含了一个单独的 S7-200 CPU 和各种可选择的扩展模块，可以十分方便地组成不同规模的控制器。其控制规模可以从几点上到几百点。S7-200 PLC 可以方便地组成 PLC-PLC 网络和微机-PLC 网络，从而完成规模更大的工程。

S7-200 的编程软件 STEP 7-Micro/WIN XP 可以方便地在 Windows 环境下对 PLC 编程调

试、监控，使得 3PLC 的编程更加方便、快捷。可以说，S7-200 可以完美地满足各种小规模控制系统的要求。

7.1 S7-200 PLC 系统的基本构成

S7-200 PLC 的基本开发环境是由基本单元（S7-200 CPU 模块）、个人计算机（PC）或编程器、STEP 7-Micro/WIN32 编程软件、通信电缆等构成，如图 7-1 所示。同时，可根据系统的要求，有选择地增加附加功能模块。

1. 基本单元（S7-200 CPU 模块）

基本单元（S7-200 CPU 模块）也称为主机，由中央处理单元（CPU）、电源以及数字量输入/输出单元组成，这些都被紧凑地安装在一个独立的装置中。基本单元可以构成一个独立的控制系统。

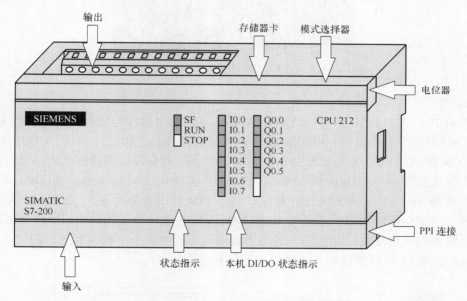

图 7-1　S7-200 PLC 系统的构成

在 CPU 模块的顶部端子盖内有电源及输出端子；在底部端子盖内有输入端子及传感器电源；在中部右侧前盖内有 CPU 工作方式开关（RUN/STOP）、模拟调节电位器和扩展 I/O 连接接口；在模块的左侧分别有状态 LED 指示灯、存储器卡及通信口，如图 7-2 所示。

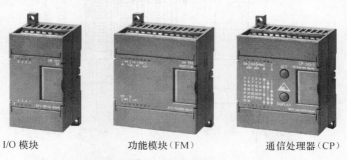

I/O 模块　　　　功能模块（FM）　　　通信处理器（CP）

图 7-2　S7-200 CPU 模块

图 7-3 所示为一台 PLC 主机带一块扩展模块的结构。主机与扩展模块之间由导轨连接固定。根据控制需要，PLC 主机可以通过输入/输出扩展接口扩展系统。在 PLC 主机的右侧可以插入一块或几块扩展模块，如数字量输入/输出扩展模块、模拟量输入/输出扩展模块或智能输入/输出扩展模块等，并用扩展电缆将它们连接起来。

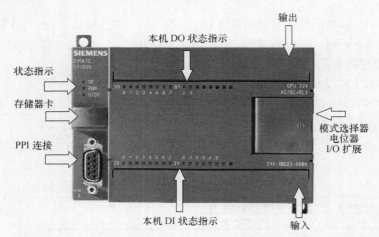

图 7-3　带有扩展模块的 S7-200 CPU 模块

S7-200 PLC 主机的型号、种类较多，以适应不同需求的控制场合。西门子公司推出的 S7-200 CPU 22X 系列产品有 CPU 221 模块、CPU222 模块、CPU224 模块、CPU226 模块和 CPU226XM 模块。CPU22X 系列产品指令丰富、速度快，具有较强的通信能力。例如，CPU226 模块的 I/O 总数为 40 点，其中输入点 24 点，输出点 16 点，可带 7 个扩展模块，用户程序存储器容量为 8K 字。它内置高速计数器，具有 PID 控制器的功能。它还有 2 个高速脉冲输出端和 2 个 RS-485 通信口，具有 PPI 通信协议、MPI 通信协议和自由口协议的通信能力。CPU226 模块运行速度快、功能强，适用于要求较高的中、小型控制系统。图 7-4 所示为 CPU 226 AC/DC/继电器模块输入、输出单元的接线图。

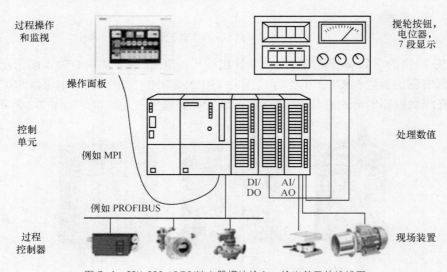

图 7-4　CPU 226 AC/DC/继电器模块输入、输出单元的接线图

① 交流电源输入端子。输出端子排的右端 N、N1 端子是供电电源 AC 120V/240V 输入端。该电源电压的允许范围为 AC85～264V。

② 24V 直流输出电源。M、L+两个端子提供 DC24V/400mA 传感器电源，可以作为传感器的电源输出，也可以作为输入端的检测电源使用。

③ 输入接线端子。输入端子是 PLC 与外部输入信号联系的窗口。输入端子的运行状态可以由底部端子盖上方的一排指示灯显示，"ON"状态对应指示灯亮。

24 个数字量输入点分成两组。第一组由输入端子 I0.0～I0.7、I1.0～I1.4 共 13 个输入点组成，每个外部输入的开关信号均由各输入端子接出，经一个直流电源至公共端 1M；第二组由输入端子 I1.5～I1.7、I2.0～I2.7 共 11 个输入点组成，每个外部输入信号由各输入端子接出，经一个直流电源至公共端 2M。由于是直流输入模块，所以采用直流电源作为检测各输入接点状态的电源。

④ 输出接线端子。输出端子是 PLC 与外部负载联系的窗口。输出端子的运行状态可以由顶部端子盖下方的一排指示灯显示，"ON"状态对应指示灯亮。

16 个数字量输出点分成 3 组。第 1 组由输出端子 Q0.0～Q0.3 共 4 个输出点与公共端 1L 组成；第 2 组由输出端子 Q0.4～Q0.7、Q1.0 共 5 个输出点与公共端 2L 组成；第 3 组由输出端子 Q1.1～Q1.7 共 7 个输出点与公共端 3L 组成。每个负载的一端与输出点相连，另一端经电源与公共端相连。由于是继电器输出方式，所以即可带直流负载，也可带交流负载。负载的激励源由负载性质确定。

⑤ 状态指示灯。状态指示灯指示 CPU 的工作方式、主机 I/O 的当前状态及系统错误状态。

⑥ 存储器卡。存储器卡（EEPROM 卡）可以存储 CPU 程序。

⑦ RS-485 通信接口。RS-485 串行通信接口的功能包括串行/并行数据的转换、通信格式的识别、数据传输的出错检验、信号电平的转换等。通信接口是 PLC 主机实现人—机对话、机—机对话的通道。通过它，PLC 可以和编程器、彩色图形显示器、打印机等外部设备相连，也可以和其他 PLC 或上位计算机连接。

⑧ 输入/输出扩展接口。输入/输出扩展接口是 PLC 主机扩展输入/输出点数和类型的部件。输入/输出扩展接口有并行接口、串行接口、双口存储器接口等多种形式。

S7-200 系列 CPU 模块的主要技术指标如表 7-1 所示。

表 7-1   **S7-200 CPU 模块主要技术指标**

	CPU 221	CPU 222	CPU 224	CPU 226	CPU 226XM
程序存储器	2048 字		4094 字		8192 字
用户数据存储器	1024 字		2560 字		5120 字
用户存储类型	EEPROM				
数据后备典型时间	50h		100h		
本机 I/O	6 入/4 出	8 入/6 出	14 入/10 出	24 入/16 出	
扩展模块数量	/	2 个	7 个		
数字量 I/O 映像区大小	256（128 入、128 出）				
模拟量 I/O 映像区大小	无	16 入、16 出	32 入、32 出		
33MHz 下布尔指令执行速度	0.37μs/指令				

续表

	CPU 221	CPU 222	CPU 224	CPU 226	CPU 226XM
内部继电器	256				
计数器/定时器	256/256				
顺序控制继电器	256				
内置高速计数器	4 个（30kHz）			6 个（30kHz）	
模拟量调节电位器	1		2		
高速脉冲输出	2（20kHz，DC）				
通信中断	每个端口有：1 发送/2 接收				
定时中断	2（1～255ms）				
硬件输入中断	4 个输入点				
实时时钟	有（时钟卡）			有（内置）	
口令保护	有				
通信口数量	1（RS-485）			2（RS-485）	

2. 个人计算机或编程器

个人计算机（PC）或编程器装上 STEP 7-Micro/WIN 32 编程软件后，即可供用户进行程序的编制、编辑、调试、监视等。

3. STEP 7-Micro/WIN 32 编程软件

STEP 7-Micro/WIN 32 编程软件是基于 Windows 的应用软件，它支持 32 位 Windows 95、Windows 98 和 Windows NT4.0 环境。它的基本功能是创建、编辑、调试用户程序、组态系统等。

4. 通信电缆

通信电缆是 PLC 用来与个人计算机实现通信的，可以用 PC/PPI 电缆。使用通信处理器（CP）时，可用多点接口（MPI）电缆；使用 MPI 卡时，可用 MPI 卡专用通信电缆。

5. 人—机界面

人—机界面主要指专用操作员界面，如操作员面板、触摸屏、文本显示器等，这些设备可以使用户通过友好的操作界面轻松地完成各种调整和控制的任务。

操作员面板和触摸屏的基本功能是过程状态和过程控制的可视化。可以用 Protocol 软件组态它们的显示与控制功能。

文本显示器（如 TD200）的基本功能是文本信息显示和实施操作。在控制系统中可以设定和修改参数。可编程的 8 个功能可以作为控制键，文本显示器还能扩展 PLC 的输入和输出端子数。

6. S7-200 PLC 的接口模块

S7-200 PLC 的接口模块有数字量模块、模拟量模块和智能模块。

（1）数字量模块。

S7-200 主机的输入、输出点数不能满足控制的需要时，可以选配各种数字量模块来扩展。数字量模块有数字量输入模块（包括直流输入模块、交流输入模块）、数字量输出模块（包括直流输出模块、交流输出模块、交直流输出模块）和数字量输入/输出模块。

（2）模拟量模块。

工业控制中，除了用数字量信号来控制外，有时还要用模拟量信号来进行控制。模拟量模块有模拟量输入模块、模拟量输出模块和模拟量输入/输出模块。

① 模拟量输入模块（A/D）。模拟量信号是一种连续边缘化的物理量，如电力、电压、温度、压力、位移、速度等。工业控制中，要对这些模拟量进行采集并送给 PLC 的 CPU，必须先对模拟量进行模/数（A/D）转换。模拟量输入模块就是用来将模拟信号转换成 PLC 所能接收的数字信号的。

② 模拟量输出模块（D/A）。有些现场设备需要用模拟量信号控制，如电动阀门、液压电磁阀等执行机构需要用连续变化的模拟信号来控制或驱动，这就要求把 PLC 输出的数字量变换成模拟量。模拟量输出模块的作用就是把 PLC 输出的数字量信号转换成相应的模拟量信号，以适应模拟量控制的要求。

③ 模拟量输入/输出模块。S7-200 还配有模拟量输入/输出模块（例如 EM235），它具有 4 个模拟量输入通道、1 个模拟量输出通道。

（3）智能模块。为了满足更加复杂的控制功能的需要，PLC 还配有多种智能模块。智能模块由处理器、存储器、输入/输出单元、外部设备接口等组成。智能模块都有其自身的处理器，它是一个独立的自治系统，不依赖于主机的运行方式而独立运行。智能模块在自身系统程序的管理下，对输入的控制信号进行检测、处理和控制，并通过外部设备接口与 PLC 主机实现通信。主机运行时，在每个扫描周期都要与智能模块交换信息，以便综合处理。这样，智能模块用来完成特定的功能，而 PLC 只是对智能模块的信息进行综合处理，使 PLC 可以完成其他更多的工作。

常见的智能模块有 PID 调节模块、高速计数器模块和温度传感器模块。

7.2 S7-200 PLC 的系统配置

S7-200 PLC 任意型号的主机都可单独构成基本配置，作为一个独立的控制系统。S7-200 PLC 各型号主机的 I/O 配置是固定的，它们具有固定 I/O 地址。

可以采用主机带扩展模块的方法扩展 S7-200 PLC 的系统配置。采用数字量模块或模拟量模块可扩展系统的控制规模；采用智能模块可扩展系统的控制功能。S7-200 主机带扩展模块进行扩展配置时应注意以下几点。

1. 主机所带扩展模块的数量

各类主机可带扩展模块的数量是不同的。CPU 221 模块不允许带扩展模块；CPU 222 模块最多可带 2 个扩展模块；CPU 224 模块、CPU 226 模块和 CPU 226XM 模块最多可带 7 个扩展模块，且 7 个扩展模块中最多只能带 2 个智能扩展模块。

2. CPU 输入、输出映像区的大小

（1）数字量 I/O 映像区的大小。

S7-200 PLC 各类主机提供的数字量 I/O 映像区区域为 128 个输入映像寄存器（I0.0～I15.7）和 128 个输出映像寄存器（Q0.0～Q15.7），最大 I/O 配置不能超出此区域。

PLC 系统扩展时，要对各类输入、输出模块的输入、输出点进行编址。主机提供的 I/O 具有固定的 I/O 地址。I/O 扩展模块的地址由 I/O 模块类型及模块在 I/O 链中的位置决定。编址时，按同类型的模块对各输入点（或输出点）顺序编址。数字量输入、输出映像区的逻辑空间是以 8 位（1 个字节）I/O 递增的。编址时，对数字量模块物理点的分配也是按 8 点来分

配地址的。即使有些模块的端子数不是 8 的整数倍，仍以 8 点来分配地址。例如，4 入/4 出模块也占用 8 个输入点和 8 个输出点的地址，那些未用的物理点地址不能分配给 I/O 链中的后续模块，那些与未用物理点相对应的 I/O 映像区的空间会丢失。对于输出模块，这些丢失的空间可用来作为内部标志位存储器；对于输入模块却不可，因为每次输入更新时，CPU 都对这些空间清零。

（2）模拟量 I/O 映像区的大小。

主机 CPU 226 模块、CPU 226XM 模块提供的模拟量 I/O 映像区区域为 32 入/32 出，模拟量的最大 I/O 配置不能超出此区域。模拟量扩展模块总是以 2 个通道递增的方式来分配空间。例如，某控制系统选用 CPU 226 模块作为主机进行系统的 I/O 扩展配置，系统要求有数字量输入 34 点/输出 20 点，模拟量输入 6 点/输出 2 点。

按系统要求，CPU 226 模块 CPU 226 模块带了 4 块扩展模块。CPU 226 模块 CPU 226 模块提供的主机 I/O 点有 24 个数字量输入点和 16 个数字量输出点，如图 7-5 所示。

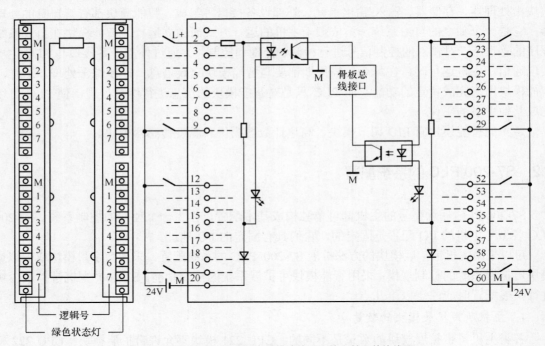

图 7-5　CPU 226 AC/DC/继电器模块输入、输出单元的接线图

模块 0 是一块 4 入/4 出的数字量扩展模块，实际上它却占用了 8 个输入点地址和 8 个输出点地址，即 I3.0～I3.7、Q2.0～Q2.7。其中，输入点地址（I3.0～I3.7）和输出点地址（Q2.0～Q2.7）由于没有提供相应的物理点与之相对应，与之对应的输入映像寄存器中的后续模块。由于输入映像寄存器（I3.0～I3.7）在每次输入更新时都被清零，因此不能用作内部标志位存储器，而输出映像寄存器（Q2.0～Q2.7）可以作为内部标志位存储器使用。

模块 1 是一块具有 8 个输入点的数字量扩展模块，如图 7-6 所示。

模块 2 和模块 3 是具有 4 个输入通道和 1 个输出通道的模拟量扩展模块。由于模拟量扩展模块是以 2 个通道递增的方式来分配空间的，因而它们分别占用了 4 个输入通道的地址和 2 个输出通道的地址，如图 7-7 所示。

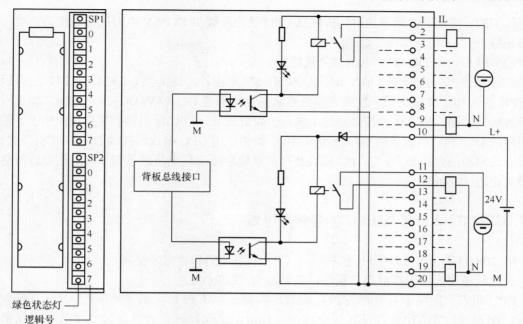

图 7-6　输出单元的接线图

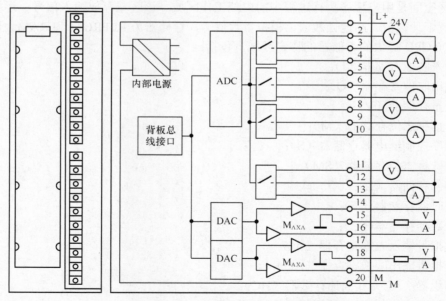

SM334 AI 4/A0 2×8/8 bit 的模拟量输入 / 输出模块

图 7-7　模拟量输入/输出模块

3. 内部电源的负载能力

（1）PLC 内部 DC+5V 电源的负载能力。

CPU 模块和扩展模块正常工作时，需要 DC+5V 工作电源。S7-200 PLC 内部电源单元提供的 DC+5V 电源为 CPU 模块和扩展模块提供了工作电源。其中，扩展模块所需的 DC+5V 工作电源是由 CPU 模块通过总线连接器提供的。CPU 模块向其总线扩展接口提供的电流值是有限制的。在配置扩展模块时，应注意 CPU 模块所提供 DC+5V 电源的负载能力，确保电源不超载。

（2）PLC 内部 DC+24V 电源的负载能力。

S7-200 主机的内部电源单元除了提供 DC+5V 电源外，还提供 DC+24V 电源，它可以作为 CPU 模块和扩展模块用于检测直流信号输入点状态的 DC+24V DC+24V 电源，如果用户使用传感器的话，也可作为传感器的电源。一般情况下，CPU 模块和扩展模块的输入、输出点所用的 DC+24V 电源是由用户外部提供的。如果使用 CPU 模块内部的 DC+24V 电源的话，应注意该电源的负载能力，使 CPU 模块及个扩展模块所消耗电流的总和不超过该电源所提供的最大电流（400mA）。

7.3 CPU S7-200 系列 PLC 的存储器区域

S7-200 的存储器分为用户程序空间、CPU 组态空间和数据区空间。

用户程序空间用于存放用户程序，存储器为 EEPROM。

CPU 组态空间用于存放有关 PLC 配置结构参数，如 PLC 主机及扩展模块的 I/O 配置和编址、配置 PLC 站地址、设置保护口令、停电记忆保持区、软件滤波功能等，存储器为 EEPROM。

数据区空间是用户程序执行过程中的内部工作区域。该区域存放输入信号、运算输出结果、计时值、计数值、高速计数值、模拟量数值等，存储器为 EEPROM 和 RAM。数据区空间是 S7-200 CPU 提供的存储器的特定区域，包括：

- 输入映像寄存器（I）；
- 输出映像寄存器（Q）；
- 变量存储器（V）；
- 内部标志位存储器（M）；
- 顺序控制继电器存储器（S）；
- 特殊标志位存储器（SM）；
- 局部存储器（L）；
- 定时器存储器（T）；
- 计数器存储器（C）；
- 模拟量输入映像寄存器（AI）；
- 模拟量输出映像寄存器（AQ）；
- 累积器（AC）和高速计数器（HC）；
- 数据区空间使 CPU 的运行更快、更可靠。

用户对程序空间、CPU 组态空间和部分数据区空间进行编辑，编辑后写入 PLC 的 EEPROM。RAM 为 EEPROM 存储器提供备份存储区，供 PLC 运行时动态使用。RAM 由大容量电容做掉电数据保持。

7.3.1 数据区空间存储器的地址表示格式

存储器是由许多存储单元组成的，每个存储单元都有唯一的地址，可以依据存储器地址来存取数据。数据区空间存储器地址的表示格式有位、字节、字和双字地址。在 S7-200 系统中，可以按位、字节、字和双字对存储单元寻址。

寻址时，数据地址以代表存储区类型的字母开始，随后是表示数据长度的标记，最后是存储单元编号。对于二进制位寻址，还需要在一个小数点分隔符后指定位编号。

位寻址的举例如图 7-8 所示。字节寻址的举例如图 7-9 所示。

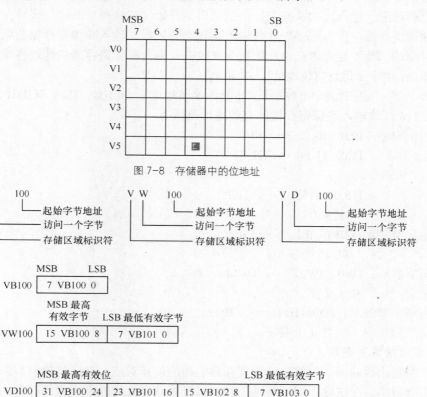

图 7-8 存储器中的位地址

图 7-9 字节寻址举例

1. 位地址格式

数据区空间存储器区域的某一位的地址格式由存储器区域标志符、字节地址及位号构成。如图 7-8 所示，V5.4 表示图中黑色标记的位地址，V 是变量存储器的区域标志符，5 是字节地址，4 是位号，在字节地址 5 和位号 4 之间用点号 "." 隔开。

2. 字节、字和双字地址格式

由图 7-9 可以看出，VW100 包括 VB100 和 VB101；VD100 包含 VW100 和 VW102，即 VB100、VB101、VB102 和 VB103 这 4 个字节。值得注意的是，地址是互相交叠的。当涉及多字节组合寻址时，S7-200 遵循"高地址、低字节"的规律。如果将 16#AB（十六进制数值）送入 VB100，16#CD 送入 VB101，那么 VW100 的值将是 16#ABCD，即 VB101 作为高地址字节，保存数据的低字节部分。

3. 其他地址格式

数据区空间存储器区域中还包括定时器存储器、计数器存储器、累加器、高速计数器等，它们是模拟相关的电器元件，其地址格式为"区域标志符+元件号"。例如，T24 表示某定时器的地址，T 是定时器的区域标志符，24 是定时器号。

7.3.2　数据区空间存储器区域

1. 输入映像寄存器（I）

PLC 的输入端子是从外部接收输入信号的窗口，每一个输入端子与输入映像寄存器（I）的相应位相对应。输入点的状态在每次扫描周期开始（或结束）时进行采样，并将采样值存于输入映像寄存器，作为程序处理时输入点状态的依据。输入映像寄存器的状态只能由外部输入信号驱动，而不能在内部由程序指令来改变。输入映像寄存器的地址格式为：

位地址：I[字节地址].[位地址]，如 I0.1。

字节、字、双字地址：I[数据长度][起始字节地址]，如 IB4、IW6 和 ID10。

CPU226 模块输入映像寄存器的有效地址范围为：

- 用位表示：I0.0，I0.1，…，I0.7

  I1.0，I1.1，…，I1.7

  …

  I15.0，I15.1，…，I1.7

  共 128 点。

- 用字节表示：IB0，IB1，…，IB15

  共 16 个字节。

- 用字表示：IW0，IW2，…，IW14

  共 8 个字。

- 用双字节表示：ID0，ID4，…，ID12

  共 4 个双字。

2. 输出映像寄存器（Q）

每一个输出模块端子与输出映像寄存器的相应位相对应。CPU 将输出判断结果存放在输出映像寄存器中。在扫描周期的结尾，CPU 以批处理方式将输出映像寄存器的数值赋值到相应的输出端子上，通过输出模块将输出信号传送给外部负载。可见，PLC 的输出端子是 PLC 向外部负载发出控制命令的窗口。输出映像寄存器的地址格式为：

位地址：Q[字节地址].[位地址]，如 Q1.1。

字节、字、双字地址：Q[数据长度] [起始字节地址]，如 QB5、QW8 和 QD12。

CPU 226 模块输出映像寄存器的有效地址范围为：

- 用位表示：Q0.0，Q0.1，…，Q0.7

  Q1.0，Q1.1，…，Q1.7

  …

  Q15.0，Q15.1，…，Q15.7

  共 128 点。

- 用字节表示：QB0，QB1，…，QB15

  共 16 个字节。

- 用字表示：QW0，QW2，…，QW14

  共 8 个字。

- 用双字节表示：QD0，QD4，…，QD12

  共 4 个双字。

输入/输出映像区实际上就是外部输入/输出设备状态的映像区，PLC 通过输入/输出映像区的各个位与外部物理设备建立联系，输入/输出映像区的每个位都可以映像输入/输出单元上的每个端子状态。

在程序的执行过程中，对于输入或输出的存取通常是通过映像寄存器，而不是实际的输入、输出端子。

梯形图中的输入继电器、输出继电器的状态对应输入/输出映像寄存器相应位的状态，使得系统在程序执行期间完全与外界隔开。

应当指出，实际没有使用的输入端和输出端的映像区的存储单元可以作为中间继电器使用。

3. 内部标识位存储器（M）

在 PLC 执行程序的过程中可能会用到一些标志位，这些标志位也需要用存储器来寄存。内部标识位存储器就是根据这个要求设计的。内部标识位存储器区是 S7-200 CPU 为保存标志位数据而建立的一个存储区，用 M 表示。内部标识位存储器（M）也称为内部线圈，是模拟继电器控制系统中的中间继电器，它存放中间操作状态，或存储其他相关的数据。内部标识位存储器（M）以位为单位使用，也可以以字节、字或双字为单位使用。内部标识位存储器的格式为：

位地址：M[字节地址].[位地址]，如 M26.7。

字节、字、双字地址：M[数据长度].[起始字节地址]，如 MB0、MW13 和 MD20。

CPU 226 模块输入映像寄存器的有效地址范围为：

- 用位表示：M0.0，M0.1，…，M0.7

  M1.0，M1.1，…，M1.7

  …

  M31.0，M31.1，…，M31.7

  共 256 点。

- 用字节表示：MB0，MB1，…，MB31

  共 32 个字节。

- 用字表示：MW0，MW2，…，MW30

  共 16 个字。

- 用双字节表示：MD0，MD4，…，MD28

  共 8 个双字。

4. 变量存储器（V）

在 PLC 执行程序的过程中，会存在一些控制过程的中间结果，变量存储器就是根据这个要求设计的。变量存储器是 S7-200 CPU 为保存中间变量数据而建立的一个存储区，用 V 表示。变量存储器（V）存放全局变量。全局有效是指同一个存储器可以在任一个程序分区中被访问。变量存储器的地址格式为：

位地址：V[字节地址].[位地址]，如 V10.2。

字节、字、双字地址：V[数据长度].[起始字节地址]，如 VB20、VW100 和 VD320。

CPU 226 模块输入映像寄存器的有效地址范围为：

- 用位表示：V0.0，V0.1，…，V0.7

  V1.0，V1.1，…，V1.7

……

    V5119.0，V5119.1，…，V5119.7

    共 40969 点。

 • 用字节表示：VB0，VB1，…，VB5119

    共 5120 个字节。

 • 用字表示：VW0，VW2，…，VW5118

    共 2560 个字。

 • 用双字节表示：VD0，VD4，…，VD5116

    共 1280 个双字。

  应当指出，变量存储器区的数据可以是输入，也可以是输出。

  5．局部存储器（L）

  局部存储器用来存放局部变量。局部存储器是局部有效的。局部有效是指某一局部存储器只能在某一程序分区（主程序、子程序或中断程序）中使用。

  S7-200 系列 PLC 提供 64 字节局部存储器（其中 LB60～LB63 为 STEP 7-Micro/WIN 32 及以后版本的软件所保留）。局部存储器可以作为暂时存储器或者子程序传递函数。可以按位、字节、字或者双字访问局部存储器。可以把局部存储器作为间接寻址的指针，但是不能作为间接寻址的存储器区。局部存储器的地址格式为：

  位地址：L[字节地址].[位地址]，如 VL0.0。

  字节、字、双字地址：L[数据长度][起始字节地址]，如 LB33、LW44 和 LD55。

  CPU 226 模块输入映像寄存器的有效地址范围为：L（0.0～59.7）；QB（0～59）；QW（0～58）；QD（0～56）。

  6．顺序控制继电器存储器（S）

  顺序控制继电器存储器（S）用于顺序控制。顺序控制继电器（SCR）指令给予顺序功能图（SFC）的编程方式。SCR 指令将控制程序的逻辑分段，从而实现顺序控制。顺序控制继电器存储器（S）的地址格式为：

  位地址：S[字节地址].[位地址]，如 S3.1。

  字节、字、双字地址：S[数据长度][起始字节地址]，如 SB3、SW10 和 SD21。

  CPU 226 模块输入映像寄存器的有效地址范围为：S（0.0～317）；QB（0～31）；QW（0～30）；QD（0～28）。

  7．定时器存储器（T）

  定时器是模拟继电器控制系统中的时间继电器。S7-200 定时器的时基有 3 种：1ms、10ms 和 100ms。通常，定时器的设置值由程序赋予，需要时也可在外部设定。

  S7-200 系列 PLC 定时器存储器的有效地址范围为 T（0～255）。定时器存储器地址的表示格式为 T[定时器号]，如 T24。

  8．计数器存储器（C）

  计数器累计其计数输入端脉冲电平由低到高的次数，有 3 种类型：增计数、减计数和增减计数。通常，计数器的设定值由程序赋予，需要时也可在外部设定。

  计数器存储器地址表示格式为 C[计数器号]，如 C3。S7-200 系列 PLC 计数器存储器的有效地址范围为 C(0～255)。

9. 模拟量输入映像寄存器（AI）

模拟量输入映像区是 S7-200 CPU 为模拟量输入端信号开辟的一个存储区。模拟量输入模块将外部输入的模拟信号的模拟量转换成 1 个字长（16 位）的数字量，存放在模拟量输入映像存储器（AI）中，供 CPU 运算处理。

模拟量输入用区域标示符（AI）、数据长度（W）及字节的起始地址表示。该区的数据为字（16 位），其表示形式如下：

AIW[起始字节地址]，如 AIW4。

AIW0，AIW2，…，AQW30

共 16 个字，总共允许有 16 路模拟量输出。

应当指出，模拟量输入值为只读数据。

10. 模拟量输出映像存储器（AQ）

模拟量输出映像区是 S7-200CPU 为模拟量输出端信号开辟了一个存储区。CPU 运算的结果存放在模拟量输出映像存储器（AQ）中，供 D/A 转换器将一个字长（16 位）的数字量转换为模拟量，以驱动外部模拟量控制的设备。模拟量输出映像寄存器（AQ）中的数字量为只写值。模拟量输出映像寄存器的地址格式为：

AQW[起始字节地址]，如 AQW10。

AQW0，AQW2，…，AQW30

共 16 个字，总共允许有 16 路模拟量输出。

模拟量输出映像寄存器（AQ）的地址必须用偶数字节地址（如 AQW0、AQW2 等）来表示。CPU 226 模块模拟量输出映像寄存器的有效地址范围为 AQW（0～62）。

11. 累加器（AC）

累加器是用来暂时存储计数中间值得存储器，也可向子程序传递参数或者返回参数。S7-200 CPU 提供了 4 个 32 位累加器（AC0、AC1、AC2 和 AC3）。累加器的地址格式为：

AC[累计器号]，如 AC0。

CPU 226 模块累加器的有效地址范围为 AC（0～3）。

可以按字节、字或双字来存取累加器中得数据。但是，以字节形式读/写累加器中的数据时，只能读/写累加器 32 位数据中的最低 8 位。如果是以字的形式读/写累加器中的数据，只能读/写累加器 32 位数据中的低 16 位。只有采取双字的形式读/写累加器中的数据时，才能一次读/写全部 32 位数据。

PLC 的运算功能是离不开累加器的，因此不能像占用其他存储器那样占用累加器。

12. 高速计数器（HC）

高速计数器用来累计比 CPU 扫描速率更快的事件。S7-200 各个高速计数器的计数频率高达 30kHz，用 32 位带符号整数计数器的当前值。若要存取高速计数器的值，必须给出高速计数器的地址，即高速计数器的编号。

高速计数器的编号为：HSC0，HSC1，…，HSC5。

S7-200 有 6 个高速计数器，其中 CPU 221 和 CPU 222 仅有 4 个高速计数器（HSC0、HSC3、HSC4 和 HSC5）。

13. 特殊标志位存储器（SM）

特殊标志位即特殊内部线圈，它是用户程序与系统程序之间的界面，为用户提供一些特殊的控制功能及系统信息。用户对操作的一些特殊要求也通过特殊标志位（SM）通知系统。

特殊标志位区域分为只读区域和可读区域。

（1）特殊存储器区。

它是 S7-200 PLC 为保存自身工作状态数据而建立的一个存储区，用 SM 表示。特殊存储器区的数据有些是可读可写的，有些是只读的。特殊存储器区的数据可以是位，也可以是字节、字或双字。

按"位"方式，SM0.0～SM179.7，共用 1440 点；按"字节"方式，SM0～SM179，共用 180 字节；按"字"方式，SMW0～SMW178，共用 90 个字；按"双字"方式，SMD0～SMD176，共用 45 个双字。

特殊存储器区的头 30 字节为只读区。

（2）常用的特殊继电器及其功能。

特殊存储器用于 CPU 与用户之间交换信息，如 SM0.0 一直为"1"状态，SM0.1 仅在执行用户程序的第 1 个扫描周期为"1"状态。SM0.4 和 SM0.5 分别提供周期为 1min 和 1s 的时钟脉冲。SM1.0、SM1.1 和 SM1.2 分别是零标志、溢出标志和负数标志。

尽管 SM 基于位存取，但也可以按照字节、字和双字来存储数据。特殊标志位存储器（SM）的地址格式为：

位地址：SM[字节地址].[位地址]，如 SM0.1。

字节、字、双字地址：SM[数据长度][起始字节地址]，如 SMB86、SMW100 和 SMD12。

CPU 226 模块特殊标志位寄存器的有效地址范围为：SM（0.0～547.9）；SMB（0～549）；SMW（0～548）；SMD（0～546）。

常用的特殊存储位及其功能总结如下：

SM0.0　PLC 运行时，这一位始终为 1，是常 ON 继电器。

SM0.1　该为在 PLC 首次扫描时为 1 个扫描周期。用途之一是调用初始化子程序。

SM0.3　PLC 开机进入 RUN 方式时，该位将接通（ON）一个扫描周期。

SM0.4　该位提供了一个周期为 1min、占空比为 0.5 的时钟。

SM0.5　该位提供了一个周期为 1s、占空比为 0.5 的时钟。

7.4　S7-200 系列 PLC 的基本指令及编程

S7-200 系列 PLC 同三菱 PLC 指令一样也有 3 种表达形式，即梯形图（LAD）、语句表（STL）和功能块图（FBD）。在实际应用中，一般采用梯形图和语句表编写 PLC 程序。

7.4.1　用户程序的结构

S7-200 程序有 3 种，即主程序 OB1、子程序 SBR0～SBR63 和中断程序 INT0～INT127。

主程序（OB1）只有一个，是用户程序的主体，CPU 在每个扫描周期都要执行一次主程序指令。

子程序是程序的可选部分，只有当主程序调用时才能够执行。子程序最多可以有 64 个。一般在主程序里调用子程序，当然也可以在子程序或中断程序里面调用子程序。

中断程序是程序的可选部分，只有当中断事件发生时，才能够执行。中断程序最多可以有 128 个。中断程序的调用由各种中断事件触发，包括输入中断、定时中断、高速计数器中断，通信中断等。

S7-200 的程序结构可分为两种，即线性程序结构和分块程序结构。

1. 线性程序结构

线性程序是指一个工程的全部控制任务都按照工程控制的顺序写在同一个程序中，一般写在主程序 OB1 中。程序执行过程中，CPU不断扫描主程序 OB1，按照编写好的指令代码顺序地执行控制工作，如图 7-10 所示。

线性程序结构简单明了，但是仅适合控制量比较小的场合。控制任务越大，线性程序的结构就越复杂，仅仅采用线性程序会使整个程序变得庞大而难以编制、难以调试。

图 7-10. 线性程序结构

2. 分块程序结构

分块程序是指把一个工程的全部控制任务分成多个任务模块，每个模块的控制任务则根据具体情况编写相应的子程序进行处理，或者放到中断程序中去。在程序执行过程中，CPU 不断扫描主程序 OB1。碰到子程序调用指令，就转移到相应的子程序中去执行；遇到中断请求，就调用相应的中断程序，如图 7-11 所示。

分块程序虽然结构复杂，但是可以把一个复杂的控制任务分解成多个简单的控制任务。分块程序有利于程序员编写代码，而且程序调试起来比较简单。所以，对于一些相对复杂的工程控制，建议采用分块程序结构。

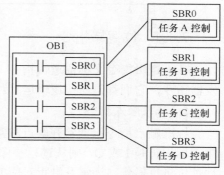

图 7-11 分块程序结构

7.4.2 程序的一般约定

1. 网络

在梯形图（LAD）中，程序被分成称为网络的一个个段。每个梯形图网络是由一个或多个梯级组成的，即网络就是触点、线圈和功能框的有序排列，这些元件连在一起组成一个从左母线到右母线之间的完整电路。

梯形图和功能块图中使用"网络"这个概念给程序分段和注释。语句表程序不使用网络，而是使用关键词"NETWORK"对程序进行分段。STEP7-Micro/WIN32 允许以网络为单位给程序建立注释。梯形图中的输入总是在图形的左边，输出总是在图形的右边，因而触点与左母线相连，线圈或功能框终止于右母线，构成一个梯级。

2. 执行分区

在梯形图、语句表或功能块图中，一个程序包含至少一个必需部分和其他可选部分，必需部分是主程序，可选部分包括一个或多个子程序或者中断程序。通过选择 STEP7-Micro/WIN32 的分区选项，可以方便地切换到程序的各个分区。

7.4.3 西门子 S7-200PLC 的基本指令

西门子 S7-200PLC 与三菱 PLC 的基本指令有很多相似之处，如表 7-2 所示。

表 7-2   西门子 S7-200PLC 与三菱 PLCA 的基本指令比较

三菱 PLC	取常开触 点指令	取常闭触 点指令	驱动线圈 指令	与指令 (串联常开触点)	与反指令 (串联常闭触点)	或指令 (并联常开触点)	或反指令 (并联常闭触点)	求反指令
	LD	LDI	OUT	AND	ANI	OR	ORI	INV
西门子 PLC	LD	LDI	=	A	AN	O	ON	NOT
	装载常开 触点指令	装载常闭 触点指令	输出线圈 指令	与常开触点 指令	与常闭触点 指令	或常开触 点指令	或常闭触 点指令	触点取非 指令
三菱 PLC	置位指令	复位指令	微分指令	电路块与指 令	电路块或指 令	进栈指令	读栈指令	出栈指令
	SET	RST	PLS	ANB	ORB	MPS	MRD	MPP
西门子 PLC	S	R	EU	ALD	OLD	LPS	LRD	LPP
	置位指令	复位指令	上微分 操作	栈转载与 指令	栈转载或 指令	逻辑进栈 指令	逻辑读栈 指令	逻辑出栈 指令

7.4.4 位逻辑指令

基本逻辑指令又称位逻辑指令，主要包括触点指令、线圈指令、逻辑堆栈指令和 RS 触发器指令，它们都是与位逻辑运算和位操作相关的输入/输出指令。本小节介绍触点指令。

1. 标准触点指令

标准触点指令包括常开触点和常闭触点指令。标准触点指令从存储器中得到参考值（如果主标识符是 I 或 Q，则从过程映像寄存器中得到参考值）。这些指令在逻辑堆栈中对存储器地址位进行操作。当常开触点对应的存储器地址位（bit）为 1 时，表示该触点闭合；当常闭触点对应的存储器地址位（bit）为 0 时，表示该触点闭合。

在 STL 中，常开触点由 LD、A 及 O 指令描述，LD 将位值装入栈顶，A、O 分别将位值与、或栈顶值，运算结果仍存入栈顶；常闭触点由 LDN、AN、和 ON 指令描述，LDN 将位值取反后再装入栈顶，AN、ON 先将位值取反，再分别与、或栈顶值，其运算结果仍存入栈顶。

（1）装载常开触点指令（Load，LD）：在 LAD 中，常开触点的表示符号如图 7-12 所示，每个从左母线开始的单一逻辑行、每个程序块（逻辑梯级）的开始、指令盒（功能框）的输入端都必须使用 LD 和 LDN 这两条指令。以常开触点开始时用 LD 指令。本指令对各类内部内部编程的常开触点都适用。

指令格式：LD   bit

例：LD   I0.2

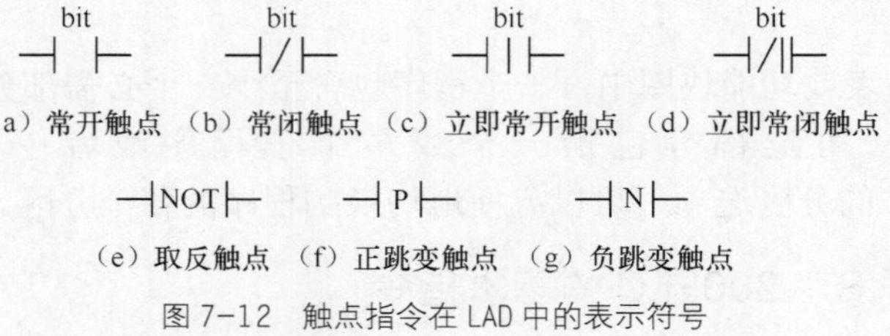

（a）常开触点 （b）常闭触点 （c）立即常开触点 （d）立即常闭触点

（e）取反触点 （f）正跳变触点 （g）负跳变触点

图 7-12 触点指令在 LAD 中的表示符号

（2）装载常闭触点指令（Load Not，LDN）：每个以常闭触点开始的逻辑行都使用该指令，该指令对各类内部编程元件的常闭触点都适用。在 LAD 中，常闭触点的表示符号如图7-12 所示。

指令格式：LDN bit

例：LDN I0.1

（3）与常开触点指令（And，A）即串联一个常开触点指令。

指令格式：A bit

例：A M2.4

（4）与常闭触点指令（And Not，AN）即串联一个常闭触点的指令。

指令格式：AN bit

例：AN M2.4

（5）或常开触点指令（0r，0）即并联一个常开触点指令。

指令格式：O bit

例：O M2.6

（6）或常闭触点指令（0r Not，0N）即并联一个常闭触点指令。

指令格式：ON bit

例：ON M2.6

2. 立即触点指令

立即触点的刷新并不依赖 CPU 的扫描周期，它会立即刷新。在程序执行过程中，常开立即触点指令（LDI、AI 和 OI）与常闭立即触点指令（LDNI、ANI 和 ONI）立即得到物理输入值，但过程映像寄存器并不刷新，指令中"I"表示立即之意。注意，只有输入继电器 I 和输出继电器 Q 可以使用立即指令。

当物理输入点状态为 1 时，常开立即触点闭合；当物理输入点状态为 0 时，常闭立即触点闭合。常开立即触点指令将相应物理输入值存入栈顶；而常闭立即触点指令将相应物理输入值取反，再存入栈顶。

立即触点指令 LDI、LDNI、AI、ANI、OI 和 ONI 的用法以 LDI 指令为例。

指令格式：LDI bit

例：LDI I0.2

bit 只能是输入（I）类型。

在 LAD 中，立即常开触点和立即常闭触点的表示符号如图 7-12（c）和图 7-12（d）所示。

3. 取反指令（NOT）

取反指令在梯形图中用来改变"能流"输入的状态，也就是说，它将栈顶值由 0 变为 1，由 1 变为 0。

指令格式：NOT（NOT 指令无操作数）

在 LAD 中，取反指令用触点表示，其表示符号如图 7-12（e）所示。

4. 正、负跳变指令（EU，ED）

正、负跳变指令在梯形图中以触点形式使用，用于检测脉冲的正跳变（上升沿）或负跳变（下降沿）。利用跳变让"能流"接通一个扫描周期，即可以产生一个扫描周期的脉冲。

（1）正跳变触点指令（EU）。当指令检测到每一次正跳变（由 0 到 1），让"能流"接通一个扫描周期。对于正跳变指令，一旦发现有正跳变发生，该栈顶值被置为 1，否则置 0。

指令格式：EU（无操作数）

在 LAD 中，正跳变触点的表示符号如图 7-12（f）所示。

（2）负跳变触点指令（ED）。当指令检测到每一次负跳变（由 1 到 0），让"能流"接通一个扫描周期。对于负跳变指令，一旦发现有负跳变发生，该栈顶值被置为 1，否则置 0。

指令格式：ED（无操作数）

在 LAD 中，负跳变触点的表示符号如图 7-23（g）所示。

5. 触点指令举例

【例 7-1】 如图 7-13 所示的程序介绍了几种触点指令在梯形图和语句表语言编程中的应用，由此可以看出不同编程工具的区别与联系。

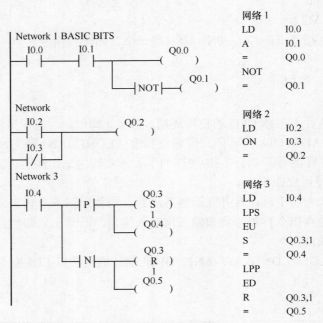

图 7-13　触点指令的应用 1

各网络实现的功能如下。

（1）网络 1：要想激活 Q0.0，常开触点 I0.0 和 I0.1 必须为 ON（闭合）。Q0.0 和 Q0.1 具有相反的逻辑状态。

（2）网络 2：要想激活 Q0.2，需要常开触点 I0.2 为 ON 或者常闭触点 I0.3 为 OFF。由此可见，要激活输出，LAD 的并联分支中至少应有一个逻辑值为真。

（3）网络 3： I0.4 的上升沿使 Q0.5ON 一个扫描周期，由于 Q0.4 和 Q0.5 的状态变化太快，以至于在程序中无法用状态图监视。利用置位和复位指令将 Q0/3 的状态变化锁存，以监视 I0.4 的状态。程序中线圈指令以及堆栈指令将在后面介绍。

【例 7-2】 触点指令的应用 2 如图 7-14 所示。

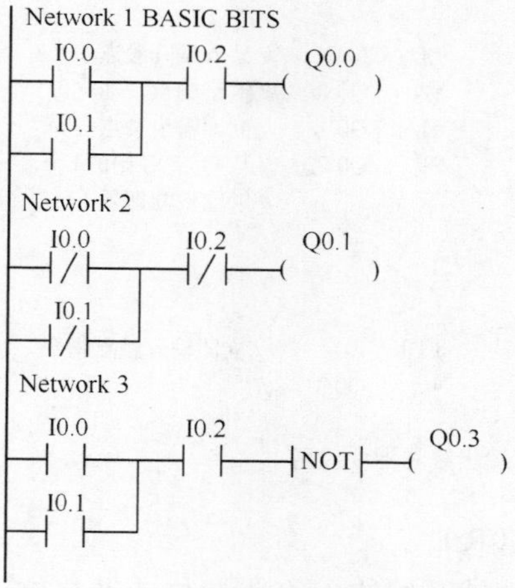

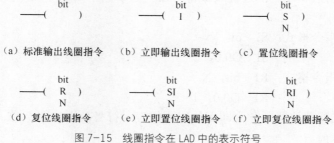

图 7-14　触点指令的应用 2

7.4.5　线圈指令

1. 标准输出线圈指令（ = ）

标准输出线圈指令是将新值写入输出点的过程映像寄存器。当输出指令执行时，输出过程映像寄存器中的位被接通或者断开。在 LAD 中，指定点的值等于"能流"。在 STL 中，栈顶的值复制到指定值。

指令格式：=bit

　　　例：=Q2.6

在 LAD 中，标准输出线圈的表示符号如图 7-15（a）所示。

```
        bit              bit              bit
 ——(    )        ——(  I  )        ——(  S  )
                                          N

（a）标准输出线圈指令  （b）立即输出线圈指令  （c）置位线圈指令

        bit              bit              bit
 ——(  R  )        ——(  SI  )        ——(  RI  )
     N                N                N

（d）复位线圈指令     （e）立即置位线圈指令  （f）立即复位线圈指令
```

图 7-15　线圈指令在 LAD 中的表示符号

2. 立即输出线圈指令（ = I ）

当指令执行时，立即输出线圈指令是将新值同时写到物理输出点和相应的过程映像寄存器中。这一点不同于标准输出线圈指令，只把新值写入过程映像寄存器。当立即输出指令执行时，物理输出点立即被置位为"能流"值。立即指令将栈顶的值立即复制到物理输出点的指定位上。

指令格式：= I　bit

　　　例：= I Q0.2

在 LAD 中，立即输出线圈的表示符号如图 7-15（b）所示。

【**例 7-3**】 立即输出线圈指令举例如图 7-16 所示。

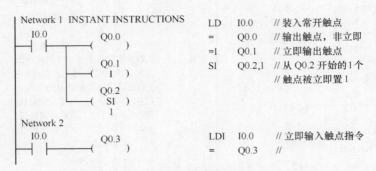

图 7-16 立即输出线圈指令应用

3. 置位线圈指令（S）和复位线圈指令（R）

执行置位和复位线圈指令时，将从指定地址开始的 N 个点置位或者复位。可以一次置位或者复位 1～255 个点。如果复位指令指定的是定时器（T）或者计数器（C），指令不但复位定时器或者计数器，而且清除定时器或者计数器的当前值。

置位线圈指令格式：S bit，N

　　　　　　　　例：S Q0.0，1

复位线圈指令格式：R bit，N

　　　　　　　　例：R Q0.2，3

在 LAD 中，置位线圈和复位线圈的表示符号分别如图 7-15（c）、（d）所示。

4. 立即置位线圈指令（SI）和立即复位线圈指令（RI）

立即置位和立即复位线圈指令将从指定地址开始的 N 个物理输出点立即置位或者立即复位，指令可以一次立即置位或立即复位 1～128 个点。"I" 表示立即，当指令执行时，新值会同时被写到物理输出点和相应的过程映像寄存器。这一点不同于非立即指令，只把新值写入过程映像寄存器。

立即置位线圈指令格式：SI bit，N

　　　　　　　　　例：SI Q0.0，2

立即复位线圈指令格式：RI bit，N

　　　　　　　　　例：RI Q0.0，1

在 LAD 中，立即置位线圈和立即复位线圈的表示符号分别如图 7-15（e）、（f）所示。

5. 线圈指令举例

【例 7-4】 如图 7-17 所示为线圈指令在实际应用中一段程序。各网络可实现如下功能。

（1）网络 1：当输入点 I0.0 接通时，输出 Q0.0、Q0.1 和变量存储器 V0.0 状态为 1。

（2）网络 2：当输入点 I0.1 接通时，将从 Q 的第 0 字节第 2 位开始的一组共 6 位输出置 1。

（3）网络 3：当输入点 I0.2 接通时，将从 Q 的第 0 字节第 2 位开始的一组共 6 位输出置 0。

（4）网络 4：置位和复位一组 8 个输出位 QB1（Q1.0～Q1.7）。在此处的 STL 程序中，出现了 "LPS" 和 "LPP" 指令。它们为逻辑进、出栈指令，其具体用法后续介绍。

（5）网络 5：置位和复位指令实现锁存器功能，必须确保这些位没有在其他指令中被改写。在本例中，网络 4 置位和复位一组 8 个输出位（Q1.0～Q1.7），而网络 5 会覆盖 Q1.1 的值，从而控制网络 4 中的程序状态。

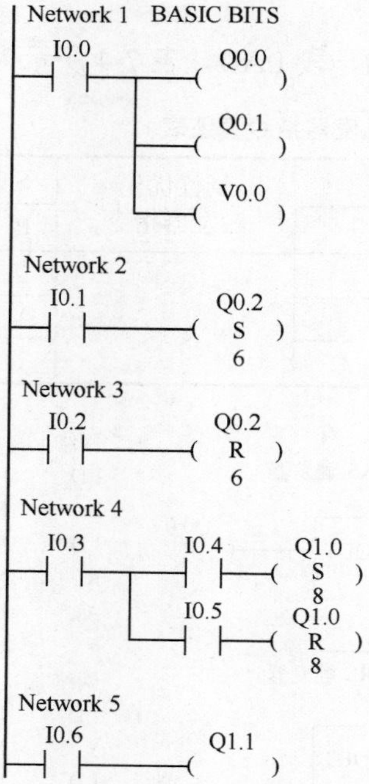

```
Network 1   BASIC BITS              网络1
   I0.0              Q0.0           LD    I0.0
  ─┤ ├──────┬───────( )             =     Q0.0
            │                       =     Q0.1
            │        Q0.1           =     V0.0
            ├───────( )
            │                       网络2
            │        V0.0           LD    I0.1
            └───────( )             S     Q0.2,6

Network 2                           网络3
   I0.1              Q0.2           LD    I0.2
  ─┤ ├──────────────( S )           R     Q0.2,6
                      6
                                    网络4
Network 3                           LD    I0.3
   I0.2              Q0.2           LPS
  ─┤ ├──────────────( R )           A     I0.4
                      6             S     Q1.1,8
                                    LPP
Network 4                           A     I0.5
   I0.3    I0.4      Q1.0           R     Q1.0,8
  ─┤ ├──┬──┤ ├──────( S )
        │            8              网络6
        │   I0.5     Q1.0           LD    I0.6
        └──┤ ├──────( R )           =     Q1.1
                     8

Network 5
   I0.6              Q1.1
  ─┤ ├──────────────( )
```

图 7-17 线圈指令应用

7.4.6 RS 触发器指令

1. RS 触发器指令

RS 触发器梯形图方块指令表示如表 7-3 所示。方框图中标有一个置位输入端（S），一个复位输入端（R），输出端标为 OUT。触发器可以用在逻辑串最右端，结束一个逻辑串，也可用在逻辑串中，影响右边的逻辑操作结果。

表 7-3　　　　　　　　　　　　　　　**RS 触发器指令**

置位优先型 RS 触发器	复位优先型 RS 触发器	参　数	数 据 类 型
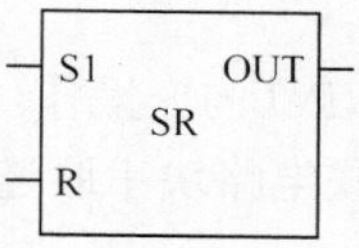	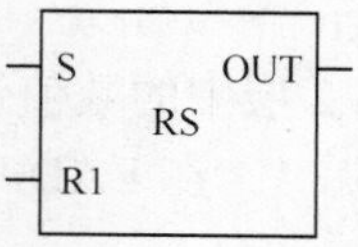	（位地址）需要置位、复位的位	BOOL
─S1　　OUT─ 　　SR ─R	─S　　OUT─ 　　RS ─R1	S 允许置位输入	
		R 允许复位输入	
		OUT 的状态	

如果置位输入（S 端）为 1，则触发器置位。置位后，即使置位输入为 0，触发器也保持置位不变。如果置位输入为 0，触发器也保持置位不变。如果复位输入（R 端）为 1，则触发器复位。复位后，即使复位输入为 0，触发器也保持复位不变。RS 触发器分为置位优先型和分为优先型两种。

置位优先型 RS 触发器置位端为 S1，复位端为 R。当两个输入端都为 1 时，置位输入优先，触发器或被置位或保持置位不变。

复位优先型 RS 触发器置位端为 S，复位端为 R1。当两个输入端都为 1 时，复位输入优先，触发器或被复位或保持复位不变。

2. RS 触发器指令举例

图 7-18 所示为 RS 触发器指令应用的一段 LAD，表 7-4 所示为程序执行对应的真值表。

表 7-4 RS 触发器指令真值表

置位优先 触发器指令	S1	R	输出/bit	复位优先 触发器指令	S	R1	输出/bit
	0	0	保持前一状态		0	0	保持前一状态
	0	1	0		0	1	0
	1	0	1		1	0	1
	1	1	1		1	1	0

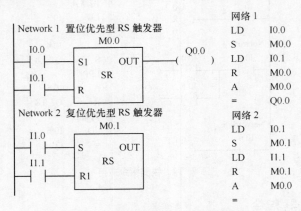

图 7-18 RS 触发器指令在 LAD 中的应用

7.4.7 逻辑堆栈指令

前述的位逻辑指令涉及 PLC 的触点和线圈简单连接，不能表达在 LAD 中触点的复杂连接结构。逻辑堆栈指令主要用来描述对触点进行的复杂连接，同时，它们对逻辑堆栈也可以实现非常复杂的操作。

本类指令包括 ALD、OLD、LPS、LPP、LRD 和 LDS，这些指令中除 LDS 外，其余指令都无操作数。

1. 栈装载与指令（ALD）

栈装载与指令（与块）将堆栈第 1 层和第 2 层中的数值进行逻辑 AND（与）操作，并将结果载入堆栈顶部。执行 ALD 后，堆栈深度减 1。在 LAD 中用于将并联电路块串联连接。

2. 栈装载或指令（OLD）

栈装载或指令（或块）将堆栈第 1 层和第 2 层中的数值进行逻辑 OR（或）操作，并将结果载入堆栈顶部。执行 OLD 后，堆栈深度减 1。在 LAD 中用于将串联电路块并联连接。

3. 逻辑进栈指令（LPS）

逻辑进栈指令（分支或主控指令）是复制堆栈中的顶值并使该数值由栈顶压入堆栈。栈底值被推出栈并丢失。在梯形图中的分支结构中，用于生成一条新的母线，左侧为主控逻辑块时，第 1 个完整的从逻辑行从此开始。

注意 　使用 LPS 指令时，本指令为分支的开始，以后必须有分支结束指令 LPP，即 LPS 与 LPP 指令必须成对出现。

4. 逻辑出栈指令（LPP）

逻辑出栈指令（分支结束或主控复位指令）是将堆栈栈顶的数值弹出，第 2 层堆栈数值成为堆栈新顶值。在 LAD 中的分支结构中，用于将 LPS 指令生成一条新的母线进行恢复。

5. 逻辑读栈指令（LRD）

逻辑读栈指令是将第 2 层堆栈数值复制至堆栈顶部。不执行进栈或出栈，但旧堆栈顶值被复制破坏。在 LAD 中的分支结构中，当左侧为主控逻辑块时，第 2 个和后边更多的从逻辑块此处开始。

注意 LPS 后第 1 个和最后 1 个从逻辑块不用本指令。

6. 载入堆栈指令（LDS）

载入堆栈指令是复制堆栈中的堆栈位 n，并将数值置于堆栈顶部。堆栈底值被推出栈并丢失。本指令编程时较少使用。

7. 逻辑堆栈指令应用举例

图 7-19 所示为逻辑堆栈指令在实际应用中的一段程序的 LAD 及对应的 STL。

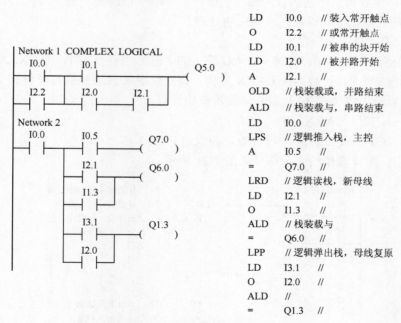

图 7-19 逻辑堆栈指令的应用

7.4.8 定时器指令

S7-200 系列 PLC 定时器有 3 种：接通延时定时器（TON）、断开延时定时器（TOF）和记忆接通延时定时器（TONR），如图 7-20 所示。

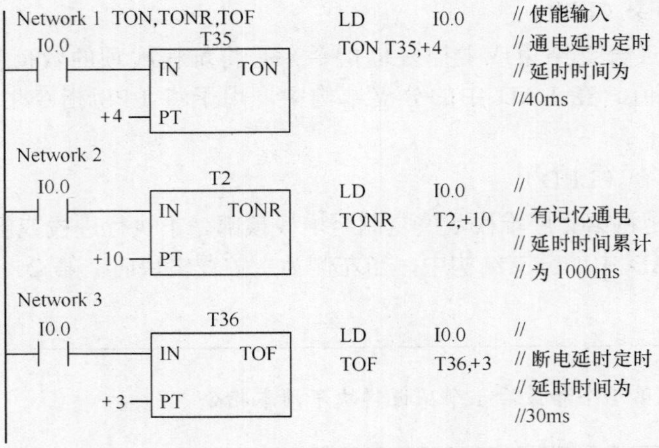

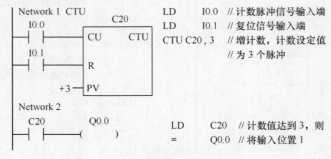

Network 1 TON,TONR,TOF

```
I0.0              T35
─┤ ├──────[IN      TON]
              +4 ─[PT       ]
```

LD   I0.0   // 使能输入
TON T35,+4   // 通电延时定时
                  // 延时时间为
                  //40ms

Network 2

```
I0.0              T2
─┤ ├──────[IN      TONR]
             +10 ─[PT       ]
```

LD   I0.0   //
TONR   T2,+10   // 有记忆通电
                  // 延时时间累计
                  // 为 1000ms

Network 3

```
I0.0              T36
─┤ ├──────[IN      TOF]
              +3 ─[PT       ]
```

LD   I0.0   //
TOF   T36,+3   // 断电延时定时
                  // 延时时间为
                  //30ms

图 7-20　定时器举例

7.4.9　计数器指令

计数器指令是用来累计输入脉冲的次数，在实际应用中经常用来对产品进行计数或完成一些复杂的逻辑控制。计数器与定时器的结构和使用基本相似，编程时输入它的预设值 PV（计数的次数），计数器累计它的脉冲输入端脉冲上升沿（正跳变）的个数，当计数器达到预设值 PV 时，计数器动作，以便完成相应的处理。

1. 增计数器 CTU

CTU 从当前计数值开始，在每一个 CU 输入的上升沿当前值加 1，当 CXXX 的当前值大于或等于预设值 PV 时，计数器位 CXXX 置位。当复位端 R 接通或执行复位指令后，计数器被复位。当达到最大值（32767）后，计数器停止计数。

指令格式：CTU　CXXX，PV

　　　例：CTU　C20，3　//增计数，预设值 PV＝3

在 LAD 中，增计数器的表示符号如图 7-21 所示。

Network 1 CTU

```
I0.0              C20
─┤ ├──────[CU      CTU]
I0.1
─┤ ├──────[R         ]
              +3 ─[PV      ]
```

LD   I0.0   // 计数脉冲信号输入端
LD   I0.1   // 复位信号输入端
CTU C20,3   // 增计数，计数设定值
                  // 为 3 个脉冲

Network 2

```
C20       Q0.0
─┤ ├──────( )
```

LD   C20   // 计数值达到3，则
=   Q0.0   // 将输入位置1

图 7-21　增计数器举例

2. 减计数器 CTD

CTD 从当前计数值开始，在每一个 CD 输入的上升沿当前值减 1。当装载输入端 LD 接通时，计数器位被复位，并将计数器的当前值设为预置值 PV。当计数值到 0 时，计数器停止计数，计数器位 CXXX 接通。

指令格式：CTD　CXXX，PV

例：CTD　C40，4　//减计数，预设值 PV＝4

在 LAD 中，减计数器的表示符号如图 7-22 所示。

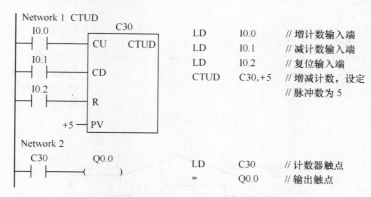

```
Network 1 CTU
  I0.0           C20        LD        I0.0      //计数脉冲信号输入端
  ─┤ ├─      ┌────────┐     LD        I0.1      //复位信号输入端
             │CU   CTU│     CTU C20,+3          //增计数，计数设定值
  I0.1       │        │                         //为 3 个脉冲
  ─┤ ├─      │R       │
             │        │
       +3 ──┤PV       │
             └────────┘
Network 2
  C20        Q0.0          LD        C20        //计数值达到 3，则
  ─┤ ├───────(  )         =         Q0.0       //将输入位置 1
```

图 7-22　减计数器举例

3. 增减计数器 CTUD

CTUD 在每一个增计数输入 CU 的上升沿当前值加 1，在每一个减计数输入 CD 的上升沿当前值减 1。当前值达到预置值 PV 时，计数器位 CXXX 接通，计数器停止计数。当复位输入端 R 接通或执行复位指令时，计数器被复位。

指令格式：CTUD　CXXX，PV

例：CTUD　C30，5　//增/减计数，预设值 PV＝5

在 LAD 中，增减计数器的表示符号如图 7-23 所示。

```
Network 1 CTUD
  I0.0           C30        LD        I0.0      //增计数输入端
  ─┤ ├─      ┌────────┐     LD        I0.1      //减计数输入端
             │CU  CTUD│     LD        I0.2      //复位输入端
  I0.1       │        │     CTUD      C30,+5    //增减计数，设定
  ─┤ ├─      │CD      │                         //脉冲数为 5
             │        │
  I0.2       │R       │
  ─┤ ├─      │        │
       +5 ──┤PV       │
             └────────┘
Network 2
  C30        Q0.0          LD        C30        //计数器触点
  ─┤ ├───────(  )         =         Q0.0       //输出触点
```

图 7-23　增减计数器举例

4. 计数器和定时器配合增加延时时间

在定时器使用时，为了能长延时控制设计，可以将计数器和定时器配合进行，如图 7-24 所示。

5. 应用举例

控制要求：一自动仓库存放某种货物，最多 6000 箱，需对所存的货物进出计数。货物多于 1000 箱，灯 L1 亮；货物多于 5000 箱，灯 L2 亮。其中，L1 和 L2 分别受 Q0.0 和 Q0.1 控制，数值 1000 和 5000 分别存储在 VW20 和 VW30 字存储单元中。

本控制系统的程序如图 7-25 所示。程序执行时序如图 7-26 所示。

```
LD      I0.0           // 启动通电延时
AN      M0.0           // 重新启动延时
TON T50,+30000         // 通电延时定时器
                       // 时间设定为 3000s

LD      T50            // 延时时间到
=       M0.0           // 关定时器，产生一个
                       // 脉冲

LD      M0.0           // 每隔 3000s 输入一个
                       // 脉冲
LDN  I0.0              // 复位输入
CTU  C20,+10           // 增计数器，累计脉冲
                       // 的总数
```

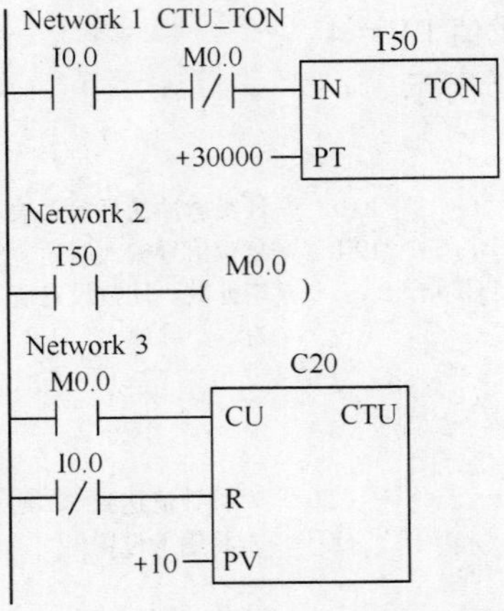

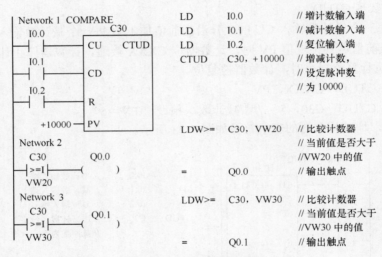

图 7-24　计数器和定时器配合增加延时时间举例

```
LD        I0.0              // 增计数输入端
LD        I0.1              // 减计数输入端
LD        I0.2              // 复位输入端
CTUD      C30，+10000       // 增减计数，
                            // 设定脉冲数
                            // 为 10000

LDW>=     C30，VW20         // 比较计数器
                            // 当前值是否大于
                            //VW20 中的值
=         Q0.0              // 输出触点

LDW>=     C30，VW30         // 比较计数器
                            // 当前值是否大于
                            //VW30 中的值
=         Q0.1              // 输出触点
```

图 7-25　控制系统的程序

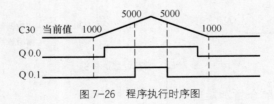

图 7-26　程序执行时序图

本 章 小 结

本章主要阐述了西门子 S7-200PLC 的结构和工作原理。通过前面章节三菱 PLC 的学习，比较西门子 S7-200PLC 与三菱 PLC 编程的特点，可以很方便地学习和了解西门子 S7-200PLC 的基本编程指令。

西门子 S7-200PLC 的基本编程指令集包括位逻辑指令、定时器指令和计数器指令。通过

这些指令的了解，基本上可以用 PLC 实现原来继电接触器控制系统所能进行的控制任务。位逻辑指令按照构成梯形图程序的元素分类分别介绍了触点指令和线圈指令。触点指令包括标准触点指令、立即触点指令、取反指令和正负跳变指令；线圈指令包括标准输出线圈指令、立即输出线圈指令、置位线圈和复位线圈指令、立即置位和立即复位线圈指令。定时器、计数器也属于位操作类指令。

习　　题

1. 西门子 S7-200PLC 的基本逻辑指令有哪些？

2. 西门子 S7-200PLC 的基本逻辑指令与三菱 PLC 比较有什么特点？

3. 西门子 S7-200PLC 共有几种定时器？它们的运行方式有何不同？对它们执行复位指令后，它们的当前值的状态是什么？

4. 西门子 S7-200PLC 共有几种计数器？对它们执行复位指令后，它们的当前值和位的状态是什么？

5. 试设计一个电动机启动、停止、启动预报的 PLC 控制系统，画出 PLC 的接线图并编写梯形图程序。

6. 试设计一个抢答器电路程序。出题人提出问题，3 个答题人按动按钮，仅仅是最早按的人面前的信号灯亮，然后出题人按动复位按钮后，提出下一个问题，抢答重新开始。

7. 试用定时器实现 6h 延时，画出梯形图。如果用定时器与计数器配合达到这一延时目的，如何实现？试画出梯形图。

8. 设计一个对锅炉鼓风机和引风机控制的梯形图程序。控制要求：

（1）开机时首先启动引风机，10s 后自动启动鼓风机；

（2）停止时立即关断鼓风机，20s 后自动关断引风机。

第 **8** 章　西门子 **S7-300PLC**

【本章学习目标】

1. 了解西门子 S7-300 系列 PLC 的硬件系统基本结构。

2. 了解西门子 S7-300 系列 PLC 模块化和扩展的设计结构。

3. 了解西门子 PLC 的 STEP7 安装和编程的方法。

4. 学会使用西门子 S7-300 系列 PLC 进行工程设计。

【教学目标】

1. 知识目标：了解西门子 S7-300 系列 PLC 的硬件结构原理，了解西门子 S7-300 系列 PLC 的模块和结构化扩展设计方法。

2. 能力目标：通过西门子 S7-300 系列 PLC 的编程动作演示，初步形成对西门子 S7-300 系列 PLC 的感性认识，培养学生的学习兴趣。

【教学重点】

西门子 S7-300 系列 PLC 的基本硬件结构。

【教学难点】

西门子 S7-300 系列 PLC 的编程功能和作用。

【教学方法】

演绎西门子 S7-300 系列 PLC 的实验过程，并进行分析讨论。

S7-300 是模块化的中小型 PLC 系统，它能满足中等性能要求的应用，目前已成为各种从小规模到中等性能要求控制任务中方便又经济的解决方案。

本章主要介绍 SIMATIC S7-300 系列 PLC 的硬件系统，包括各个硬件的特性和主要模块。和其他 PLC 一样，SIMATIC S7-300 系列 PLC 也是采用循环扫描方式，即 CPU 首先扫描输入模块的状态并更新过程映像寄存区，接着执行用户程序，并且按照用户程序将输出映像寄存区的值输出到输出模块。PLC 会不断循环地执行上述过程。

8.1　S7-300 系列 PLC 的特点和构成

S7-300 系列 PLC 提供了多种性能递增的 CPU 和丰富的且带有许多方便功能的 I/O 扩展模块和功能模块，使得用户能够根据具体任务选择相应的模块来进行控制任务的设计。该系列 PLC 具有强大的功能支持及用户进行编程启动和维护等帮助功能，其主要功能如下。

（1）高速的指令处理。0.1～0.6 s 的指令处理时间在中等到较低的性能要求范围内开辟了全新的应用领域。

（2）浮点数运算。用此功能可以有效地实现更为复杂的算术运算。

（3）方便用户的参数赋值。一个带有标准用户接口的工程软件可给所有模块进行参数赋值，从而节省了入门和培训的费用。

（4）人机界面（HMI）。方便的人机界面服务已经集成在 S7-300 操作系统内，因此，人机对话的编程要求大大减少。SIMATIC 人机界面（HMI）从 S7-300 中交换数据，S7-300 按用户指定的刷新速度传送这些数据。S7-300 操作系统自动处理数据的传送。

（5）诊断功能。CPU 智能化的诊断系统连续监控系统的功能是否正常，记录错误和特殊系统事件（例如超时、模块更换等）。

（6）口令保护。多级口令保护可以使用户高度、有效地保护其技术机密，防止未经允许改变操作方式。新式的已改为位置开关，无钥匙。

8.1.1　S7-300 系列 PLC 的特点

S7-300 系列 PLC 具有模块化设计、安装方便、模板的诊断及过程监视等特点。

1. 模块化设计

如图 8-1 所示，S7-300 系列 PLC 为模块化的无风扇设计，由电源模块（PS）、CPU 模块、接口模块（IM）、信号模块（SM）等构成，各种性能的模块可以非常好地满足和适应自动化控制任务。同时，其具有简单实用的分布式结构和多界面网络能力，使得应用十分灵活。当用户的控制任务增加时，可自由扩展模块，所有这些模块均安装在一个或者多个 DIN 导轨上，模块和模块之间用总线连接器链接，CPU 模块通过总线给每一个模块的每一个输入/输出点安排相应的地址，用户只需对这些点按照地址进行编程即可使用。大量的集成功能使 S7-300 系列 PLC 的功能非常强劲，而模块化微型 PLC 系统的设计可以满足中、小规模的控制性能要求。

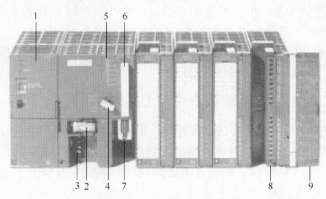

图 8-1　S7-300 系列 PLC 结构
1—电源模块　2—后备电池　3—24V DC 连接器　4—模式开关　5—状态和故障指示灯
6—存储器卡（CPU313 以上）　7—MPI 多点接口　8—前连接器　9—前门

2. 安装方便

安装方便主要表现在以下几个方面。

（1）DIN 标准导轨安装。只需简单地将模块挂在 DIN 标准的安装导轨上，转动到位，然后用螺栓锁紧即可，如图 8-1 所示。

（2）集成的背板总线。背板总线集成在模块上，模块通过总线连接器相连，总线连接器插在机壳的背后。

（3）更换模块简单并且不会弄错。更换模块时，只需松开安装螺钉，拔下已经接线的连接器。连接器上的编码可防止将已接线的连接器插到其他的模块上。

（4）可靠的接线端子。信号模块可以使用螺钉型接线端子或弹簧型接线端子。

（5）TOP 连接。采用一个带螺钉或夹紧连接的 1～3 线系统预接线，或者直接在信号模块上接线。

（6）确定的安装深度。所有的端子和连接器都在模块上的凹槽内，并有端盖保护，因此，所有的模块都有相同的安装深度。

（7）没有槽位的限制。信号模块和通信处理器模块可以不受限制地插到任何一个槽上，系统自行组态。

（8）灵活布置。机架（CR/ER）可以根据最佳布局需要，水平或垂直安装。

（9）独立安装。每个机架可以距离其他机架很远进行安装，两个机架间（主机架与扩展机架，扩展机架与扩展机架）的距离最长为 10m。

（10）如果用户的自控系统任务需要多于 8 个信号模块或通信处理器模块，则可以扩展 S7-300 机架（CPU314 以上）。

3. 模块的诊断及过程监视

S7-300 系列 PLC 结构具有能对输入/输出模块的信号进行监视（诊断）、对过程信号进行监视（过程诊断）等多种功能。一旦获得中断信号，CPU 将中断执行用户程序，或中断执行低优先级的中断，来处理相应的诊断中断功能。

（1）诊断。通过诊断可以确定模块所获取的信号（例如数字量模块）或模拟量处理（例如模拟量模块）是否正确。如果发送诊断信息（例如无编码器电源），则模块执行一个诊断中断。

（2）过程中断。通过过程中断，可以对过程信号进行监视和响应。

① 数字量输入模块中断。根据设置的参数，模块可以对每个通道组进行过程中断，可以选择信号变换的上升沿、下降沿或两个沿均可。

② 模拟量输入模块中断。通过上限值和下限值定义一个工作范围，模块将对测量值与这些限制值进行比较，如果超限，则执行过程中断。

8.1.2　S7-300 系列 PLC 编程软件和工具软件

使用基本的 STEP 7 或 STEP 7-Lite 软件包，以及高级的集成软件包 STEP 7 Professional 便可对 S7-300 进行编程，并能以简单、用户友好的方式利用 S7-300 的全部功能。该工程软件还包含自动化项目中所有阶段（从项目组态到调试、测试以及服务）的功能。

1. 编程软件

（1）STEP 7-Lite。

STEP 7-Lite 是一种低成本、高效率的软件，使用 SIMATIC S7-300 可以完成独立的应用。STEP 7-Lite 的特点是能迅速地进入编程和简单的项目处理。它不能与辅助的 SIMATIC 软件包（例如工程工具）一起使用。同时，STEP 7-Lite 编写的程序可以由 STEP 7 进行处理。

（2）STEP 7。

SETP 7 编程软件用于 SIMATICS7、M7、C7 和基于 PC 的 WinAC，是供它们编程、监控和参数设置的标准工具，使用广泛。STEP 7 编程软件界面如图 8-2 所示。STEP 7 的使用将在后面详细介绍。

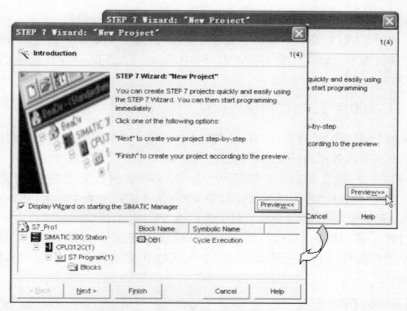

图 8-2　STEP 7 编程软件界面

STEP 7 具有硬件设置和参数设置、通信组态、编程、测试、启动和维护、文件建档、运行、诊断等功能。使用 STEP 7 可完成较大或较复杂的应用。例如，需要用高级语言、图形化语言进行编程或使用功能、通信模块。STEP 7 能和辅助的 SIMATIC 软件包（例如编程工具）互相兼容。

STEP 7 中可以使用以下编程语言。

① LAD 梯形图语言。它是一种符号语言，结构类似于电气梯形图。

② FBD 功能图。类似于数字逻辑电路图，根据逻辑关系来设计控制系统。

③ STL 功能指令。用助计符指令来编写控制程序，类似于汇编程序，其功能强大。

另外，还有顺序功能图和结构化文本（STEP 7 Professional）及由这些语言所建立的程序的离线仿真工具。

2. 工具软件

工具软件以用户友好、面向任务的方式对自动化系统进行附加的编程。工具软件所提供的编程工具如表 8-1 所示。

表 8-1　　　　　　　　　　　　　　　　　S7-300 编程工具

编程工具	说　　明
S7-SCL	结构化语言，是一种基于 PASCAL 的高级语言，用于 SIMATIC S7/C7 控制器
S7-GRAPH	对顺序控制进行图形组态，用于 SIAMTICS7/C7 控制器
S7-H iGraph	使用状态图对顺序或异步的生成过程进行图形化描述，用于 SIAMTIC S7/C7 控制器
CFC	连续功能图，通过复杂功能的图形化内部链接生成工艺规划，用于 SIMATIC S7 控制器。它对较大的更为复杂的应用是特别有利的，相应的，它需要较高等级的 CPU
S7-PLCSIM	离线仿真软件

CPU 的编程工具有下列几种。

（1）所有的 CPU 均能使用 STL、LAD 和 FBD 基本语言进行编程。

（2）如需使用 S7-SCL 高级语言，建议选择 CPU 313C、CPU 314 或更高等级的 CPU。

（3）如需使用图形化语言（S7-GRAPH，S7-HiGraph 和 CFC），建议选择 CPU 314 或更高等级的 CPU。

8.1.3　S7-300 系列 PLC 的硬件构成

S7-300 系列 PLC 采用了模块化的设计结构，各种模块之间可以进行组合和扩展。在进行硬件设计时，可根据具体控制任务选用相应的模块。

一台 S7-300 系列 PLC 是由一个机架和一个或者多个扩展机架组成的。扩展机架是当主机架无法满足多个安装时所采用的机架，其中 CPU 所在的机架为主机架。S7-300 系列的模块机架是导轨（RACK），使用该导轨可以安装所有 S7-300 的模块，主要有电源模块（PS）、CPU 模块（CPU）、接口模块（IM）、信号模块（SM）、功能模块（FM）等。S7-300 系列 PLC 可以通过 MPI 网和编程器 PG、操作员面板 OP 与其他 PLC 进行连接通信。S7-300 系列硬件如图 8-3 所示。

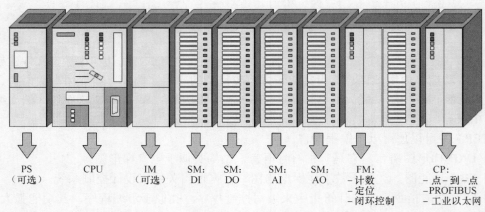

图 8-3　S7-300 系列硬件

8.2　S7-300 系列 PLC 的模块性能简介

8.2.1　电源模块

1. 功能和型号

电源模块（PS307）提供了机架和 CPU 内部的供电电源，必须置于 1 号机架的位置。电源模块用于将 SIMATIC S7-300 连接到 120/230 V 交流电源（PS307），或者连接到直流电源（PS305）。电源模块将 120/230 V 交流电压或者 24/48/72/96/110 V 直流电压转换为 PLC 所需要的 24V 直流工作电压，输出电流有 2A、5A 和 10A 3 种类型，用户可以根据选择的 PLC 和现场供电情况来选择相应的电源模块。

电源模块是通过电缆和 CPU 模块及其他模块之间进行连接供电的，而不是通过背板总线与其他模块进行连接。也就是说，背板总线不和电源连接。电源模块特性如表 8-2 所示，选用时需要注意其驱动能力（电流值）。

表 8-2   **S7-300 电源模块特性**

名称	订货号	特 性	
		输入	输出
PS307	6ES7 307-1BA00-0AA0	120/230 V（AC）　50/60 Hz	24 V（DC）/2 A
PS307	6ES7 307-1EA00-0AA0	120/230 V（AC）　50/60 Hz	24 V（DC）/5 A
PS307	6ES7 307-1KA00-0AA0	120/230 V（AC）　50/60 Hz	24 V（DC）/10 A
PS305	6ES7 307-1BA80-0AA0	24/48/72/96/110 V（DC）	24 V（DC）/2 A

2. 结构

电源模块的总体结构如图 8-4 所示（以 PS307 为例），其各部分功能如下。

（1）24V（DC）指示灯：该灯用来指示 24V 直流电的有无，当有 24V 电源时，该指示灯亮。

（2）电压选择开关：电源模块可以接入 110V（AC）或者 230V（AC），在我国使用 230V（AC），所以需要拨至 230V 位置处。

（3）24V 通/断开关：当置于 1 时，电源提供 24V（DC）电源；当置于 0 时，24V（DC）电源被切断。

（4）系统电压接线端子：用来接入 110V（AC）/230V（AC）电源，其中 L1 端输入为相线，N 端为零线，另一端子为接地线。

（5）24V（DC）输出端子：输出 24V（DC）电源，其中 L+ 为正极，M 为负极。

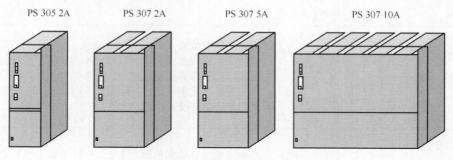

图 8-4　电源模块的总体结构

3. 电源

电源模块 PS307 2A 的 110/230 V（AC）电源通过整流后转换为直流电源，在控制电路控制开关管的高频工作下，将直流电源变为高频的交变电流，通过开关变压器后，在次级产生高频的 24V 电压，再经过整流变为 24V 直流电源，供给 PLC 工作。

S7-300 中，除了使用 CPU 模块的电源外，其他模块所需的电源是由背板总线提供的，一些模块还需从外部负载电源供电。在组建 S7-300 应用系统时，考虑每个模块的电流耗量和功率损耗是非常必要的。所有模块从 S7-300 背板总线吸取的电流总和不能超过 1200mA，对于 CPU 312 IFM，则不能超过 800mA。

一个实际的 S7-300PLC 系统，在确定所有的模块后，要选择合适的电源模块。要保证所选择的电源模块的输出功率必须大于 CPU 模块、所有 I/O 模块和其他模块总消耗的功率之和。而且，当同一电源模块同时为主机单元和扩展电源供电时，要保证从主机电源到最远一个扩展电源的线路压降不超过 0.25V。通常，对于多机架系统，每个机架有一个电源模块。

8.2.2　CPU 模块

CPU 存储并处理用户程序，为模块分配参数，通过嵌入的 MPI 总线处理编程设备和 PC、模块、其他站点之间的通信，并可以为 DP 主站或从站操作装配一个集成的 DP 接口，置于 2 号机架。各种 CPU 有不同的性能，如有的 CPU 上集成有输入/输出点，有的 CPU 上集成有 PROFIBUS-DP 通信接口等。

S7-300 系列 PLC 有多种类型，其中每一种类型的 PLC 又有多种 CPU 模块型号可供选择，表 8-3 所示为 S7-300 系列 PLC 的种类及其 CPU 系列号功能。不同类型的 PLC 有不同的用途，其中 S7-300 为通用型，S7-300C 为紧凑型，S7-300F 为故障安全型，S7-300T 为技术型，SIPLUS S7-300 为宽温度型。为了方便，本书后面所提到的 S7-300 系列 PLC 均指 S7-300 通用型系列。S7-300 系列 PLC 的技术数据如表 8-4 所示。

表 8-3　　　　　　　　　　　**S7-300 系列 PLC 的种类及其 CPU 系列号和功能**

种类	CPU 系列号	功能简介
S7-300 通用型	CPU 312 CPU 314 CPU 315-2 DP CPU 315-2 PN/DP CPU 317-2 DP CPU 317-2 PN/DP CPU 318-2 DP	模块化微型 PLC 系统，满足中、小规模的性能要求：各种性能的模块可以非常好地满足和适应自动化控制任务；简单、实用的分布式结构和多界面网络能力，使得应用十分灵活；方便用户和简易的无风扇设计；当控制任务增加时，可自由扩展；大量的集成功能使其功能非常强劲
S7-300C 紧凑型	CPU 312C CPU 313C CPU313C-2PtP CPU313C-2DP CPU314C-2PtP CPU314C-2DP	带集成数字量输入和输出的紧凑型 CPU：各种性能的模块可以非常好地满足和适应自动化控制任务；简单、实用的分布式结构和多界面网络能力，使得应用十分灵活；方便用户和简易的无风扇设计；当控制任务增加时，可自由扩展；大量的集成功能使其功能非常强劲
S7-300F 故障安全型	CPU 315F-2 DP CPU 315F-2 PN/DP CPU 317F-2 DP CPU 317F-2 PN/DP	故障安全型自动化系统，满足工厂日益增加的安全需求；基于 S7-300 以连接带有安全相关的模块的 ET200S 和 ET200M 分布式 I/O 站；采用 PROFISAFE 协议通过 PROFIBUS DP 进行与安全相关的通信；用于与安全无关应用的标准模块
S7-300T 技术型	CPU 315T-2 DP CPU 317T-2 DP	具有智能技术/运动控制功能的 SIMATIC CPU；具有标准 CPU 315-2 DP、CPU 317-2 DP 的全部功能；能满足系列化机床、特殊机床以及车间应用的多任务自动化系统；最佳用于同步运动系列，如与虚拟/实际主设备的耦合、减速器同步、凸轮盘或印刷点修正；与集中式 I/O 和分布式 I/O 一起，可用作生产线上的中央控制器；在 PROFIBUS DP 接口基础上实现基于组件的自动化和分布式智能系统；带有本机 I/O，PROFIBUS DP（DRIVE）接口，用来实现驱动部件的等时连接；控制任务和运动控制任务使用相同的 S7 应用程序（无须其他编程语言就可以实现运动控制）；需要"S7 Technology"软件包

种类	CPU 系列号	功能简介
SIPLUS S7-300 宽温度型	SIPLUS CPU 312C SIPLUS CPU 313C SIPLUS CPU 314 SIPLUS CPU 315C-2 DP SIPLUS CPU 315C-2 PN/DP SIPLUS CPU 317C-2 PN/DP SIPLUS CPU 315F-2 DP SIPLUS CPU 317F-2 DP	用于恶劣环境条件下的 PLC；扩展温度范围为-25～+70℃；适用于特殊的环境（污染空气中使用）；允许短时冷藏以及短时机械负载的增加；S7-300 采用经过认证的 PLC 技术；易于操作、编程、维护和服务；特别适用于汽车工业、环境技术、采矿、化工厂、生产技术、食品加工等领域；低成本的解决方案

1．CPU 模块操作员控制和显示单元

PLC 的 CPU 模块中集成了 CPU、存储器和部分通信接口。各种不同的 CPU 有各自不同的性能。例如，有些 CPU 模块还集成了模拟量输入/输出模块和数字量输入/输出模块部件，类似于计算机主机，PLC 的 CPU 模块集成了一台计算机的基本功能。下面以 CPU315-2 DP 为例介绍 CPU 模块结构，如图 8-5 所示，其中各部分功能如下。

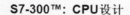

S7-300™：CPU设计

2002年10月之前的CPU 314　　　　2002年10月之后的CPU 314

图 8-5　CPU 模块结构

（1）指示灯：用来作常规状态和故障显示。

① SF：红色指示灯，表示硬件故障或软件错误。

② DC5V：绿色指示灯，为 CPU 和 S7-300 总线提供 5V 电源。

③ FRCE：黄色指示灯，当 LED 亮时，表示已激活的强制作业有效。

④ RUN：绿色指示灯，CPU 在"RUN"状态下，"STARTUP"期间 LED 以 2Hz 的频率闪烁，在"HOLD"状态下以 0.5Hz 的频率闪烁。

⑤ STOP：黄色指示灯，CPU 处于"STOP"或"HOLD"或"STARTUP"状态下，当

表8-4　S7-300 系列 PLC 的技术数据

CPU单元 / 技术数据	312IFM	312	314IFM	314	315	315-2 DP	316-2 DP	318-2
供电电源	24V（DC），0.8A	24V（DC），1A	24V（DC），1A	24V（DC），1A	24V（DC），1A	24V（DC），1A	24V（DC），1A	24V（DC），1.2A
工作内存/程序内存	6KB/20KB	12KB/20KB	32KB/48KB	24KB/40KB	48KB/80KB	64KB/96KB	128KB/192KB	512KB/64KB
程序存储卡，最大容量	—	4 MB ROM	—	4 MB ROM	4 µB ROM	4 µB ROM	4 µB ROM	4 µB ROM/RAM
位操作指令处理时间	0.6~1.2µs	0.6~1.2µs	0.3~0.6µs	0.3~0.6µs	0.3~0.6µs	0.3~0.6µs	0.3~0.6µs	0.1µs
内部继电器	1024	2048	2048	2048	2048	2048	2048	8192
数字量 I/O（本地/本地+远程）	128/—	128/—	512/—	512/—	1024/—	1024/2048	1024/4096	1024/16384
模拟量 I/O（本地/本地+远程）	32/—	32/—	64/—	64/—	128/—	128/256	128/512	128/2048
计数器	32	64	64	64	64	64	64	512
定时器	64	128	128	128	128	128	128	512
实时时钟	无	无	有	有	有	有	有	有
用户程序保护	口令保护	口令保护	口令保护	口令保护	口令保护	口令保护	口令保护	口令保护

续表

CPU单元 / 技术数据	312IFM	312	314IFM	314	315	315-2 DP	316-2 DP	318-2
中断功能	10DI/6DO，过程中断，计数器，频率计	—	20DI/16DO，4AI/1AO，过程中断，计数器，频率计，开环定位，PID调节		PROFIBUS-DP接口，数据传输率为12 Mbit/s，可连DP从站64个		PROFIBUS-DP接口，数据传输率为12 Mbit/s，可连DP从站64个	PROFIBUS-DP接口，可联从站125个；MPI/DP接口，可连从站32个，数据传输率为12Mbit/s
作为主站可连接 DP 从站数	8	8	16	16	32	64	64	125
机架最多设置	1排	1排	4排	4排	4排	4排	4排	4排
本地最多可扩展模块	8	8	31	32	32	32	32	32
外形尺寸（宽×高×深）/mm	80×125×118	80×125×118	160×125×118	80×125×118	80×125×118	80×125×118	80×125×118	160×125×118
网络	工业以太网，PROFIBUS，AS-i 网络，MPI 网络，点到点串行通信（RS-232C，RS-422/485，20MA/TTY）							
指令集	位逻辑、括号、赋值、存储、计数、装载、传输、比较、移位、循环、取反、整点/浮点运算、块调用、调转指令							
编程软件及语言	STEP 7/SETP 7 Mini 编辑软件，STL，LAD 和 FBD 程序设计语言							

CPU 请求存储器复位时，LED 以 0.5Hz 的频率闪烁，在复位期间以 2Hz 的频率闪烁。

⑥ BUSF：红色指示灯，用于表示 DP 接口（X2）处的总线错误。

对于其他 CPU 模块还有其他指示灯，可查阅相关手册。

（2）开关：用于设置 CPU 的操作模块。

① RUN：RUN 模式，CPU 执行用户程序。

② STOP：STOP 模式，CPU 执行用户程序。

③ MRES：带有用于 CPU 存储器复位的按钮功能的模式选择器开关位置。置于该位置时可以使存储器复位。

（3）MPI 通信接口：所有 CPU 都配有一个 MPI 接口 X1，它表示用 PG/OP（编程器/操作面板）连接或在 MPI 子网中进行通信的 CPU 接口。

（4）DP 通信接口：带有"DP"名称后缀的 CPU 至少配有一个 DPX2 接口，主要用于连接分布式 I/O。例如，PROFIBUS-DP 允许创建大型子网。可将 PROFIBUS-DP 接口设置为在主站或从站模式下运行，支持的传输率最高可达 12Mbit/s。

（5）电源接线端子：每个 CPU 都配有一个双孔电源插座。CPU 出厂时，带有螺丝接线端子的连接器即插在此插座中，连接 110V/230V（AC）电源（PS307）。

（6）微型存储卡（MMC）的插槽：用来插入 MMC 卡，包括弹出器和 SIMATIC 微型存储卡（MMC），MMC 卡被用作存储器模块。用户可以将 MMS 用作装载存储器和便携式存储介质。

（7）电池盒：用来装入备用电池。备用电池的作用是保存用户程序。使用 MMC 则不需要保护电池。

上面介绍了 CPU 模块的结构，但是每一种 CPU 模块又有转机的特性，所以在使用时需要查阅相关技术手册。

2. S7-300 的 CPU 模块组成

S7-300 系列 PLC 和其他类型的 PLC 类似，其 CPU 模块也是由中央处理器单元（CPU）、存储器单元、输入/输出单元、通信端口、I/O 扩展端口等组成的，它将这几种单元组装在一个箱体内构成 PLC 的主机，即 CPU 模块。

（1）中央处理器单元（CPU）。

和通用计算机一样，CPU 是 PLC 的核心部分，它按照 PLC 中的系统程序来控制整个 PLC 有条不紊地运行，其主要任务是接收并存储从编程器或者接口输入的用户程序，在运行时不断扫描 I/O 口输入的现场状态和数据，并且存入输入映像存储器和数据存储器中，从存储器中逐条读取用户指令，按照用户指令进行数据的传递或者运算，并且根据运算结果更新标志位的状态和输出映像存储器中的内容，再经过输出逻辑部件实现输出控制、指标打印或者数据的通信等功能。同时，PLC 具有诊断内部电路的工作故障和指令的语法错误的功能。

（2）存储器单元。

PLC 的 CPU 存储器单元包括系统存储器和用户存储器两部分。系统存储器用来存放 PLC 生产厂家编写的系统程序，其被固化在 ROM 中，用户不能直接修改。用户存储器分为用户程序存储器（存放用户程序）和功能存储器（存放数据）两部分。下面根据其功能将存储区分为 3 个部分来介绍，分别是系统存储区、装载存储区和工作存储区。

① 系统存储区。系统存储区集成在 CPU 中，无法扩展，包括标志位、定时器和计数器的地址区、I/O 的过程映像和局域数据。

② 装载存储区。微存储卡 MMC 可作为 CPU 的存储器，用来保护用户程序（所有的程序块）、归档和配方、组态数据（STEP7 项目）和操作系统更新及备份数据等。微存储卡有 2MB、4MB、8MB、64KB、128KB、512KB 等多种型号。MMC 中的数据（程序）在程序下载时便写入，其使用 EPROM 结构，使得它在电源故障或者存储器复位时均能保持数据。同样，工作内存的数据在断电时也是备份在 MMC 中，所以数据块的内容能永久保存。

③ 工作存储区（RAM）。RAM 都是被集成在 CPU 模块中，使用时无法进行扩展。它可用来运行程序指令并处理用户程序数据。像计算机一样，程序只能在 RAM 和系统存储区中运行，RAM 具有保持功能。

3. 通信接口

SIMATIC S7-300 的 CPU 中集成了 MPI、DP 等不同的通信接口。

（1）多点接口（MPI）。

多点接口（MPI）用于连接编程器、PC、人机界面系统及其他 SIMATICS7/M7/C7 等自动化控制系统。它是一个经济而有效的解决方案，它为用户的 STEP7 界面提供了通信组态功能，使得组态非常容易、简单，如图 8-6 所示。

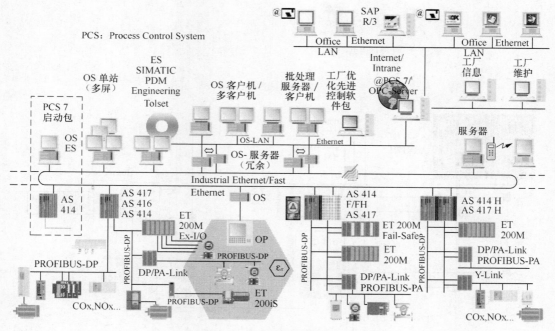

图 8-6　S7-300/400 的通信网络

所有 CPU 都配有一个 MPI 接口 X1，组态配有 MPI/DP 接口的 CPU 作为 MPI 节点可实现 MPI 通信，而要使用 DP 接口时，需要在 STEP 7 中设置 DP 接口模式。MPI（多点接口）表示用于 PG/OP 连接或在 MPI 子网中进行通信的 CPU 接口，所有 CPU 的典型（缺省）传输率为 187.5kbit/s。对于与 S7-200 的通信，还可以将传输率设置为 19.2kbit/s，而 315-2 PN/DP 和 317 CPU 支持高达 12Mbit/s 的传输率。

（2）通过 PROFIBUS-DP 接口通信。

所有的 CPU 模块至少配有一个 DP X2 接口。315-2 PN/DP 和 317CPU 配有一个 MPI/DPX1

接口。带有 MPI/DP 接口的 CPU 带有缺省的 MPI 组态。如果要使用 DP 接口,则需要在 STEP7 中设置 DP 模式。

PROFIBUS-DP 接口主要用于连接分布式 I/O。例如,PROFIBUS-DP 允许创建大型子网,可将 PROFIBUS-DP 接口设置为在主站或从站模式下运行,支持的传输率最高可达 12Mbit/s。

如图 8-7 所示,能进行 PROFIBUS-DP 通信的设备有 PG/PC、OP/PG 和带有 PROFIBUS-DP 接口的 ET200 等。图 8-8 所示为连接冗余的 PROFIBUS-DP。

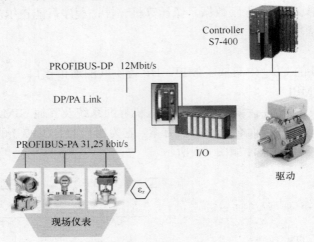

图 8-7 PROFIBUS-DP 通信

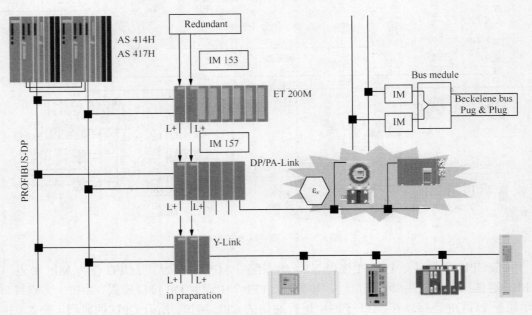

图 8-8 连接冗余的 PROFIBUS-DP

(3) 通过 PROFINET（PN）通信。

带有 "PN" 名称后缀的 CPU 配有一个 PN X2 接口。使用 CPU 的集成 PROFINET 接口可与 "工业以太网" 建立连接。可通过 MPI 或 PROFINET 组态 CPU 的集成 PROFINET 接口。

能进行 PROFINET（PN）通信的设备有 PROFINET IO 组件（如 ET 200S 中的接口模块 IM151-3PN）、带有 PROFINET 接口的 S7-300/S7-400、激活的网络组件（如开关）和带有网卡的 PG/PC。

（4）通过点对点（PtP）通信。

带有"PtP"名称后缀的 CPU 配有一个 PtP X2 接口。使用 CPU 的 PtP 接口，可使串行接口连接外部设备。PtP 接口可以在全双工模式下以高达 19.2kbit/s 的传输率（RS-422）或半双工模式下以高达 38.4kbit/s 的传输率（PS-485）来运行。

使用 PtP 通信可以通过串行端口交换数据。PtP 通信可用于自动化设备、计算机或由其他厂商提供的具有通信功能的系统之间的互连。该功能还允许使用通信伙伴的协议。

可通过 PtP 通信的设备有 SIMATIC S7 和 SIMATIC S5 及第三方系统、打印机、机器人控制、扫描仪、条码阅读器等，如图 8-9 所示。

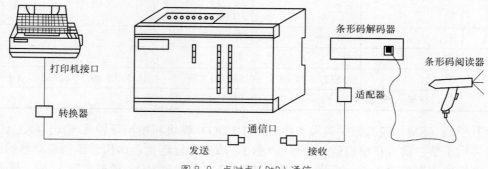

图 8-9　点对点（PtP）通信

4. 循环和响应时间

每一个过程都有其循环时间和响应时间。

（1）循环时间。

一个程序被执行一周所占用的时间为程序循环时间，其执行顺序如下：

操作系统启动→CPU 将输出的过程映像数值复制到输出模块→CPU 读输入模块的状态并刷新输入过程映像→CPU 处理并执行用户程序→循环结束→CPU 回到循环开始处并重新启动循环时间监控。

由于每一个用户程序都是不同的，因此循环时间各不相同，但是在 STEP7 中监视时间均有其最大值和最小值，用户可以规定 CPU 的执行时间超过最大循环时间为超时错误，并予以处理。

（2）响应时间。

响应时间是指从检测到一个输入信号至响应输出信号之间所需要的时间。响应时间受到循环时间和其他因素的影响，使得其介于最短响应时间和最大响应时间之间。为了使 PLC 能快速响应用户程序，在程序中我们可以通过访问 I/O 或者使用中断来提高响应时间。

8.2.3　信号模块

S7-300 系列 PLC 有多种型号的信号模块，如表 8-5 所示。信号模块通过背板总线和 CPU 模块连接，由 CPU 模块为其提供电源，并且给信号模块的每一个输入和输出点分配地址。当有数据输入时，输入数据被逻辑电路存放于输入映像存储区，由 CPU 进行扫描获得；当有数据输出时，CPU 将刷新输出映像存储区，逻辑电路将输出映像存储区的数据通过输出模块输出。

表 8-5　　　　　　　　　　**S7-300 系列 PLC 的 I/O 模块技术数据表**

信号模块类型	数字输入	数字输出	模拟输入	模拟输出	位置输入
隔离通道数	4,8,16,32	4,8,16,32	2,4,8	2,4	3SSI+2DI
电压、电流范围	24V（DC），48～125V（DC），120/230V（AC）	4V（DC），48～125V（DC），120/230V（AC）0.5/1/2/8A	±5mV～10V，1～5V，±3.2～20mA，0/4～20mA	±10V，1～5V，0～10V，0/4～20mA，±20mA	24V，绝对编码器最大频率 1MHz，两路 24V（DC）数字输入
输入/输出类型	开关，2 线 BERO 开关	晶体管可控硅继电器	电压，电流，电阻，热电偶，PT100，NI100	电压，电流	SSI 编码器，开关，2 线 BERO 开关
防爆型	有	有	有	有	无
户外型	有	有	有	有	无
型号	SM321,10 种	SM322，16 种	SM331,8 种	SM332,5 种	SM338，1 种
	SM323 输入/输出型，3 种		SM334 输入/输出型，3 种		

信号模块（SM）包括数字量输入/输出（DI/DO）模块和模拟量输入/输出（AI/AO）模块。它可用于数字信号和模拟信号的输入/输出，或者进行连接，如传感器和启动器的连接。信号处理模块主要分为 4 类，即开关量输入 DI、开关量输出 DO、模拟量输入 AI、模拟量输出 AO。例如，经常使用的 SM321 是 16 点输入的开关量输入模块；SM322 为 16/8 点输入/输出的开关量输出模块；SM331 为 8 点模拟量输入模块，用于电阻测量时为 4 点输入；而 SM332 为 4 点模拟量输出模块。

每一种信号模块有不同的性能。数字量输入模块将工业现场信号通过光电隔离和滤波处理后送至背板总线，等待 CPU 的处理。数字量输出模块将 CPU 的数据信号通过光电隔离和驱动等处理后送至模块的接口，驱动外部电路，并通过光电隔离后送至 CPU 的数据总线上，由 CPU 进行采集处理。模拟量输出模块则将 CPU 的数据信号通过光电隔离、D/A 转换后送至模块接口。下面通过一部分典型模块对其进行介绍。

1. **数字量输入/输出模块**

（1）数字量出入模块 SM321。

数字量输入模块的作用是将工业现场的数字信号电平转换成 S7-300 的内部信号电平。信号从现场输入到模块后，通过光电隔离和滤波处理转换成 PLC 的电平信号送至输入缓冲器，等待 CPU 采样，采样后的数据信号通过背叛总线进入输入映像区，由 CPU 进行响应处理。

S7-300 有近 30 种数字量输入模块（SM321），其原理和功能是相同的，只是不同序列号的模块的性能有所差异，在使用中需要注意。

数字量输入模块根据输入方式有直流输入方式和交流输入方式两种。SM321 数字量输入模块通常按输入点数区分为 4 种型号，即直流 16 点输入、直流 32 点输入、交流 16 点输入和交流 8 点输入，如表 8-6 所示。与直流输入模式相比，交流输入模块在信号通道前部有一个全桥整流，交流信号经过整流、滤波后转换直流信号，在进入光电隔离器隔离后进入数据总线。

表 8-6 　　　　　　　　　　　　　SM321 数字量输入模块

SM321 数字量输入模块	直流 16 点输入模块	直流 32 点输入模块	交流 16 点输入模块	交流 8 点输入模块
输入点数	16	32	16	8
额定负载电压 L+	24V（DC）	24V（DC）	—	—
负载电压范围	20.4 ～28.8V	20.4～28.8V	—	—
额定输入电压	24V（DC）	24V（DC）	120V（AC）	120V（AC）
输入电压 "1" 范围	13～30V	13～30V	79～132V	79～132V
输入电压 "0" 范围	- 3～5V	- 3～5V	0～20V	0～20V
输入电压频率	—	—	47～63Hz	47～63Hz
隔离	光耦	光耦	光耦	光耦
输入电流（"1" 信号）	7mA	7.5mA	6mA	6.5/11mA
最大允许静态电流	15mA	15mA	1mA	2mA
典型输入延迟	1.2～4.8ms	1.2～4.8ms	25ms	25ms
功率	3.5W	4W	4.1W	4.9W

　　数字量信号的每一通道信号进入数据总线后只占一位。也就是说，8 个数据通道为 1Byte 数据。

　　（2）数字量输出模块 SM322。

　　数字量输出模块的作用是将 PLC 的数字信号电平通过光电隔离和驱动等处理后转换为外部数字量信号，该输出信号可用来驱动电磁阀、接触器、继电器、微电机、电灯等负载，具体驱动能力需要看起驱动电流的大小。

　　CPU 输出的数据信号通过背板数据总线送至模块，通过光电隔离后进入驱动电路，驱动电路可以由晶体管、可控硅或者继电器输出，输出信号可以驱动一定的负载。其中逻辑 1 为高电平输出，0 为低电平输出。

　　按照负载回路所使用的电源可将数字量输出模块分为直流输出模块、交流输出模块和交直流输出模块 3 种。

　　按照输出开关器件的不同，可将数字量输出模块的方式分为晶体管输出、可控硅输出和继电器输出。其中，晶体管输出为直流输出方式，其具有响应速度快的优点，适合于高速信号；可控硅输出为交流输出方式，其响应速度较慢，具有无触点、寿命长等优点；继电器输出为交直流输出方式，其响应速度慢，但是隔离效果好。

　　数字量输出模块 SM322 有多种型号可供选择，常用的有 8 点晶体管输出、16 点晶体管输出、32 点晶体管输出、8 点可控硅输出、16 点可控硅输出、8 点继电器输出、16 点继电器输出等，如表 8-7 所示。

表 8-7 　　　　　　　　　　　　　SM322 数字量输出模块

数字量输出模块 SM322	32 点晶体管	16 点晶体管	8 点晶体管	16 点可控硅	8 点可控硅	16 点继电器	8 点继电器
输出点数	32	16	8	16	8	16	8
额定电压	24V（DC）	24V（DC）	24V（DC）	120V（AC）	120/230 V（AC）	—	—

数字量输出模块 SM322		32 点晶体管	16 点晶体管	8 点晶体管	16 点可控硅	8 点可控硅	16 点继电器	8 点继电器
额定电压范围		20.4~28.8V（DC）	20.4~28.8V（DC）	20.4~28.8V（DC）	93~132V（AC）	93~264V（DC）	—	—
与总线隔离方式		光耦	光耦	光耦	光耦	光耦	光耦	光耦
最大输出电流	"1"信号	0.5A	0.5A	2A	0.5A	1A	—	—
	"0"信号	0.5mA	0.5mA	0.5mA	0.5mA	2mA	—	—
最小输出电流（"1"信号）		5mA	5mA	5mA	5mA	10mA	—	—
开关频率	阻性负载	100Hz	100Hz	100Hz	100Hz	10Hz	2Hz	—
	感性负载	0.5Hz	0.5Hz	0.5Hz	0.5Hz	0.5Hz	0.5Hz	—
	灯负载	100Hz	100Hz	100Hz	100Hz	1Hz	2Hz	—
最大电流消耗	从背板总线	90mA	80mA	40mA	184mA	100mA	100mA	40mA
	从 L+	200mA	120mA	60mA	3mA	2mA	—	—
功率		5W	4.9W	6.8W	9W	8.6W	4.5W	2.2W

SM322：DO32_24VDC/0.5A 模块具有 8 组 32 点输出，直流 24V/0.5A 的驱动负载能力，可驱动干簧管、直流接触器、指示灯等负载。

继电器输出模块的响应速度较慢，但是对负载电压的范围很宽，直流范围为 24~120V，交流范围为 48~230V，并且可以使用交流，也可以使用直流。其电流取决于输出电容量和电压值，电压越高，电流越小（见图 8-10）。

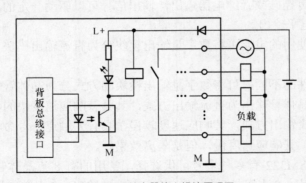

图 8-10　继电器输出模块原理图

晶体管输出模块没有反极性保护措施，但是输出具有短路保护功能，适用于电磁阀和直流接触器，并且仅用于直流输出，输出电压范围很小（见图 8-11）。

可控硅输出模块可以驱动交流电磁阀、交流接触器、指示灯等交流负载。可以将一组内的两个点并联输出，以使输出功率增大或者进行逻辑运算。该类模块上有红色指示灯，用来指示故障或者错误，当输出保险丝断路或者负载电源脱开时，该指示灯变红（见图 8-12）。

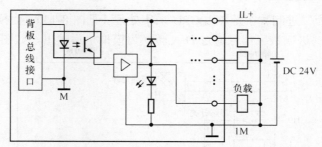

图 8-11 晶体管输出模块原理图

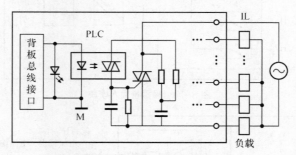

图 8-12 可控硅输出模块原理图

选用模块时，因为每个模块的共地情况不同，所以不仅要考虑输出类型，而且要考虑现场输出信号的负载回路供电情况，如现场需要 4 点信号，但是每一点的电源回路各不相同，则选用 8 点继电器输出的模块最为合适。

（3）数字量输入/输出模块 SM323。

数字量输入/输出模块将数字量的输入和输出集成在了一个模块上，对于 SM323 而言，有 8 点共地输入/8 点共地输出和 16 点共地输入/16 点共地输出两种类型。

数字量输入/输出模块 SM323 的类型及功能特点如表 8-8 所示。

表 8-8 数字量输入/输出模块 SM323

特性＼模块	SM323：DI16/DO16×24V（直流）/0.5A（-1BL00-）	SM323：DI18/DO8×24V（直流）/0.5A（-1BH01-）	SM323：DI18/DO8×24V（直流）/0.5A（-1BH00-）
输入点数	16DI，隔离为 1 组	8DI，隔离为 1 组	8DI 和 8 点可单独配置为 DI 或者 DO，隔离为 1 组
输出点数	16DO，隔离为 2 组	8DO，隔离为 1 组	
额定输入电压/V	24（直流）	24（直流）	24（直流）
输出电流/A	0.5	0.5	0.5
额定负载电压/V	24（直流）	24（直流）	24（直流）
输入适用于	开关和 2/3/4 线接近开关（BERO）		
输出适用于	电磁阀、DC 接触器和指示灯		

2．模拟量输入/输出模块

S7-300 有一系列的模拟量输入/输出模块，用来采集传感器的信号，或者直接输出给执行机构以驱动负载。CPU 只能处理数字信号，所以对于模拟量输入模块，其作用是将输入的模拟量经过 A/D 转换为二进制数字量,由 CPU 采集处理(见图 8-13);而模拟量输出模块的作用是将 CPU 的输出二进制数字信号通过 D/A 转换为模拟量后输出,如图 8-14 所示。

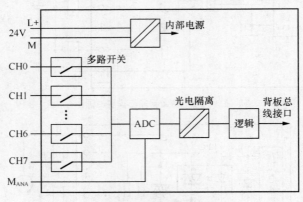

图 8-13 模拟量输入模块

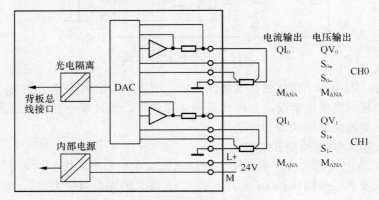

图 8-14 模拟量输出模块

S7-300 的 CPU 用 16 位的二进制补码表示模拟量值,最高位为符号位,1 为负数,0 为正数。当数字量位数(A/D 转换后)少于 15 位时(如 12 位和 14 位等),将在数字量左侧(低位)填以 0,仅用高位表示。被测值的精度可以调整,它取决于模拟量模块的位数和它的设定参数,如表 8-9 所示。

表 8-9　　　　　　　　　　　　　　S7-300 模拟量位数

位数	15	14	13	12	11	10	9	8	7	6	5	4	3	2	1	0
权	符号位	2^{14}	2^{13}	2^{12}	2^{11}	2^{10}	2^9	2^8	2^7	2^6	2^5	2^4	2^3	2^2	2^1	2^0

S7-300 的模拟量输入模块的输入范围很宽,可以接入电压、电流、电阻、热电偶等信号,而模拟量输出模块可以输出 0~10V,1~5V,-10~10V 电压信号或者 4~20 mA、0~20 mA、-20~20 mA 等模拟电流信号。具体的模块可参阅相关技术手册。

(1)模拟量输入模块 SM331。

模拟量输入模块主要由 A/D 转换器、模拟通道开关、光电隔离器等部件组成。其功能是将输入的模拟量信号(0~10V 或者 4~20 mA)经过通道开关逐次接通,由 A/D 转换成为数字信号,经过光电隔离后送入存储映像区,等待 CPU 的采样。根据 A/D 转换器的位数不同,模拟量输入模块分为 12 位和 16 位两种。

模拟量输入模块 SM331 的特点及性能如表 8-10 所示。

SM331 有 AI8×12 位模块（AI 表示模拟量输入）、AI2×12 位模块和 AI8×16 位模块 3 种类型。前两种除了通道数不相同之外，性能均相同。SM331 的 A/D 转换器为积分转换，积分时间直接影响 A/D 转换时间和 A/D 转换的精度，转换时间越长，转换精度越高。SM331 有 4 种积分时间：2.5ms、16.7ms、20ms 和 100ms，对应的精度分别为 8 位、12 位、14 位和 16 位，相对应的位数分别为 8 位、12 位、12 位和 14 位。每一种积分时间都有一个最佳的噪声抑制频率 f_0，以上 4 种积分时间分别对应 400Hz、60 Hz、50 Hz 和 10 Hz。例如，当 A/D 的积分时间设为 20ms 时，其转换精度为 12 位，并且对频率为 50 Hz 的噪声干扰有很强的噪声抑制能力。由于我国的电源频率为 50 Hz，故通常选用 20ms 的转换时间。

表 8-10　　　　　　　　　　　　　模拟量输入模块 SM331

特点＼模块	A18×12 位 (−7KF02−)	A18×16 位 (−7NF00−)	A12×12 位 (−7KBx2−)	A18×RTD (−7PF00−)	A18×TC (−7PF10−)
输入数量	4 通道组中 8 输入	4 通道组中 8 输入	1 通道组中 2 输入	4 通道组中 8 输入	4 通道组中 8 输入
精度	每个通道可调 9 位+符号 12 位+符号 14 位+符号	每个通道可调 15 位+符号	每个通道可调 9 位+符号 12 位+符号 14 位+符号	每个通道可调 15 位+符号	每个通道可调 9 位+符号
测量方法	每个通道可调 电压 电流 电阻 温度	每个通道可调 电压 电流	每个通道可调 电压 电流 电阻 温度	每个通道可调 电阻 温度	每个通道可调 温度
测量范围选择	每个通道任意	每个通道任意	每个通道任意	每个通道任意	每个通道任意
可编程诊断	√	√	√	√	√
诊断中断	可调整	可调整	可调整	可调整	可调整
极限值监控	2 个通道可调整	2 个通道可调整	1 个通道可调整	8 个通道可调整	8 个通道可调整
因超过极限而造成硬件中断	可调整	可调整	可调整	可调整	可调整
循环结束时硬件中断	×	×	×	可调整	可调整
电位关系	光电隔离 CPU 负载电压（不适用于 2-DMU*）	光电隔离 CPU	光电隔离 CPU 负载电压（不适用于 2-DMU*）	光电隔离 CPU	光电隔离 CPU
输入之间的允许电位差（ECM）	2.5V（DC）	50V（DC）	2.5V（DC）	120V（AC）	120V（AC）

（2）模拟量输出模块 SM332。

模拟量输出模块将 CPU 模块输出的数字信号通过光电隔离、D/A 转换和数据处理后送至驱动电路。驱动电路主要有晶体管、可控硅和继电器 3 种。

SM332 有 AO4×12 位模块、AO2×12 位模块和 AO4×16 位模块 3 种，分别为 4 通道 12 位 D/A 转换、2 通道 12 位 D/A 转换和 4 通道 16 位 D/A 转换输出模块。其类型和特点如表 8-11 所示。

表 8-11　　　　　　　　　　　　　模拟量输出模块 SM332

特点＼模块	A04×12 位（-5HD01-）	A02×12 位（-5HB01-）	A04×16 位（-7ND00-）
输出数量	4 通道组中 4 输出	2 通道组中 2 输出	4 通道组中 4 输出
输出方式	一个通道一个通道输出 电压 电流	一个通道一个通道输出 电压 电流	一个通道一个通道输出 电压 电流
可编程诊断	√	√	√
诊断中断	可调整	可调整	可调整
替代值输出	可调整	可调整	可调整
电位关系	光电隔离 CPU 负载电压	光电隔离 CPU 负载电压	光电隔离 CPU 和通道之间 通道之间 输出和 L+或 M 之间 CPU 和 L+或 M 之间

由于通道数量和 D/A 转换器的影响，模拟量输出模块需要一定的转换时间、循环时间和响应时间。在模拟量输出模块中，每一个通道的转换是顺序循环执行的，D/A 转换器的转换时间为每一通道的转换时间，当顺序地将所有通道转换完成后又一次开始转换时所用的时间为一个循环时间。在工业现场，为了快速响应输出量，需要较短的响应时间。响应时间是模拟量输出的重要指标之一，指内部存储器中出现数字量输出值开始到模拟量输出达到规定值所用时间的总和。它和负载的特性有关，负载不同（如阻性、感性和容性），响应时间也不同。

SM332 可以输出电压或者电流，当采用 2 线回路或者 4 线回路与负载连接时，输出为电压值。将 S0+/S1+和 S0/S1-直接连接到负载，可在负载上直接测量和校准电压，而采用 2 线回路时，S0+/S1+和 S0/S1-开路，形成开环输出，精度较 4 线回路低。如将负载连接到 QI 和 M 上时输出为电流，QI 和 QV 为同一端子。

SM332 的每一个通道可以通过软件编程使其为电压输出或者电流输出，精度和 D/A 转换器的精度相关。为了防止干扰和保护 PLC，在数据总线和模块之间使用了光电隔离。

通过 STEP7 组态工具或者 SFC 系统功能可设定 SM332 的中断允许、输出诊断、输出类型和范围、L+掉电或者模块故障后的替代值等参数。输出模块的每一个通道为设置的一个通道，当某几个通道不适用时，可以通过设定输出类型撤除该信道，并让该信道输出保持开路。

SM332 与负载连接时，可以输出电压，也可以输出电流。在输出电压时，可采用 2 线回路和 4 线回路两种方式与负载连接。采用 4 线回路能够获得较高精度。

（3）模拟量输入/输出模块 SM334。

SM334 模块将模拟量输入和输出集成在了一个模块上，其有 4 输入/2 输出、精度为 8 位和 12 位两种类型。该模块输入/输出量为 0～10V 或者 0～20mA，所以在进行控制任务的设计时需要对输入信号和输出信号进行电信号的变换。模拟量输入/输出模块 SM334 的通信地址如表 8-12 所示。

表 8-12　　　　　　　　　模拟量输入/输出模块 SM334 的通信地址

通　道	地　址
输入通道 0	模块的起始
输入通道 1	模块的起始+2B 的地址偏移量
输入通道 2	模块的起始+4B 的地址偏移量
输入通道 3	模块的起始+6B 的地址偏移量
输入通道 0	模块的起始
输入通道 1	模块的起始+2B 的地址偏移量

（4）其他输入/输出模块。

① 仿真模块 SM374。在 PLC 系统开发中，需要调试模拟现场的情况，在此使用仿真模块 SM374，该模块可以仿真数字量的 16 点输入、16 点输出或者 8 点输入、8 点输出。图 8-15 所示为 SM374 的前视图，其上有一系列输入/输出开关，当拨动开关时，可以仿真输入为 1 和 0 的状态。其上每一个开关对应一个指示灯，当输入为 1 时，指示灯变绿。

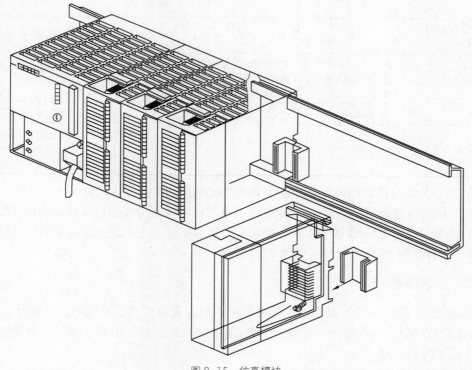

图 8-15　仿真模块

S7 的组态工具中没有该模块，也就是说，S7 系统不承认仿真模块的工作方式，但是我们可以在组态过程中填入仿真模块的序列号，这样 S7 就可以认出该模块，并使用该模块进行仿真工作。例如，当使用 16 点输出时，可以填入序列号 6ES7322-1BH00-0AA00；当仿真 16 点输入时，则填入 6ES7311-1BH00-0AA00。

② 占位模块 DM370。占位模块 DM370 的作用是给数字量模块保留一个插槽，使得所设计的 PLC 系统具有更大的灵活性和适应性。如果使用某一模块替代占位模块，则系统的机械布局和地址的设置等不发生任何变化。

后视图上有一个拨动开关，当开关置于 NA 位置时，占位模块仅保留机械位置，而不保留地址；当开关置于 A 位置时，不仅保留机械位置，而且保留地址，为以后的适应性和扩展做准备。

8.2.4　接口模块

接口模块（IM）用于多机架配置时连接主机架（CR）和扩展机架（ER）。S7-300 通过分布式的主机架（CR）和 3 个扩展机架（ER），可以操作多达 32 个模块，且运行时无须风扇。

接口模块有 IM360、IM361 和 IM365。例如，RM365 用于一个中央机架和一个扩展机架的配置中，IM360/IM361 用于一个中央机架和最多 3 个扩展机架的配置中。接口模块如表 8-13 所示。

表 8-13　接口模块

应用 ＼ 模块	IM360 接口模块	IM361 接口模块	IM365 接口模块
适合于插入 S7-300 模块机架	0	0 和 1	0 和 1
数据传输	通过 386 连接电缆，从 IM360 到 IM361	通过 386 连接电缆，从 IM360 到 IM361 或从一个 IM361 到另一个 IM361	通过 386 连接电缆，从一个 IM365 到另一个 IM365
距离	最长 10m	最长 10m	1m，永久链接
特性	—	—	只在机架 1 中安装信号模块，预装模块时，不能路由通信至机架 1

不同型号的接口模块均可支持机架扩展或 PROFIBUS-DP 连接，置于 3 号机架，没有接口模块时，机架位置为空。一个 S7-300 PLC 系统的信号模块如果超过 8 块，就必须配置接口模块进行扩展。使用 IM360/IM361 接口模块最多可以扩展 3 个机架（加上主机架共有 4 个机架），即一个传统的 PLC 系统最多处理 32 个信号模块。

8.2.5　通信模块

S7-300 通信模块（CP）是用于连接网络和点对点通信用的专用模块，比如用于 S7-300 和 SIMATIC C7 通过 PROFIBUS 通信的模块 CP343-5，用于 S7-300 和工业以太网通信的模块 CP343-1 及 CP343-1 IT 等。

1. PROFIBUS-DP 模块 CP342-5

CP342-5 用于连接 SIEMENS S7-300 和 PROFIBUS-DP 的主/从的接口模块；通过 PROFIBUS 简单地进行配置和编程；支持的通信协议有 PROFIBUS-DP、S7 通信功能、PG/OP 通信；传输率为 9.6～12Mbit/s 自由选择；主要用于与 ET200 子站配合，组成分布式 I/O 系统。

2．PROFIBUS-FMS 模块 CP343-5

CP343-5 用于连接 SIEMENS S7-300 和 PROFIBUS-FMS 的接口模块；通过 PROFIBUS 简单地进行配置和编程；支持的通信协议有 PROFIBUS-FMS、S7 通信功能、PG/OP 通信；传输率为 9.6～12Mbit/s 自由选择；主要用于和操作员站的连接。

3．工业以太网模块 CP343-1

CP343-1 用于连接 SIEMENS S7-300 和工业以太网接口模块、10/100Mbit/s 全双工，自动切换接口连接：RJ45、AUI；支持的通信协议有 ISO、TCP/IP 通信协议；和 S7 通信、PG/OP 通信；主要用于和操作员站的连接。

这 3 个模块在机架上可以任意放置，系统可以自动分配模块的地址。

8.2.6　功能模块

S7-300 PLC 有许多功能模块，用于进行复杂的、重要的，但独立于 CPU 的过程，如高速计数、定位操作（开环或闭环控制）等。西门子 S7-300 功能模块适用于各种场合，功能模块的所有参数都在 STEP 7 中分配，操作方便，而且不必编程。其包括计数器模块（FM350）、定位模块（FM351）、凸轮控制模块（FM352）、闭环控制模块（FM355）等许多用于特定场合的模块。

1．计数器模块

FM350 是智能化计数器模块，可以进行频率测量、转速测量、长度测量和位置检测。常用的计数器模块型号有以下 3 种。

（1）FM350-1：智能化单通道计数器模块，可以检测最高频率达到 500Hz 的脉冲。它有连续计数、单向计数和循环计数 3 种工作模式。

（2）FM350-2：8 通道智能计数模块：它有 7 种不同的工作方式，即连续计数、单次计数、周期计数、频率测量、速度测量、周期测量和比例运算。

（3）CM35 计数器模块：8 通道智能计数模块，可执行通用的计数和测量任务，也可以用于最多 4 轴的简单定位控制。它有 4 种工作模式，即加计数器/减计数器、8 通道定时器、8 通道周期测量和 4 轴简易定位。

2．定位模块与凸轮控制模块

常用的定位模块与凸轮控制模块有以下 5 种。

（1）双通道定位模块 FM351：用于控制变级电动机和标准电动机的变频器。

（2）电子式凸轮控制模块 FM352：在某些场合，如需要在运行时间内处理工作，电子式凸轮控制模块 FM352 是机械解决方案的一种经济的替代方案，它能在 32 个凸轮轨迹中行成 128 个凸轮。

（3）步进电动机模块 FM353：高速机械设备中使用的步进电动机定位模块，可应用于有高的时钟脉冲速率的高度动态机械轴。

（4）伺服电动机驱动模块 FM354：高速机械设备中使用的伺服电动机的智能定位模块，可用于控制对动态性能、精度和速度都有高要求的复杂的往复进给运动。

（5）定位和连续路径控制模块 FM357：非常适用于最多 4 个插补轴的协同定位，既能用于伺服电机，也能用于步进电动机。

所有定位模块可以与控制程序无关地定位各轴。这样就有可能进行自主测试，从而降低了复杂性并在启动过程中提高了效率。

3. 闭环控制模块

闭环控制模块 FM355 有 4 个闭环控制通道，用于压力、流量、液位等的控制，有自优化温度控制算法和 PID 算法。FM355-2 是用于温度闭环控制的 4 通道闭环控制模块，它可以方便地实现在线温度自优化温度控制。FM355 模块还适宜于复杂的应用。

4. 称重模块

SIWAREX U 称重模块是紧凑型电子秤，用于化学工业和食品工业，可用来测定料仓和储斗的料位，对起动机载荷进行监控，对传送带载荷进行测量或对工业提升机、轧机超载进行安全防护等。

SIWAREX M 是有校验能力的电子称重和配料单元，可以用它组成多料秤称重系统。它可以作为功能模块集成到 S7-300。SIWAREX U 有置零和称皮重、自动零点追踪、设置极限值、操纵配料阀、称重静止报告、配料误差监视等功能。

8.3　安装 STEP 7

8.3.1　STEP 7 软件的安装过程

安装过程中，有一些选项需要用户选择。下面是对部分选项的解释。

（1）启动关盘上的安装程序 Setup，出现如图 8-16 对话框，提示用户选择需要安装的程序。

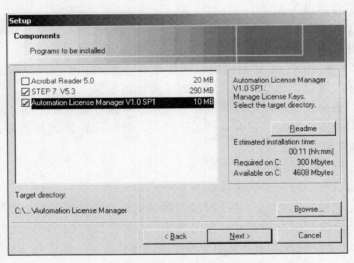

图 8-16　安装对话框

- Acrobat Reader 5.0：PDF 文件阅读器，用来阅读 SIMATIC 软硬件产品的电子手册，如果用户的 PC 上已经安装了该软件，可不必选择。
- STEP 7 V5.3：STEP 7 V5.3 集成软件包。
- Automation License Manager V1.0 SP1：西门子公司自动化软件产品的授权管理工具。

（2）在 STEP 7 的安装过程中，有 3 种安装方式可选。

- 典型安装（Typical）：安装所有语言、所有应用程序、项目示例和文档。
- 最小安装（Minimal）：只安装一种语言和 STEP7 程序，不安装项目示例和文档。

- 自定义安装（Custom）：用户可选择希望安装的程序、语言、项目示例和文档。

（3）在安装过程中，安装程序将检查硬盘上是否有授权（License Key）。如果没有发现授权，会提示用户安装授权（见图 8-17）。可以选择在安装程序的过程中就安装授权，或者稍后再执行授权程序。在前一种情况中，应插入授权软盘。

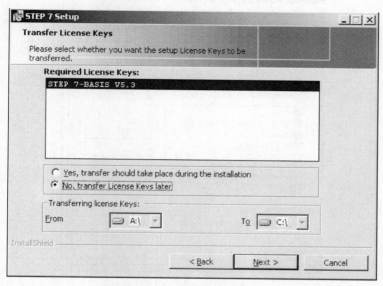

图 8-17 提示用户安装授权

（4）安装结束后，会出现一个对话框，提示用户为存储卡配置参数（见图 8-18）。

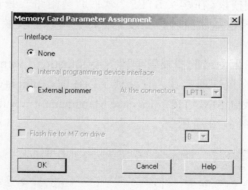

图 8-18 为存储卡配置参数

- 如果用户没有存储卡读卡器，则选择 None，一般选择该选项。
- 如果使用内置读卡器，请选择 Internal programming device interface。该选项仅针对 Siemens PLC 专用编程器 PG，对于 PC 来说是不可选的。
- 如果用户使用的是 PC，则可选择用于外部读卡器 External prommer。这里，用户必须定义哪个接口用于连接读卡器（例如，LPT1）。

在安装完成之后，用户可通过 STEP7 程序组或控制面板中的 Memory Card Parameter Assignment（存储卡参数赋值），修改这些设置参数。

（5）安装过程中，会提示用户设置 PG/PC 接口（PG/PC Interface）。PG/PC 接口是 PG/PC

和 PLC 之间进行通信连接的接口。安装完成后,通过 SIMATIC 程序组或控制面板中的 Set PG/PC Interface(设置 PG/PC 接口)随时可以更改 PG/PC 接口的设置。在安装过程中可以单击 Cancel 按钮忽略这一步骤(见图 8-19)。

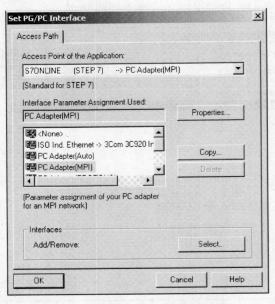

图 8-19 STEP 7 V5.3 的授权管理

授权是使用 STEP 7 软件的"钥匙",只有在硬盘上找到相应的授权,STEP 7 才可以正常使用,否则会提示用户安装授权。在购买 STEP 7 软件时会附带一张包含授权的 3.5 英寸软盘。用户可以在安装过程中将授权从软盘转移到硬盘上,也可以在安装完毕后的任何时间内使用授权管理器完成转移。

STEP 7 V5.3 安装光盘上附带的授权管理器(Automation License Manager V1.0)是最新的西门子自动化软件产品授权管理工具,它取代了以往的 AuthorsW 工具。安装完成后,在 Windows 的开始菜单中,找到 SIMATIC→License Management→Automation License Manager,启动该程序。程序界面如图 8-20 所示。

图 8-20 启动程序界面

授权管理器的操作非常简便，选中左侧窗口中的盘符，在右侧窗口中就可以看到该磁盘上已经安装的授权的详细信息。如果没有安装正式授权，则在第一次使用 STEP7 软件时会提示用户使用一个 14 天的试用授权，图 8-20 中显示了该试用授权。

磁盘间的授权转移操作，可以像在 Windows 中移动文件一样，通过拖曳，或者剪切、粘贴方便地实现。需要注意的是，由于授权的加密机制在磁盘上产生了相应的底层操作，因此，当用户需要对已经安装有授权的硬盘进行磁盘检查、优化、压缩、备份、格式化或者重新安装操作系统等操作之前，一定要将授权转移到其他磁盘上，否则可能造成授权不可恢复的损坏。

可以安装授权的磁盘必须不是写保护的，如本地硬盘、移动硬盘等。

8.3.2　STEP 7 软件在安装使用过程中的注意事项

用户在安装 STEP 7 软件时，有时会遇到一些安装出错的现象，下面介绍如何能够顺利完成 STEP 7 安装的步骤。

（1）检查操作系统兼容性。

根据上一节介绍的方法，核实安装的 STEP 7 软件版本是否与 PC 的 Windows 操作系统相兼容，相关的补丁程序 SP 是否安装。

（2）检查字符集兼容性。

目前各个版本的 STEP 7 都是在西文（英文/德文/西班牙文/法文/意大利文）字符环境下进行安装和测试的，所以在安装 STEP 7 软件之前一定要将操作系统的字符集切换为英文字符，等安装完成后，再重新切换回中文字符集状态。否则可能会出现如图 8-21 所示的情况：

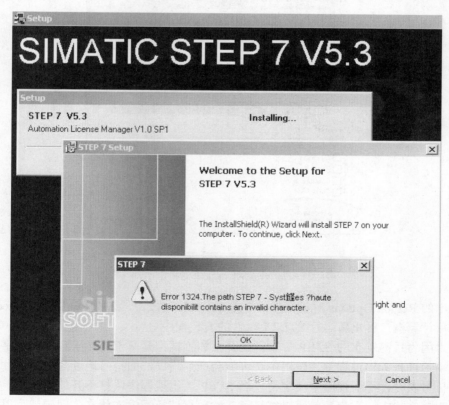

图 8-21　安装 STEP 7 软件中出现的错误

这时在控制面板中单击 Region Options 按钮, 如图 8-22 所示。

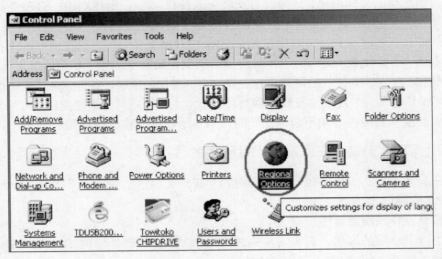

图 8-22　单击 Region Options 按钮

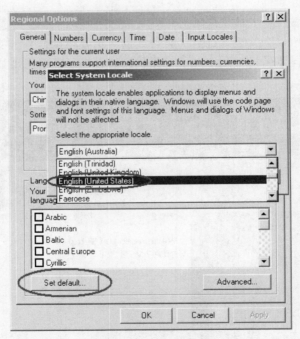

图 8-23　单击 Set default 选择 English

在弹出的 Region Options 对话框中, 单击 Set default 按钮, 选择 English (United States), 确定后重启计算机, 再重新运行 STEP 7 软件的安装程序。

另外, 因为目前发布的 STEP 7 软件的开发和测试都是基于英文平台和英文字符集的, 所以在使用 STEP 7 的过程中, 使用中文可能会产生错误, 如符号地址的名称、注释等, 尤其在使用符号表时, 不要使用中文字符。当 STEP 7 出现程序块打不开的情况时, 同样将字符集切换为英文状态, 重启后就可以打开了, 然后再切换回中文状态, 问题就可以解决。

（3）检查软件兼容性。

在确保 PC 的操作系统和字符集与 STEP 7 完全兼容后，如果还存在使用问题，那么下一步需要检查软件的兼容性情况。

建议在安装 STEP 7 之前，不要安装杀毒软件、防火墙软件、数据库软件、词霸工具软件、系统资源管理软件等一些工具软件，由于这些工具软件对 PC 软硬件资源的独占性强，它们会与 STEP7 产生一些内部冲突，如对注册表的修改、动态链接库的调用等。

如果不能确定是哪个软件与 STEP 7 发生冲突，建议在做好数据备份后，重新安装操作系统，先安装 STEP 7，再依次安装其他软件。

（4）检查硬件兼容性。

STEP 7 5.0/5.1/5.2 的硬件环境要求：

Pentium CPU，64MB 以上的内存，600MB 的硬盘空间；

STEP 7 5.3 的硬件环境要求：

Pentium CPU 600MHz，256MB 以上的内存，600MB 的硬盘空间。

如果满足以上硬件环境要求，而在一个刚刚重新安装操作系统后的 PC 上还是无法正常安装或使用 STEP 7，建议在另外一台 PC 上进行安装或使用。

目前 SIEMENS 并没有收到关于 STEP 7 与标准 PC 硬件系统存在冲突的报告，在某些特殊 PC 结构或硬件环境下，STEP7 可能会产生冲突。

（5）检查 STEP 7 的安装光盘。

最后还需要强调的是一定要检查核实 STEP 7 安装光盘的完好性和可用性，这一点经常被我们忽略。

STEP 7 在安装过程中被中断，或者其他一些原因会造成 STEP 7 不能在控制面板→Software 里正常卸载。这时，可以将 STEP 7 的安装光盘放在 PC 中，运行<CDROM>:\STEP 7\DISK1\. 目录里的 Simatic STEP 7.msi 文件，选择卸载选项。

如果在安装过程中，系统提示"The package you are looking for in the registry was not found in the SSF files"错误信息，那么请在控制面板中完全卸载 Siemens 的所有软件，然后先安装 STEP7，再安装 SIMATIC Net 软件。

8.3.3　STEP 7 使用中的常见问题

（1）如何在 STEP 7 软件中装载 GSD 文件。

如果需要在 STEP 7 中组态 Siemens 一些特殊（未包括在硬件组态窗口树形目录的 PROFIBUS 文件夹中）的以及其他厂商制造的 PROFIBUS DP 从站设备时，那么要将该设备的 GSD 文件装载到 STEP 7 当中，这也是客户经常遇到的一个常见问题。

下面举例介绍如何将 S7-200 的 PROFIBUS-DP 从站接口模块 EM277 的 GSD 文件装载到 STEP 7 的过程。

在 STEP 7 中，打开一个没有连接 PROFIBUS DP 从站的主站 PLC 的硬件组态窗口，选择 HW Config 窗口中的菜单 Option→Install new GSD，导入 SIEM089D.GSD 文件（见图 8-24），安装 EM277 从站配置文件，如图 8-25 所示。

导入 GSD 文件后，在右侧的设备选择列表中找到 EM277 从站，PROFIBUS DP→Additional Field Devices→PLC→SIMATIC→EM277，用鼠标将 EM277 站拖至 PROFIBUS 总

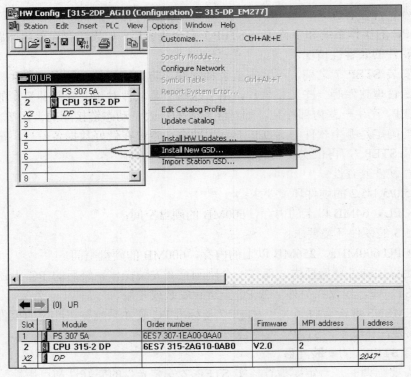

图 8-24 安装 EM277 从站配置文件 1

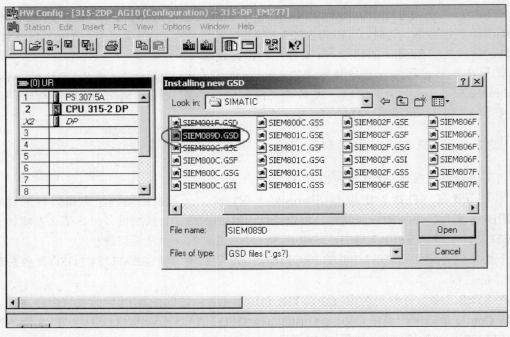

图 8-25 安装 EM277 从站配置文件 2

线上，并且根据通信字节数，选择一种通信方式，本例中选择了 8 字节入/8 字节出的方式，如图 8-26 所示。

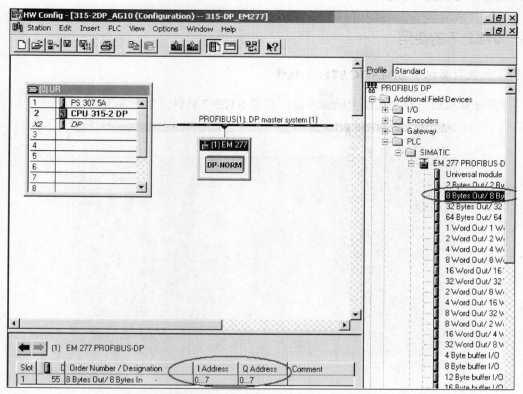

图 8-26　安装 EM277 从站配置文件 3

这样就完成了 EM277 PROFIBUS DP 从站设备的 GSD 文件的导入和组态过程。

（2）在 STEP 7 中打开一些对象时出错。

有时候在打开某些项目中的对象时，STEP 7 会弹出报错窗口，错误信息为"*.dll"文件无法被装载，代码是 257∶5，如图 8-27 所示。

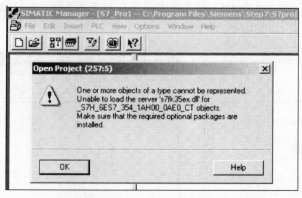

图 8-27　STEP 7 弹出报错窗口

可以看出，上面的错误信息是一个或多个对象不能被显示，出现这种错误的原因是没有安装与要打开对象相关的软件包。具体信息可以从下面的网页中得到：

http://www4.ad.siemens.de/-snm-0135030360-1085511457-0000020549-0000000441-1088562714-enm-WW/view/en/18832840'

8.4 STEP 7 的使用

1. 打开计算机中 SIMATIC STEP 7 软件

打开计算机后，双击桌面上的 图标，打开 STEP 7 软件，如图 8-28 所示。

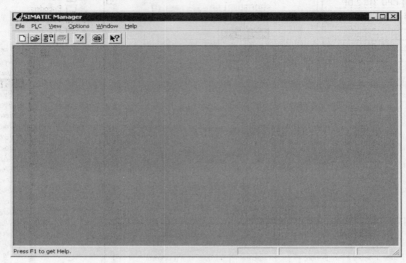

图 8-28　打开 STEP 7 软件的界面

2. 在 STEP 7 软件的 SIMATIC MANAGER 中建立新项目

（1）建立新项目的名字和存储路径。

单击 SIMATIC MANAGER 窗口中的 图标或者单击菜单上的 File→New 命令，弹出如图 8-29 所示的对话框。

在 Name 栏下，填入要建立的新项目的名称，如 LG2004，然后通过 Browse 按钮选择新项目所要存储的路径，最后单击 OK 按钮关闭该窗口。在 SIMATIC Manager 窗口中将会出现新建的项目 LG2004，如图 8-30 所示。

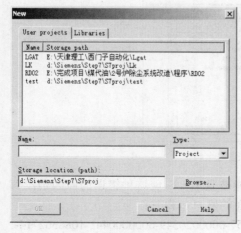

图 8-29　New 对话框

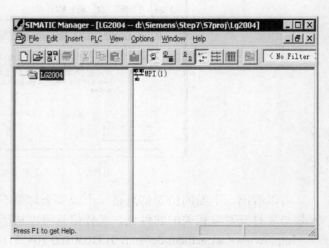

图 8-30　选择新项目存储的路径

（2）建立项目工作站。

单击 Insert→Station→2 SIMATIC 300 Station 命令，建立一个 S7-300 的工作站。如图 8-31和图 8-32 所示。

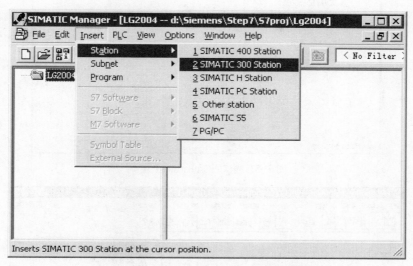

图 8-31　建立一个 S7-300 的工作站步骤 1

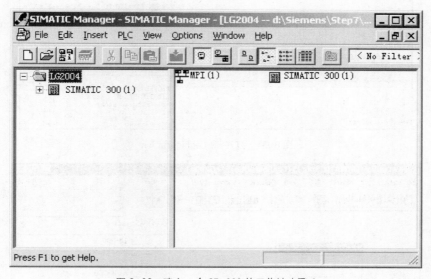

图 8-32　建立一个 S7-300 的工作站步骤 2

3. 在工作站的 HARDWARE 组态器中进行硬件组态

单击 SIMATIC Manager 界面左边窗口中的 SIMATIC 300（1），在右面的窗口中出现Hardware 图标，如图 8-33 所示。

双击 Hardware 图标，打开 HW Configuration，如图 8-34 所示。

在右边的产品目录窗口中选择 SIMATIC 300 中的机架，双击 Rail，将在左边的窗口中出现带槽位的机架示意，如图 8-35 所示。

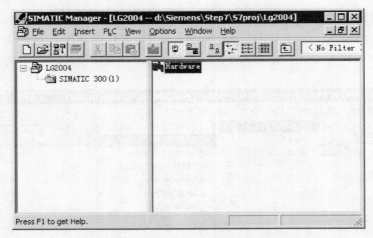

图 8-33　窗口出现 Hardware 图标

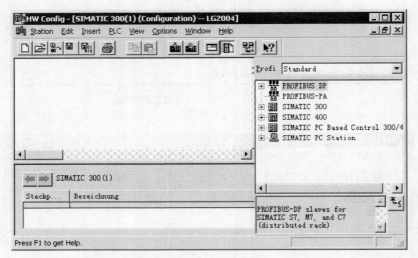

图 8-34　打开 HW Configuration

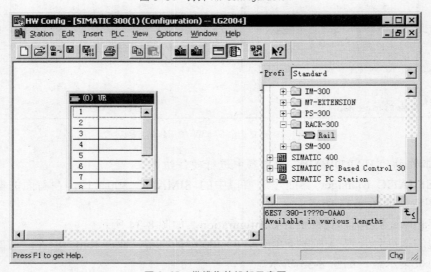

图 8-35　带槽位的机架示意图

在右边的目录窗口中选择相应的模块插入到（0）UR 的槽位中去。各模块的订货号可查看硬件实物的下方标识。切记选中的模块型号要与实际的模块型号一致。槽位 1，插入电源模块 PS；槽位 2，插入 CPU；槽位 3，空白；槽位 4 及后面的槽位，插入的模块对应实际 I/O 模块的安装顺序。全部硬件插入完毕后如图 8-36 所示。

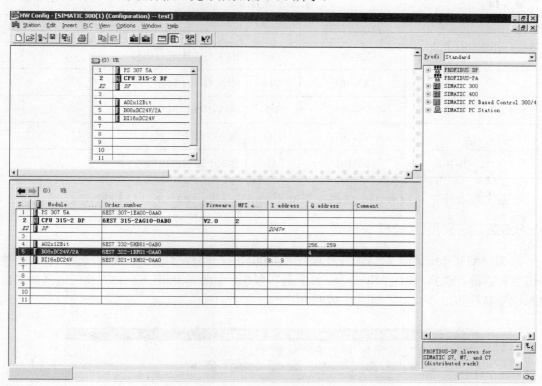

图 8-36　全部硬件插入完毕示意图

4. 编译硬件组态，并安装到 CPU

单击画面上的图标，对刚刚完成的硬件组态进行编译。系统提示编译成功没有错误后，单击图标将硬件的组态下装到 CPU。或者，在编译完成后，关闭 HW Configuration 窗口，返回到 SIMATIC Manager 窗口，用鼠标选中 SIMATIC 300（1）图标，然后单击窗口上的图标，下装刚刚完成的硬件组态。

8.5　水箱中液位的 PLC 控制

下面举例说明通过开关水泵和阀门来调节水箱中液位的控制。

如图 8-37 所示，其中 G-101 为水泵，B-101 为储水罐，V-101 为出水阀 ，LT-101 为液位计。

8.5.1　工艺描述

可通过启停 G-101，向 B-101 内灌水，通过开关 V-101，给 B-101 泄水。平时要求罐内的液位保持在 1.0～1.8m。

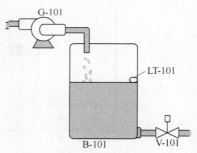

图 8-37　调节水箱中液位的控制

在自动控制状态下，当液位低于 0.5m，阀 V-101 处在关闭状态的时候启动 G-101 向罐内进水，当液位高于 1.5m 的时候，停 G-101。

总结该工艺中所用的控制点如表 8-14 所示。

表 8-14　　　　　　　　　　　　控制点设置表

序号	设备号	控制点位号	类型	位号说明
1	G-101	XR-101	DI	水泵 G-101 运行信号
2		XS-101	DO	水泵 G-101 启停信号
3	V-101	VR-101	DI	阀 V-101 状态反馈信号
4		VS-101	DO	阀 V-101 开/关信号
5	B-101	LT-101	AI	B-101 罐内液位信号

根据上述表格，可以看出在该例中需要用到 AI、DI、DO 3 种 I/O 模块。

8.5.2　定义所用的模块通道

在 SIMATIC Manager 窗口中打开项目 LG2004，打开 HW Configurtion，选中 AI 卡槽位，单击鼠标右键，选择"EDIT Symbolic Names"命令，如图 8-38 所示。打开编辑通道的窗口，输入位号名称和信号类型，如图 8-39 所示。

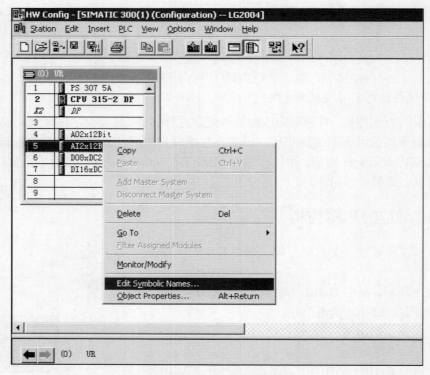

图 8-38　输入位号名称和信号类型 1

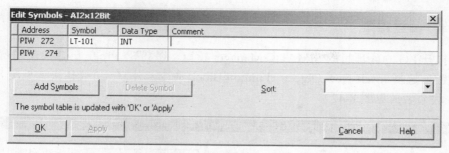

图 8-39　输入位号名称和信号类型 2

编辑完毕后，点击 OK 按钮关闭窗口。这样信号 LT-101 的硬件通道地址就被定义为 PIW272。

用同样的方法定义其他信号的地址如表 8-15 所示。

表 8-15　　地址表

序号	位号	硬件通道	数据类型	地址
1	LT-101	AI1-1	INT	PIW 272
2	XS-101	DO1-1	BOOL	Q 8.0
3	VS-101	DO1-2	BOOL	Q 8.1
4	XR-101	DI1-1	BOOL	I 12.0
5	VR-101	DI1-2	BOOL	I 12.1

8.5.3　在 SYMOBLE 中编辑定义变量数据地址和说明

单击 SIMATIC Manager 窗口中 LG2004 项目的左边窗口中的 S7 PROGRAM，右边的窗口中会出现 SOURCES、BLOCKS 和 SYMBOLS 3 个图标，双击 SYMBOLS 图标，打开如图 8-40 所示的 Symbol Editor 窗口，编辑程序所需的各变量数据的类型、地址和说明。

	Symbol	Address		Data type		Comment
1	ALH101	M	1.3	BOOL		罐B-101液位高报警
2	ALL101	M	1.4	BOOL		罐B-101液位低报警
3	HG101	M	1.1	BOOL		手动启动泵G-101
4	HV101	M	1.5	BOOL		手动打开阀V-101
5	LT-101	PIW	272	INT		罐B-101液位
6	MAG101	M	1.0	BOOL		泵G-101手动/自动状态切换
7	SCALE	FC	105	FC	105	Scaling Values
8	VR-101	I	12.1	BOOL		阀V-101开/关状态显示信号
9	VS-101	Q	8.1	BOOL		开/关阀V-101
10	XR-101	I	12.0	BOOL		泵G-101运行状态显示信号
11	XS-101	Q	8.0	BOOL		启/停泵G-101
12	罐B-101液位控制	FB	1	FB	1	
13						

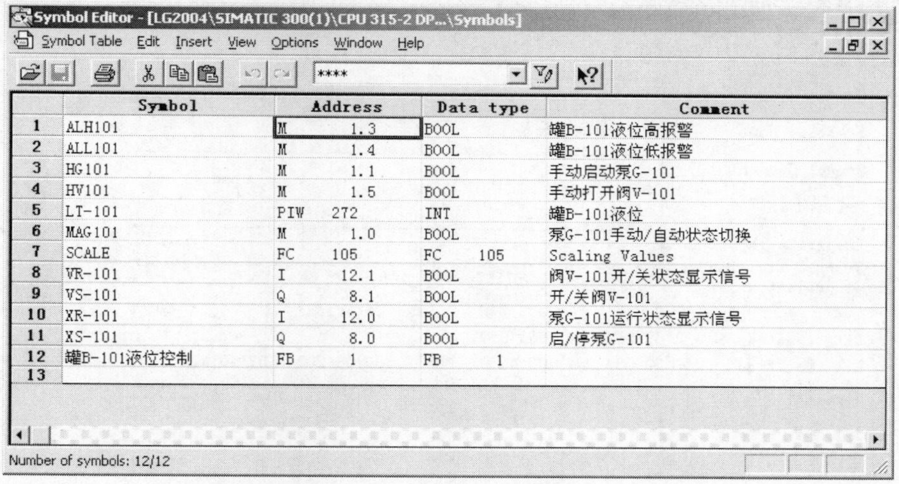

图 8-40　编辑程序所需各变量数据的类型、地址和说明

编辑完成后保存，关闭该窗口。

8.5.4 编写程序

（1）打开 LG2004 项目的 SIMATIC Manager 窗口，在其 S7 Program/Block 的窗口中，单击鼠标右键，选择 Insert New Object→Funtion Block 命令，建立一个 FB 块（见图 8-41），并且为 FB1 块命名（见图 8-42）。

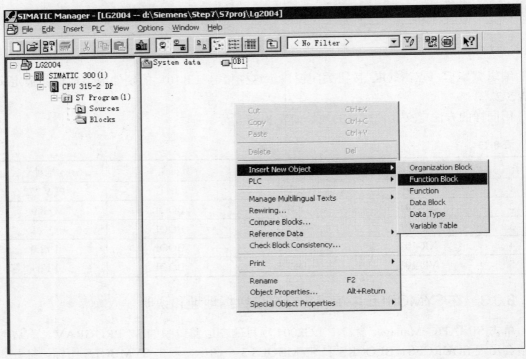

图 8-41　建立一个 FB 块

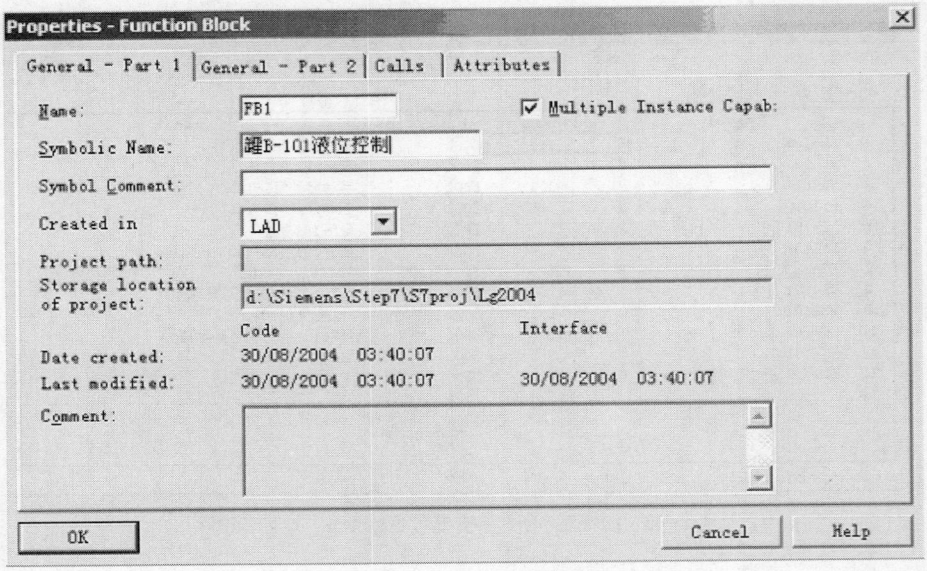

图 8-42　为 FB1 块命名

（2）参照建立一个 FB 块的方式建立一个数据块 DB1（见图 8-43）。用鼠标双击刚建好的 DB1，打开 DB1 的编辑窗口（见图 8-44）。编辑一个实时数据 LT101R，用来作为储水罐 B-101 的液位的实时显示数据，数据地址为 DB1.DBD0（即 Adress 栏内为"＋0.0"）。编辑完成后保存，关闭编程窗口。

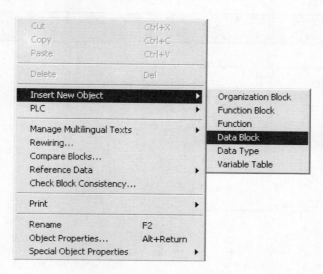

图 8-43 建立一个数据块 DB1

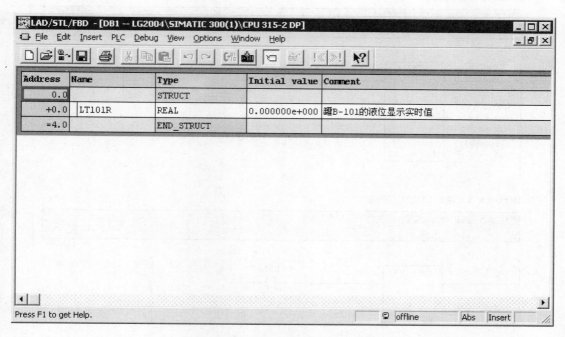

图 8-44 编辑一个实时数据 LT101R

（3）双击 FB1，打开 FB1 的编程窗口，编写梯形图程序的步骤如图 8-45、图 8-46、图 8-47 和图 8-48 所示。

FB1 : Title:
Comment:
Network 1: Title:
B-101液位的实时显示值
"SCALE"
EN
ENO
"LT-101"
IN
RET_VAL
#RET
2.000000e+
000
HI_LIM
OUT
"REAL".LT1
01R
0.000000e+
000
LO_LIM
#BIP
BIPOLAR

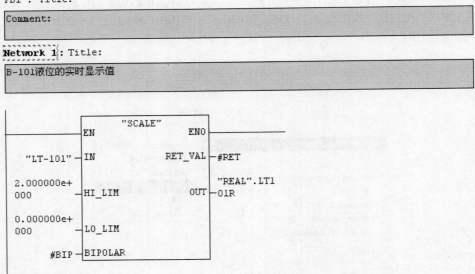

图 8-45　编写梯形图程序步骤 1

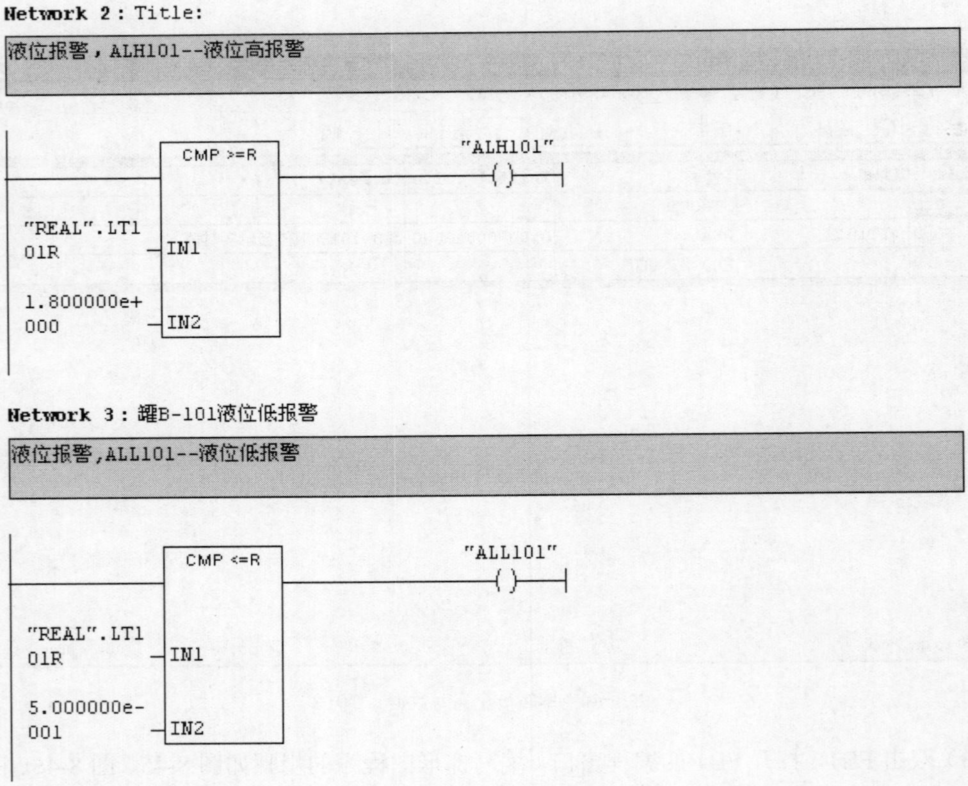

Network 2 : Title:
液位报警，ALH101--液位高报警
CMP >=R
"ALH101"
"REAL".LT1
01R
IN1
1.800000e+
000
IN2
Network 3 : 罐B-101液位低报警
液位报警,ALL101--液位低报警
CMP <=R
"ALL101"
"REAL".LT1
01R
IN1
5.000000e-
001
IN2

图 8-46　编写梯形图程序步骤 2

Network 4：启/停泵G-101

水泵G-101的启停控制

```
      "MAG101"    "HG101"              M1.2
        │/│        │ │             ┌─────────┐    "XS-101"
    ────┤ ├────────┤ ├──────────┬──┤S     SR │──────( )────
                                 │  │         │
      "MAG101"    "ALL101"   "VR-101"         │
    ────┤ ├────────┤ ├────────┤/├──┘ │      Q │
                                      │         │
      "MAG101"    "HG101"             │         │
    ────┤/├────────┤ ├────────────┬──┤R        │
                                  │  └─────────┘
      "MAG101"    "ALH101"        │
    ────┤ ├────────┤ ├────────────┘
```

图 8-47　编写梯形图程序步骤 3

Network 5：开/关阀V-101

出水阀V-101的开关控制

```
      "HV101"     "MAG101"            M1.6
    ────┤ ├────────┤/├──────────┐  ┌─────────┐    "VS-101"
                                 ├──┤S     SR │──────( )────
      "MAG101"    "ALH101"       │  │         │
    ────┤ ├────────┤ ├───────────┘  │       Q │
                                    │         │
      "ALL101"    "MAG101"          │         │
    ────┤ ├────────┤ ├───────────┐  │         │
                                 ├──┤R        │
      "HV101"     "MAG101"       │  └─────────┘
    ────┤ ├────────┤ ├───────────┘
```

图 8-48　编写梯形图程序步骤 4

带＃的数据在编辑窗口最上端的中间变量定义表中进行编辑定义，如图 8-49 所示。

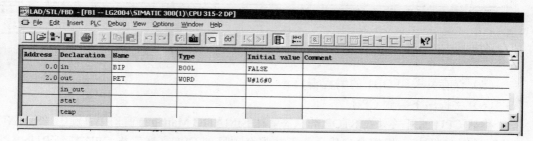

图 8-49　编辑定义

编写完成后，保存程序，然后关闭 FB1 编辑窗口。

（4）将 FB1 引入主程序 OB1。

双击 OB1，打开 OB1 的编辑窗口，在 PROGRAM ELEMENT 中选择 FB blocks，如图 8-50 所示。

图 8-50　选择 FB blocks

双击"FB1 罐 B-101 液位控制"， 将其插入 Network1，并为其定义存储的数据块 DB10，如图 8-51 所示。

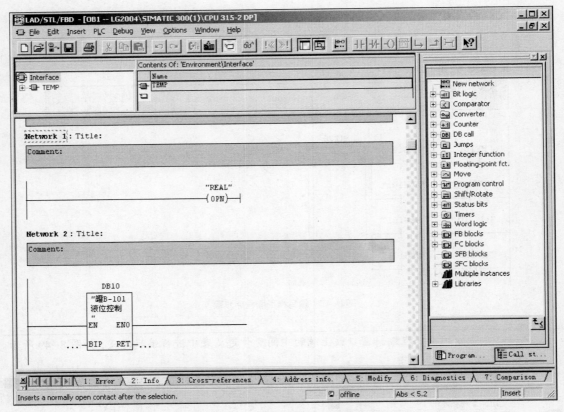

图 8-51　定义存储的数据块 DB10

（5）保存并关闭 OB1 的编程窗口。

（6）将程序下载到 CPU。

确认 CPU 的开关处在 STOP 的状态。在 SIMATIC Manager 窗口中，选中"SIMATIC 300（1）"，单击 图标，根据窗口提示，下装整个项目到 CPU。然后将 CPU 打到 RUN 状态，当 RUN 的状态指示灯一直显示绿色，证明程序下装成功。

（7）调试程序。

打开 FB1 的编辑窗口，单击 图标，进行程序监控，可以看到编辑窗口最下边有

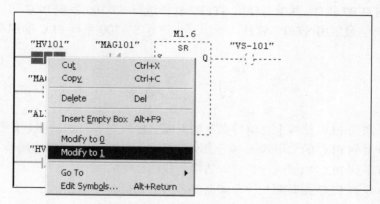，显示监控 CPU 的状态，处在 RUN 状态时显示绿色的 RUN，处在 STOP 状态时显示红色的 STOP。CPU 处在 RUN 状态，FB1 程序中处于已满足条件的程序部分都显示绿色的线和框，如图 8-52 所示。

图 8-52　RUN 状态

① 改变 BOOL 类型数据的值进行调试。在 RUN 的监控状态下，选中要改变的 BOOL 数据，单击鼠标右键，选择 "Modify to <u>0</u>" 或 "Modify to <u>1</u>" 命令，该数据的状态值就会被强制改变，如图 8-53 所示。

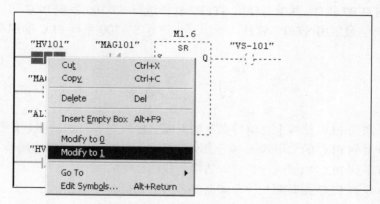

图 8-53　强制改变数据的状态值

② 改变数值型数据的值进行调试。在 RUN 的监控状态下，选中要改变数值的数据，单击鼠标右键，选择 "Modify"（见图 8-54），打开如图 8-55 所示的数据输入对话框，输入想要的数值，该数据的值就会被强制改变成所输入的数值。

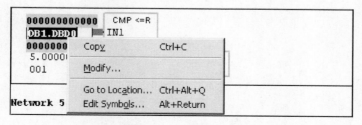

图 8-54　选择 "Modify"

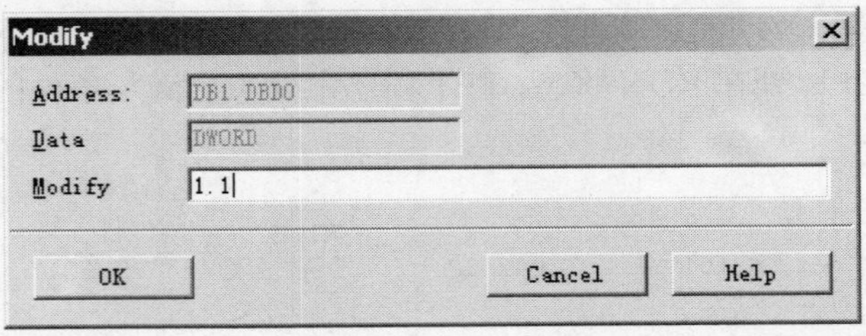

图 8-55　输入想要的数值

通过上述方法能改变数据的状态和数值，可以方便地模拟创造各程序执行下去的条件，以程序的执行情况来判定所编写的程序是否符合工艺的要求，以便我们及时地对编写错误的程序进行更正。

本 章 小 结

本章主要阐述了 S7-300 系列 PL 的结构特点，常用输入/输出模块和适用场合，包括各种模块的功能。介绍了 S7-300 系列 PLC 的 CPU 的几种运行模式，以及各模式间如何切换。了解了 S7-300 系列 PLC 数字量输出模块 SM322 的特点，S7-300 系列 PLC 模拟量输入模块 SM322 与常用传感器的连接方法。

学习安装 STEP7 软件，并学习使用 STEP7 软件进行 S7-300 系列 PLC 的硬件设置和软件编程。按照示例学习运用 STEP7 软件，一步一步进行 S7-300 系列 PLC 的梯形图编程和调试方法。

习 题

1．S7-300 系列 PLC 结构上有何特点？拥有哪些模块？各自的功能是什么？
2．S7-300 系列 PLC 的常用输入/输出模块有哪几种？各适用于哪些场合？
3．S7-300 系列 PLC 如何进行扩展？请举例说明。
4．S7-300 系列 PLC 拥有哪几种存储器？各自的功能是什么？
5．S7-300 系列 PLC 的 CPU 有几种运行模式？各模式间如何切换？
6．S7-300 系列 PLC 数字量输出模块 SM322 有哪几种输出方式？各有何特点？
7．举例说明 S7-300 系列 PLC 模拟量输入模块 SM322 与常用传感器的连接方法。

第 **9** 章　PLC 网络通信

【本章学习目标】

1．了解工业控制局域网的结构及网络协议的内容。

2．了解三菱 FX 系列 PLC 通信模式及系统构成。

3．了解西门子 S7-300 PLC 多点接口网络和 CP340 点对点通信的应用。

4．了解西门子 PLC 利用 PROFIBUS 协议进行网络通信的应用。

5．学习使用三菱 PLC 和西门子 PLC 进行工程网络设计。

【教学目标】

1．知识目标：了解三菱 FX 系列 PLC 通信模式及系统构成，了解西门子 S7-300 系列 PLC 多点接口网络和 CP340 点对点通信的应用。

2．能力目标：通过西门子 S7-300 系列 PLC 进行工程网络设计，初步形成对西门子 S7-300 系列 PLC 的工程网络设计认识，培养学生的学习兴趣。

【教学重点】

了解 PLC 的网络通信一般通过各种专用通信模块。

【教学难点】

PLC 的网络通信编程功能和作用。

【教学方法】

演绎西门子 S7-300 系列 PLC 的联网过程，并进行分析讨论。

网络在自动化系统集成工程中的重要性越来越显著。PLC 及其网络由于有较高的性能价格比，易于实现分散控制，已成为工业现场首选的工业控制系统。

PLC 的通信包括 PLC 之间、PLC 与上位计算机之间以及 PLC 与其他智能设备之间的通信。PLC 系统的通信接口有 RS-232C、RS-485、现场总线、工业以太网等。大中型 PLC 系统大多支持某种现场总线和标准通信协议（如 TCP/IP），可以与工厂管理网（TCP/IP）相连接。

PLC 的网络通信一般通过各种专用的网络通信模块、通信卡及相应的通信软件实现，如三菱公司开发的 FX-232AW 接口模块用于 FX2 系列 PLC 与计算机通信；三菱公司 A 系列的与以太网连接的接口模块 AJ71E71、与 MAP 网连接的接口模块 AJ71M51-S1、与 FAIS-MAP 网连接的接口模块 AJ71M51-M1 等；西门子的各种通信模块。

9.1　工业控制局域网简介

局域网是工业计算机控制系统中主要使用的计算机网络，因其通信系统费用低、性价比高，从而得到广泛应用。目前，可编程序控制器网络均为局域网，其分层结构及网络协议介绍如下。

9.1.1 OSI 参考模型

国际标准化组织（ISO）于 1981 年正式推荐了一个网络系统结构——七层参考模型，叫做开放系统互连（Open System Interconnection，OSI）。由于这个标准模型的建立，使得各种计算机网络向它靠拢，大大推动了网络通信的发展。

9.1.2 OSI 的分层结构

OSI 参考模型将整个网络通信的功能划分为 7 个层次，如图 9-1 所示。它们由低到高分别是物理层（PH）、数据链路层（DL）。网络层（N）、传输层（T）、会话层（S）、表示层（P）和应用层（A）。每层完成一定的功能，主要负责互操作性，而第一层到第三层则用于提供网络通信功能，用于两个网络设备间的物理连接。

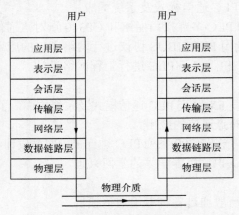

图 9-1 开放系统互联模型

物理层与传输媒体直接相连，主要作用是建立、保持和断开物理连接，以确保二进制比特流的正确传输。物理层协议规定了数据终端设备（DTE）与数据通信设备（DCE）之间的接口标准；定义电缆如何连接到网卡上，以及需要用何种传送技术在电缆上发送数据；还定义了位同步及检查。物理层规定了接口的 4 个特性：机械特性、电气特性、功能特性和规程特性。

9.2 三菱 FX 系列 PLC 的通信

9.2.1 FX 系列 PLC 通信模式及系统构成

FX 系列 PLC 数据传输格式是采用异步格式，由 1 位起始位、7 位数据位、1 位校验位及 1 位停止位组成的；波特率为 9600B/s，字符为 ASCII 码。根据使用的通信模块与协议不同，PLC 分为以下 4 种通信模式：

① PLC 的 N：N 通信方式；

② PLC 双机并联通信方式；

③ PLC 与计算机专用协议通信方式；

④ PLC 与计算机无协议通信方式。

表 9-1 所示详细列出了各通信模式的特性。

表 9-1　　　　　　　　　　　FX 系列 PLC 各通信模式的特性

	N：N 网络	PLC 并联	专用协议计算机连接	无协议通信
传输标准	RS-485	RS-485/RS-422	RS-485/RS-422 或 RS232	
传输距离	500m		RS-485/RS-422：500m RS232：15m	
连接数量	8 站	1：1	1：N（N≤16）	1：1
通信方式	半双工			半双工/全双工
数据长度	固定		7bit/8bit	
校验			无/奇/偶	
停止位			1bit/2bit	
波特率	38 400B/s	19 200B/s	300/600/1200/2400/4800/9600/19200B/s	
头字符	固定			无/有效
尾字符				
控制线	—			
协议	—		格式 1/格式 4	
和校验	固定		无/有效	无

1. PLC 的 N：N 通信方式。

这种通信模式适合 FX 系列 PLC 之间连接成一个小规模的网络系统，最大站点数为 16 个，通过对各 PLC 的相应特殊辅助继电器写入网络参数，进行站点性质（主站、从站）、站点编号的配置。利用基本梯形图程序和移动、读/写等指令，实现各站之间的数据通信。N：N 通信方式的构成如图 9-2 所示。

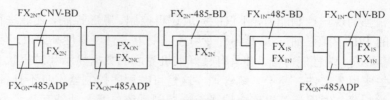

图 9-2　N：N 通信方式的构成

2. PLC 双机并联通信方式

这种模式是在两个 PLC 中定义一些辅助继电器和数据寄存器，它们之间的数据传输是采用对这些协助继电器和数据寄存器的操作进行的。

3. PLC 与计算机专用协议通信方式

PLC 的这种通信方式在 FX 系列 PLC 通信中应用最多。它有两种结构形式，一种如图 9-3 所示，PLC 链接成基于 RS-485 标准的小规模的网络通信系统，最大站点为 16 个。PC 带有

RS-232 通信接口，需经过一个 RS-232C/RS-485 的转换模块与 PLC 连接。本小节主要介绍这种通信方式。另一种如图 9-4 所示，是 PC 与 PLC 一对一的通信。

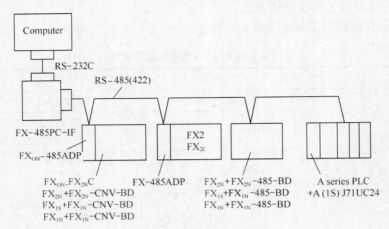

图 9-3　RS-485 的通信网络构成

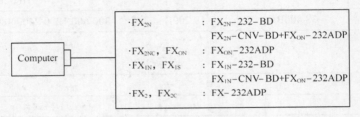

图 9-4　RS-232 通信方式的构成

4. PLC 与计算机无协议通信方式

这是基于 RS-232 标准的通信方式。通过对 PLC 中特殊数据寄存器 D8120～D8129 的参数写入，进行通信格式设置。PLC 采用 RS 专用指令，可以与 PC、条形码阅读器、打印机等进行数据通信。

9.2.2　FX 系列 PLC 计算机专用协议的通信

PLC 具有很强的现场控制能力，不仅能完成逻辑控制、顺序控制，还能进行模拟量处理，完成少数回路的 PID 闭环控制，以及各种专用控制要求，且可靠性高。PC 有较强的数据处理能力，内存容量大、编程能力强，并具有良好人机界面的数据显示和过程状态显示及操作，通过打印机能生成报表文件，便于系统管理，这是可编程序控制器本身不具备的。因此，通常将可编程序控制器与通用计算机连接构成综合控制系统，两者功能互补。为了实现 PC 与 PLC 的通信，应当做如下工作。

（1）判别 PC 上配置的通信口是否与要连入的 PLC 匹配，若不匹配，则增加通信模版。

（2）要清楚 PLC 的通信协议，按照协议的规定及帧格式编写 PC 的通信程序。PLC 中配有通信机制，一般不需用户编程，只要进行一些初始设置。若 PLC 厂家有 PLC 与 PC 的专用通信软件出售，则此项任务较容易完成。

（3）选择适当的操作系统提供的软件平台，编制用户要求的画面。

（4）若要远程传送，可通过 Modem 接入电话网。

　　FX 系列 PLC 与计算机专用协议的通信方式，采用串行通信方式。PLC 可以通过通信模块如三菱 FX232AW 模块，也可以通过 PLC 的编程口，连接到 PC 的串行 RS-232 接口，实现双方的物理链接。

　　下面介绍 PC 与 FX 系列 PLC 专用协议通信的实现。

　　（1）通信协议的格式。

　　为了实现 PLC 和计算机之间的通信，必须在 PLC 程序中设置数据寄存器 D8120、D8121 和 D8129 的值。其中，D8120 是用来设置通信格式的特殊数据寄存器，可设置通信的数据长度、奇偶校验形式、波特率和协议方式；D8121 用来设置站号，用于计算机决定访问哪一台可编程控序制器，站号设置范围为 OOH～OFH；D8129 设置校验时间。系统的通信必须按规定的通信协议的格式处理，发送和接收数据才能正确。

　　PC（上位机）与 PLC（下位机）之间采用主从应答方式，PC 始终处于主动状态，根据需要向 PLC 发出读/写命令，PLC 处于被动状态只能响应 PC 的命令。

　　读数据时，上位机先向 PLC 发出读数据命令，PLC 响应命令并将数据准备好，上位机再次读通信口即可读到所需数据。写数据时，上位机通过通信口向 PLC 的位元件或字元件以及特殊功能模块的缓冲区进行读/写。

　　（2）计算机从 PLC 读数据，如图 9-5 所示。上排信息流为 PC 到 PLC，下排信息流为 PLC 到 PC。

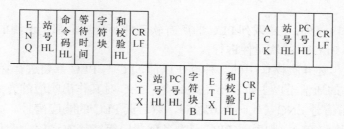

图 9-5　计算机从 PLC 读数据

　　（3）计算机向 PLC 写数据，如图 9-6 所示。

图 9-6　计算机向 PLC 写数据

主要通信控制字符的含义如下：

- STX——信息帧开始的标志；
- ACK——双方确认应答；
- ETX——信息帧结束的标志；
- CR、LF——协议的信息帧结束标志符；
- ENQ——计算机请求；

- 站号——由 PLC 提供，确定计算机访问哪一个 PLC；
- PC 号——FX 系列 PLC 的 PC 号是 FFH；
- 命令码——用来指定要求的操作，如读 CDM0、写 CDM1，参考下面的通信操作命令类型；
- 等待时间——一些计算机要求的延迟时间；
- 字符块 A、字符块 B、字符块 C——指定 PLC 被操作的位元件或字元件，参考下面的通信操作命令类型。

9.2.3　通信操作命令类型

上面读/写格式中的主体部分是命令码和字符块。命令码用来指定对 PLC 的操作，字符块是指定 PLC 被操作的位元件或字元件。

PC 可对 PLC 的 RAM 区数据进行 4 种类型的读、写操作，操作命令如下：

- 位元件或字元件状态读操作（CMD0）；
- 位元件或字元件状态读操作（CMD1）；
- 位元件强制 ON 操作（CMD7）；
- 位元件强制 OFF 操作（CMD8）。

其中，位元件包括 X、Y、M、S 以及 T、C 的线圈等，字元件包括 D、T、C、KnX、KnY、KnM 等。

除文件寄存器内以外，FX 系列 PLC 的所有软元件对计算机都是透明的。与 PLC 相连的计算机可以直接与 PLC 内的软元件进行操作。

在每进行一次上述 4 类操作中的一种操作以前，PC 与 PLC 都要进行握手联络。FX 系列 PLC 与计算机之间的通信是以主机发出初始命令，PLC 对其作出响应的方式进行通信的。主机先对 PLC 发请求信号 ENQ（代码为 0X05），然后读 PLC 的响应信号。如果读到的响应信号为 ACK（代码为 0X06），则表示 PLC 已准备就绪，等待接收通信命令和数据。请参照前述的通信协议格式。

9.2.4　位元件或字元件状态读操作

操作对象元件：PLC 内部的 X、Y、M、S、T、C、D 元件。

（1）PC 向 PLC 发送命令格式如下：

始	命令	首地址	位数	终	和校验
STX	CMD	GROUP ADDRESS	BYTES	ETX	SUM

例如，PC 从 D123 开始读取 4 个字节数据。

02h	30h	31h、30h、46h、36h	30h、34h	03h	37h、34h

说明：

① 读命令起始标志 STX，代码为 0X02；

② 位元件或字元件状态读命令 CMD0，命令代码为 0X30；

③ 读位元件或字元件的 4 位起始地址，地址算法：address=address*2+1000h，再转换成 ASCII 的形式为 31h、30h、46h、36h，高位先发，低位后发；

④ 一次读取位元件或字元件的个数，最多一次可读取 0Xff 个字节的元件，以 ASCII 的形式发送；

⑤ 停止位标志 ETX，代码为 0X03；

⑥ 2 位和校验，和累计为②、③、④项代码，取其和最低两位转化成 ASCII，高位先发。计算：

$$30h+31h+30+46h+36h+30h+34h+03h=174h$$

（2）在发送完上述命令格式代码后，就可直接读取 PLC 响应的信息。响应信息格式如下：

STX	1ST DATA	2ND DATA	...	LAST DATA	ETX	SUM

例如，从指定的存储器单元读到 3584 这个数据，格式如下：

02h	33h	35h	38h	34h	03h	44h、36h

（3）位元件或字元件状态写操作。

操作对象元件：PLC 内部的 X、Y、M、S、T、C、D 元件。

命令格式如下：

始	命令	首地址	位数	数据				终	和校验
STX	CMD	GROUP ADDRESS	BYTES	1ST DATA	2ND DATA	...	LAST DATA	ETX	SUM

例如，向 D123 开始的 PLC 两个存储器中写入 1234、ABCD。

02h	31h	31h、30h、46h、36h	30h、34h	33h、34h、31h、32h、43h、44h、41h、42h	03h	34h、39h

PLC 返回信息：ACK（06h）接收正确，NAK（15h）接收错误。

说明：

① 写命令起始标志 STX，代码为 0X02；

② 位元件或字元件状态写命令 CMD1，命令代码为 0X31；

③ 写位元件或字元件的 4 位起始地址，高位先发，低位后发，且是以 ASCII 的形式发送；

④ 一次写入位元件或字元件的个数，以 ASCII 的形式发送；

⑤ 待写到 PLC RAM 区的数据 DATA，以 ASCII 形式发送；

⑥ 停止位标志 ETX，代码为 0X03；

⑦ 2 位和校验，和累计为②、③、④项代码，取其和最低两位转化成 ASCII，高位先发，低位后发。

（4）位元件强制 ON 操作。

操作对象：X、Y、M、S、T、C 元件。

命令格式如下：

始	命令	地址	终	和校验
STX	CMD	ADDRESS	ETX	SUM
02h	37h	Address	03h	Sum

说明：

① 强制 ON 命令起始标志 STX，代码为 0X02；

② 强制 ON 命令 CMD7，命令代码为 0X37；

③ 强制 ON 位元件 4 位起始地址，高位先发，低位后发，是以 ASCII 形式发送的；

④ 停止位标志 ETX，代码为 0X03；

⑤ 2 位和校验，和累计为②、③、④项代码，取其和低两位转化成 ASCII 码，高位先发，低位后发。

（5）位元件强制 OFF 操作。

设备相知中的地址公式为：

$$Address=（Address/8）+100h$$

操作对象：X、Y、M、S、T、C 元件。

命令格式如下：

始	命令	地址	终	和校验
STX	CMD	ADDRESS	ETX	SUM
02h	38h	Address	03h	Sum

PLC 返回信息：ACK（06H）接收正确，NAK（15H）接收错误。

说明：

① 强制 OFF 命令起始标志 STX，代码为 0X02；

② 强制 OFF 命令 CMD8，命令代码为 0X38H；

③ 强制 OFF 位元件 4 位起始地址，高位先发，低位后发，以 ASCII 形式发送；

④ 停止位标志 ETX，代码为 0X03；

⑤ 2 位和校验，和累计为②、③、④项代码，取其和最低两位转化成 ASCII，高位先发，低位后发。

必须严格按照上述 4 种操作命令格式进行发送，在发送前，起始地址、数据、数据个数、校验和都必须按位转换成 ASCII。从 PLC 读到的数据亦是 ASCII 形式，需要经过适当转换才能利用。另外，要注意强制命令地址与读/写地址的顺序不一样，且一次最多只能传送 64 个字节数据。

9.3　S7-300 PLC 多点接口网络

S7-300 CPU 上有一标准化 MPI 接口，它既是编程接口，又是数据通信接口，使用 S7 协议，通过此接口 PLC 与 PLC 之间或与上位计算机之间都可以进行通信，从而组成多点接口 MPI 网络，其构成框图如图 9-7 所示。MPI 符合 RS-485 标准，具有多点通信的性质，可连接多个不同的 CPU 或设备。MPI 的波特率设定为 187.5 kB/s，它用于配置小范围的通信网络。

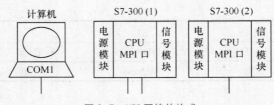

图 9-7　MPI 网络的构成

1. MPI 地址

MPI 网络上的所有设备都被称为节点，不分段的 MPI 网（无 RS-485 中继器的 MPI 网）可以最多有 32 个网络节点。仅用 MPI 接口构成的网络称为 MPI 分支网（简称 MPI 网）。两个或多个 MPI 分支网，用网间连接器或路由器连接起来（如通过 SINEC L2），就能构成较复杂的网络结构，实现更大范围的设备互连。MPI 分支网能够连接不同区段的中继器。

每个 MPI 分支网有一个分支网络号，以区别不同的 MPI 分支网。分支网上每一个节点都有一个不通的"MPI 网络地址"，这些地址是在 S7-300 硬件组态中设置的。节点 MPI 地址号不能大于给出的最高 MPI 地址，这样才能使每个节点正常通信。S7 在出厂时对一些装置给出了缺省 MPI 地址，如表 9-2 所示。MPI 分支网络号的缺省设置是 0。

表 9-2　　　　　　　　　　　　　　缺省 MPI 地址

节点（装置）	缺省的 MPI 地址	缺省的最高 MPI 地址
PG	0	15
OP/TD	1	15
CPU	2	15

用 STEP7 软件包中的 configuration 功能为每个网络节点分配一个 MPI 地址和最高地址，然后对所有节点进行地址排序，连接时需在 MPI 网的第一个及最后一个节点接入通信终端匹配电阻。如果往 MPI 网添加一个新节点，应该切断 MPI 网的电源进行操作。

2. 网络连接部件

连接 MPI 网络常用到两个部件——网络插头和网络中继器，这两个部件也可用在 SINEC L2 网中。插头是 MPI 网上连接节点的 MPI 口和网电缆的连接器。网络插头分为两种，一种带 PG 接口，另一种不带 PG 接口。PG/OP 的 Sub D 的 9 针插头定义如表 9-3 所示。

表 9-3　　　　　　　　　　　MPI PG/OP 的 9 针插头定义

针脚号	信号名称	说　　明
1	—	—
2	—	—
3	RxD/TxD-P	发送/接收数据线 B(正)
4	RTS	发送请求
5	M5V2	数据参考电位(从站来)
6	P5V2	电源正(5V，从站来)
7	—	15
8	RXD/TXD-N	发送/接收数据线 A(负)
9	—	15

为了保证网络通信质量，网络插头或中继器上都设计了终端匹配电阻。

对于 MPI 网络，节点间的连接距离是有限制的，从第一个节点到最后一个节点，最长距离仅为 50m。对于一个要求较大区域的信号传输或分散控制的系统，采用两个中继器（或称转发器、重复器）可以将两个节点的距离增大到 1000m，但是两个节点之间不应再有其他节点。

中继器可以放大信号、扩展节点间的连接距离，也可以用作抗干扰隔离，如用于连接不接地的节点和接地的 MPI 编程装置的隔离器。

3. 全局数据（GD）通信

通过全局数据通信服务，联网的 CPU 可以相互之间周期性地交换数据。例如，一个 CPU 可以访问另一个 CPU 的数据、存储位和过程映像。全局数据通信只可以通过 MPI 进行，在 STEP 7 中的全局数据（GD）表中进行组态。

GD 通信方式以 MPI 分支网为基础，是为循环地传送少量数据而设计的。GD 通信方式仅限于同一分支网的 S7 系列 PLC 的 CPU 之间，构成的通信网络简单。S7 程序中的功能块 FB、功能块 PC、组织块 OB 都能用绝对地址或符号地址来访问全局数据。

在 MPI 分支网上实现全局数据共享的两个或多个 CPU 中，至少有一个是数据的发送方，有一个或多个是数据的接收方。发送或接收的数据称为全局数据，或者称为全局数据块。

全局数据块（GD 块）分别定义在发送方和接收方 CPU 的存储器中，依靠 GD 块，为发送方和接收方的存储器建立了映射关系。在 PLC 操作系统的作用下，发送 CPU 在它的扫描循环的末尾发送 GD，接收 CPU 在它的扫描循环的开头接收 GD。这样，发送 GD 块中的数据，对于接收方来说是"透明的"。也就是说，发送 GD 块中的信号状态会自动映像接收 GD 块。接收方对接收 GD 块的访问，相当于对发送 GD 块的访问。

GD 可以由位、字节、字、双字或相关数组组成，它们被称为全局数据的元素。全局数据的元素可以定义在 PLC 的位存储器、输入、输出、定时器、计数器、数据块中。例如，15.2（位）、QB 8（字节）、MW 20（字）、DB5.DBD 8（双字）、MB50：20（字节相关数组）就是一些合法的 GD 元素。MB50：20 称为相关数组，是 GD 元素的简洁表达方式，冒号后的 20 表示：该元素由 MB50、MB51、…、MB69 连续 20 个存储字节组成。相关数组也可由位、字或双字构成。一个全局数据块（GD 块）由一个或几个 GD 元素组成，最多不能超过 24byte。

应用 GD 通信，就要在 CPU 中定义全局数据块，这一过程也称为全局数据通信组态。在对全局数据进行组态前，需要先执行下列任务：①定义项目和 CPU 程序名；②用 PG 单独配置项目中的每个 CPU，确定其分支网络号、MPI 地址、最大 MPI 地址等参数。

在用 STEP 7 开发软件包进行 GD 通信组态时，由系统菜单 Options 中的 Define Global Data 程序进行 GD 表组态。具体组态步骤如下：

① 在 GD 空表中插入参与 GD 通信的 CPU 代号；
② 为每个 CPU 定义并输入全局数据，指定发送 GD；
③ 第 1 次存储并编译全局数据表，检查输入信息语法是否为正确数据类型，是否一致；
④ 设定扫描速率，定义 GD 通信状态双字；
⑤ 第 2 次存储并编译全局数据表。

编译后的 GD 表形成系统数据块，随后装入 CPU 的程序文件中。第 1 次编译形成的组态数据对于 GD 通信是足够的，可以从 PG 下载至各 CPU。若确实需要输入与 GD 通信状态或扫描速率有关的附加信息才进行第 2 次编译。扫描速率决定 CPU 用几个扫描循环周期发送或接收一次 GD，发送和接收的扫描速率不必一致。扫描速率值应满足两个条件：①发送间隔时间大于等于 60ms；②接收间隔时间小于发送间隔时间。否则，可能导致全局数据信息丢失。扫描速率的发送设置范围是 4～255，接收设置范围是 1～255，它们的缺省设置值都是 8。

GD 通信为每一个被传送的 GD 块提供 GD 通信状态双字，该双字被映射在 CPU 的存储器中，使用户程序及时了解通信状态，对 GD 块的有效性与实时性作出判断。

4. 应用工控组态软件实现 MPI 网络通信的步骤

PLC 与上位计算机的通信可以利用高级语言程序实现，但用户必须熟悉互连的 PLC 及

PLC 网络采用的通信协议，严格按照通信协议规定为计算机编写通信程序，所以对用户的要求比较高。

如果选用工控组态软件实现 PLC 与上位计算机的通信，则相对比较简单，因为工控组态软件一般都提供不同设备的通信驱动程序，用户可以不必熟悉 PLC 网络的通信协议。另外，工控组态软件提供的强大工具使用户开发应用程序变得非常简单。下面以西门子公司的工控组态软件 WinCC 为例，讨论 S7-300 与上位计算机之间通信的实现方法。

工控组态软件 WinCC 是一个集成的人机界面（HMI）系统和监控管理（SCADA）系统，WinCC 是视窗控制中心（Windows Control Center）的简称。WinCC 与 STEP7 合用，在 STEP7 中配置的变量表可以在与 WinCC 的连接时直接使用。

S7-300 与 WinCC 之间通信的实现步骤如下。

（1）启动 WinCC，建立一个新的 WinCC 项目，然后在标签管理（Tag Management）中选择添加 PLC 驱动程序。这里要建立一个多点接口 MPI 网络，所以选择支持 S7 协议的通信驱动程序 SIMATIC S7 Protocol Suite.CHN，在其中的"MPI"下连接所需台数的 S7-300，每连接一台 S7-300，要设置节点名、MPI 地址等参数。必须注意的是，MPI 地址必须与 PLC 中设置的相同。

（2）在组态完的 S7-300 下设置标签，每个标签有 3 个设置项，即标签名、数据类型和标签地址。其中，最重要的是标签地址，它定义了此标签与 S7-300 中的某一确定地址，如某一输入位、输出位或中间位等一一对应的关系。设置标签地址很容易，可以直接利用在 STEP7 中配置的变量表，如设置标签地址为 Q0.0，表示 S7-300 中输出地址 Q0.0。用此方法，将 S7-300 与 WinCC 之间需要通信的数据一一作成标签，即相当于完成了 S7-300 与 WinCC 之间的连接。

（3）在图形编辑器（Graphics Editor）中，用基本元件或图形库中对象制作生产工艺流程监控画面，并将变量标签与每个对象连接，也就相当于画面中各个对象与现场设备相连，从而可以在 CRT 画面上监视、控制现场设备。

打开 S7-300 编程软件包 STEP7，首先对计算机的一些参数进行设置，如选择串行通信口 COM1 作为编程通信口，MPI 地址为 1，数据传输速率为 187.5kbit/s 等。然后，开始对 S7-300 硬件组态，即对 S7-300 的机架底板、电源、CPU、信号模件等按其实配置和物理地址进行组态。其中，在 CPU 的组态中要设置 MPI 地址，如可分别设置为 3、4，最后将组态程序表下载到 PLC 以确认。

在 STEP7 中创建全局数据通信表（简称 GD 表），对全局数据（Global Data）进行定义，标明数据的发送和接收关系，最后将 GD 表下载到各台 PLC 即可。

9.4　CP340 点对点通信的应用

这是一种低成本的解决方案。用 CP340/CP341 通信处理模块可以建立经济、方便的点到点链接，可以采用 20mA（TTY）、RS-232C/V.24、RS-422/RS-485 等通信接口，有多种通信协议可以使用。它使 S7-300CPU 能与计算机之间以点对点通信方式进行数据交换。

1. 系统结构

CPU340 通信连接如图 9-8 所示，CP340 通过背板总线与 PLC 的 CPU 相连。为减小通信时 CPU 模块的负担，CP340 被设计成智能型的。PLC 的 CPU 通过 CP340 与计算机的串行通信接口相连。

CP340 上固化有两个标准通信协议，它们是 3964（R）和 ASCII，用 STEP7 中的专用组态工具可选择通信协议并确定协议的具体内容，组态数据存入 CPU 模块的系统数据块（SDB）中，该内容随 PLC 的其他组态数据被下载。当 PLC 启动时，有关的组态数据传入 CP340，然后 CP340 按照选定的通信协议传输数据。CP340 中的 ASCII 协议仅实现了 OSI 参考模型的第 1 层（物理层），3964（R）还实现了第 2 层（数据链路层）。

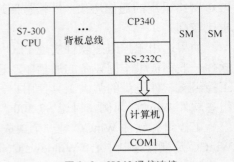

图 9-8　CP340 通信连接

2．ASCII 通信协议

ASCII 协议有 3 种类型的信息帧格式供选择，即结束标志的信息帧格式、定长度信息帧格式和自由信息帧格式。表 9-4 所示为 ASCII 通信协议的主要设置参数，由于有 3 种信息帧格式以及数据流控制等内容，因此，ASCII 协议的参数较多。这些参数与分类相关，可根据所选择的类型来设置相关参数。

表 9-4　　　　　　　　　　　　ASCII 通信协议的主要设置参数表

参　数	说　明	范　围	默认值
接收信息帧结束标志	以此为依据 CP 判断信息帧是否结束	• 接收字符间隔超时 • 有结束字符 • 接收长度到	超时结束
字符间隔时间	连续接收信息帧中两个字符的最大允许间隔时间	4~65 535 ms	4ms
信息帧结束字符 1	第一结束标志代码（不以结束符为依据时无意义）	任何字符	3
信息帧结束字符 2	第二结束标志代码（如果设置才可以和第一代码联合使用）	任何字符	0
接收信息帧长度	当以长度为结束依据时有意义	1~1024 Byte	240 Byte
数据流控制	定义使用什么数据流控制序列	• 不用 • 用 XON/XFF • 用 RTS CTS	
XON 字符		任何字符	11(DC1)
XOFF 字符		任何字符	13(DC3)
等待 XON 字符的时间	在 CP340 发送时，等待发送允许握手信号（XON 或 CTS 变为"1"）的最长时间	20~655 350 ms（10 ms 增量）	2000 ms
启动时请接收缓冲器	该参数决定 CP 的接收缓冲区是否在启动是清除	是或否	是
缓冲区信息帧数	允许在接收缓冲区中同时存储的最多信息帧数	1~250	250
防止重写	是否允许接收到的信息帧重写缓冲区中的旧信息帧	是或否	是

3. 通信功能块

专用通信功能块是 CPU 模块与 CP340 的软接口，它们建立和控制 CPU 和 CP340 的数据交换。西门子通信的专用功能块有 4 个：发送功能块 FB3（P—SEND）、接收功能块 FB2（P—RCV）、读 RS-232C 接口信号状态功能块 FC5（V24—STAT）和接口信号状态设置功能块 FC6（V24—STATT）。

这些功能块与 CP340 的组态工具等需要专门安装，安装完成后，功能块在 STEP7 的 CP340 库中，使用时，需要将用到的功能块拷贝到用户程序中。

发送功能块 FB3 有两个功能，一是将数据块中的数据写入 CP340 的发送缓冲区，二是检测 CP340 发送并返回 CP340 的发送情况。FB3 的运行特性类似于定时器方块指令，完成一次发送需要多个扫描周期（调用多次）。因此，必须连续在每个扫描周期中调用 FB3，使其在每个循环周期得到扫描，以避免一个信息帧的发送过程中断。

9.5　利用 PROFIBUS 协议进行网络通信

PROFIBUS 现场总线的结构、特点在 8.2 节中已作介绍。这里以 SIEMENS 公司的产品为例，介绍 PROFIBUS 网络系统的配置及设备选型。由于 PROFIBUS 现场总线的网络拓扑结构是主从结构，由若干主站和从站组成网络通信系统。主站可分成一类主站和二类主站。一类主站完成总线通信控制与管理，完成周期性数据访问。PLC、PC 都可做一类主站的控制器。二类主站完成非周期性数据访问，如数据读/写、系统配置、故障诊断等。二类主站包括操作员工作站（如 PC 加图形监控软件）、编程器、HMI 等，从站是 PLC 或其他控制器。PLC 可作为 PROFIBUS 上的一个从站，作为 PROFIBUS 主站的一个从站，在 PLC 存储器中有一段特定区域作为与主站通信的共享数据区。主站可通过通信间接控制从站 PLC 的 I/O。一个最小系统至少由一个 PROFIBUS（一类）主站和若干 PROFIBUS 从站组成。PROFIBUS 现场总线的网络结构如图 9-9 所示。

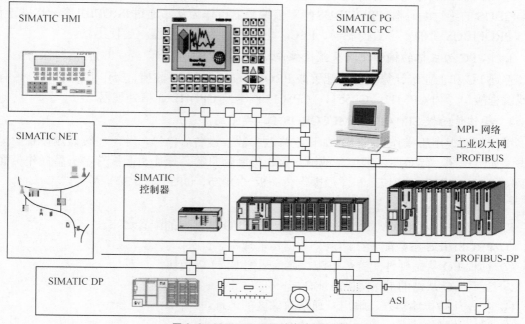

图 9-9　PROFIBUS 现场总线的网络结构

使用 PROFIBUS 系统，在系统启动前先要对系统及各站点进行配置和参数化工作。系统配置主要有以下几个部分。

1. 选择一类主站

（1）选择 PLC 作一类主站有以下两种形式。

① PLC 的处理器 CPU 带内置 PROFIBUS 接口，这种 CPU 通常具有一个 PROFIBUS-DP 和一个 MPI 接口。

② 配 PROFIBUS 通信处理器。CPU 不带 PROFIBUS 接口，需要配置 PROFIBUS 通信处理器模块，如 CP342-5 通信处理器，CP443-5 通信处理器，用于 PC/PG 的通信处理器。

（2）选择 PC 加网卡作为一类主站。PC 加 PROFIBUS 网卡可作为主站，这类网卡具有 PROFIBUS-DP、PA 或 FMS 接口，如 CP5411、CP5511/CP5611 网卡及 CP5412 通信处理。要注意选择与网卡配合使用的软件包。

2. 选择带 PROFIBUS 接口的分散式 I/O、传感器、驱动器等从站

从站可以是 PLC 或现场智能设备，如智能传感器、智能驱动器。这些智能设备本身有 PROFIBUS 接口。如果设备不具备 PROFIBUS 接口，可考虑分散式 I/O 方案，即可以采用 PLC 作为从站，这些设备接在 PLC I/O 上。以下的设备可以构成从站。

① ET200 M。

② PLC 作从站——智能型 I/O 从站。

③ DP/PA 耦合器和链路。

如果使用 PROFIBUS-PA，可能会采用 DP 到 PA 扩展的方案。这样，需选择 DP/PA 耦合器和链路，实现 DP 到 PA 电气性能的转换。

④ NC 数控装置、电动执行器、过程控制器、数字控制器、具有通信技术的低压开关设备 SIRIUS NET 等设备。

这类设备、执行器或各种模块都配有 PROFIBUS 接口，如 CNC 数控装置带有具有 PROFIBUS 的绝对编码器，PROFIBUS 绝对值编码器可作为从站通过 PROFIBUS 与主站连接，可与 PROFIBUS 上的数字式控制器、PLC、驱动器、定位显示器一起使用。

3. 以 PC 为主机的编程终端及监控操作站（二类主站）

普通 PC 和工业级计算机都可配置成 PROFIBUS 的编程、监控、操作工作站。PC 带有网卡或编程接口，如 CP5411、CP5511、CP5611 网卡及 CP5412 通信处理器。

4. 操作员面板 SIMATIC HMI/COROS（二类主站）

操作员面板用于操作员控制，如设定修改参数、设备启停等，并可在线监测设备的运行状态，如流程图、趋势图、数值、故障报警、诊断信息等。操作员面板有字符型操作员面板（OP5、OP7、OP15、OP17）和图形操作员面板（OP25、OP35、OP37）两种。

5. 远程 I/O 从站的配置

PROFIBUS 远程 I/O 从站（包括 PLC 智能型 I/O 从站）的配置如下。

① PROFIBUS 参数配置：站点、数据传输速率。

② 远程 I/O 从站硬件配置：电源、通信适配器、I/O 模块。

③ 远程 I/O 从站的 I/O 模块地址分配。

④ 主—从站传输输入、输出及通信映像区的地址。

⑤ 设定故障模式。

6. SIMATIC WinCC

WinCC 组态软件与 SIMATIC S7 连接有以下几种形式。

① MPI（S7 协议）。

② PROFIBUS（S7 协议）。

③ 工业以太网（S7 协议）。

④ TCP/IP。

⑤ SLOT/PLC。

⑥ ST-PMC ROFIBUS（PMC 通信）。

S7-300 PLC 系统完成配置工作的支持软件是 STEP 7 编程软件。其主要设备的所有 PROFIBUS 通信功能都集成在 STEP 7 编程软件中。使用 STEP 7 编程软件可完成 PROFIBUS 系统及各站点的配置、参数化、文件编制、启动测试、诊断等功能。除此之外，STEP 7 编程软件还具有以下功能。

① 系统诊断功能。在线监测下可找到故障点，并可进一步读到故障提示信息。

② 第三方设备集成及设备数据库文件（GSD）。当 PROFIBUS 系统中需要使用第三方设备时，应该得到设备厂商提供的 GSD 文件。将 GSD 文件拷贝到 STEP 7 软件指定目录下，使用 STEP 7 可在友好的界面指导下完成第三方产品在系统中的配置及参数化工作。

本 章 小 结

本章主要阐述了工业控制局域网的结构及网络协议的内容；三菱 FX 系列 PLC 通信模式及系统构成；西门子 S7-300 PLC 多点接口网络和 CP340 点对点通信的应用；西门子 PLC 利用 PROFIBUS 协议进行网络通信；使用三菱 PLC 和西门子 PLC 进行工程网络设计。

习 　 题

1. 说明同步通信和异步通信的信息传输。

2. 简述 RS-232 和 RS-485 在原理和性能上的区别。

3. 网络拓扑结构常用的有哪几种？试画图说明。

4. 试说明 S7-300 系列 PLC 的 MPI 网络通信实现的原理。